基于多传感器融合的移动机器人算法设计与应用

温欣玲　郝　波◎著

四川大學出版社
SICHUAN UNIVERSITY PRESS

图书在版编目（CIP）数据

基于多传感器融合的移动机器人算法设计与应用 /
温欣玲，郝波著. — 成都 : 四川大学出版社，2022.11
（信息科学与技术丛书）
ISBN 978-7-5614-5183-0

Ⅰ. ①基… Ⅱ. ①温… ②郝… Ⅲ. ①移动式机器人
—算法设计 Ⅳ. ①TP242

中国版本图书馆 CIP 数据核字（2022）第 215347 号

书　　名：基于多传感器融合的移动机器人算法设计与应用
　　　　　Jiyu Duochuanganqi Ronghe de Yidong Jiqiren Suanfa Sheji yu Yingyong
著　　者：温欣玲　郝　波
丛 书 名：信息科学与技术丛书

丛书策划：蒋　玙
选题策划：梁　平
责任编辑：梁　平
责任校对：傅　奕
装帧设计：墨创文化
责任印制：王　炜

出版发行：四川大学出版社有限责任公司
　　　　　地址：成都市一环路南一段 24 号（610065）
　　　　　电话：（028）85408311（发行部）、85400276（总编室）
　　　　　电子邮箱：scupress@vip.163.com
　　　　　网址：https://press.scu.edu.cn
印前制作：四川胜翔数码印务设计有限公司
印刷装订：成都新恒川印务有限公司

成品尺寸：170mm×240mm
印　　张：13
字　　数：246 千字

版　　次：2023 年 1 月 第 1 版
印　　次：2023 年 1 月 第 1 次印刷
定　　价：79.00 元

扫码查看数字版

四川大学出版社
微信公众号

前　言

随着人工智能技术的快速发展，移动机器人在各行业得到广泛应用，尤其在传统制造业、物流和服务等领域的需求将持续增加。但与此同时，移动机器人在发展过程中还存在一些问题：首先，在室内场景多变、紧凑的工作环境下，使用单一传感器对机器人进行定位已经难以满足机器人定位精度的要求，多传感器融合成为移动机器人定位的重要手段。其次，在室内复杂环境下，单一传感器建图时，单一激光雷达无法检测到别的平面障碍物，使用里程计定位精度过低等问题，难以保证机器人高效地完成任务。再次，在复杂多变的室内环境下，移动机器人路径规划还存在规划时间和规划路径总距离等问题，传统的路径规划算法在面对复杂环境时存在效率低、稳定性及适应能力差等不足，难以满足实际需求。最后，移动机器人在未知环境下移动会遇到各种各样的障碍物，如何快速有效地识别并躲避这些障碍物完成既定的任务，一直是移动机器人领域的研究热点。为解决信息融合中融合精度不高，在已知环境和未知环境中避障决策方法效率低等问题，将多传感器信息融合技术运用于机器人避障系统，可为提高机器人在复杂非结构环境中的避障准确性提供相应的理论基础和技术途径。将多传感器信息融合技术运用在移动机器人避障任务中，机器人便能够获取环境的冗余信息、互补信息，且信息的可靠程度和实时程度都得到巨大的提高。

本书共有六章。第 1 章主要介绍了多传感器融合及系统构建的相关理论基础；第 2 章针对单一传感器的移动机器人在定位时存在的问题，介绍了基于多传感器融合的移动机器人定位相关算法；第 3 章主要探讨了室内环境下机器人即时定位、建图等问题，并介绍了相关导航算法；第 4 章主要探讨了移动机器人路径规划问题，介绍了移动机器人全局路径规划和局部路径规划相关算法；第 5 章主要介绍了移动机器人障碍物检测与避障算法实施，通过在不同情况下的融合方法验证移动机器人测量融合精度；第 6 章主要基于机器人导航系统算法进行实验分析，包括机器人的场景地图构建实验、自主定位实验及机器人路径规划实验。

著　者

目　录

1　多传感器融合及系统构建

1.1　多传感器融合方法

多传感器融合是一种数据处理方法，试图通过将不完备、有缺点、优势互补的多个或多种传感器数据进行组合，以一种恰当的处理算法来获取所测量参数的真实数据。在包含多传感器的系统中，各个信源所提供的信息类型、数据特征可能不同，如线性或非线性、时变或非时变、随机性或确定性等信息源。多传感器融合就是充分利用多个信源的观测数据，将数据在时间和空间上互补或者冗余的信息按照某种优化准则进行处理，从而得到对外部环境一致性无偏描述。图 1-1 为三个传感器融合示意图，其中传感器之间互补信息提高系统的各项性能，传感器之间的冗余信息增强系统稳定性和鲁棒性。多源信息融合提高系统的性能和稳定性。

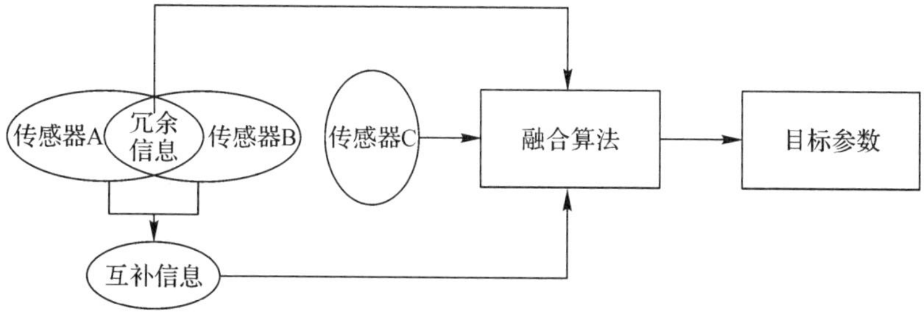

图 1-1　三个传感器融合示意图

多传感器融合可分为数据级融合、特征级融合、决策级融合。组合导航系统采取两种及以上的不同导航手段，根据不同导航系统的特性优势互补，对各导航信息数据进行融合，进而得到更加精准的导航系统。[①] 其关键技术就是多传感

① 曹正万，曹正万，平雪良. 基于 ROS 的机器人模型构建方法研究[J]. 组合机床自动化加工技术，2015(8)：51—54.

器融合策略,多传感器融合是指对多种传感器数据进行处理和优化,进而得到系统的最佳估计值。目前,组合导航系统采取的信息融合技术主要有路径推演法、卡尔曼滤波法、贝叶斯估计法、神经网络和支持向量机等方法。目前的滤波算法稳定性和鲁棒性不足,算法复杂度高,计算量大,对硬件平台的要求较高,在中低端平台上并不能展现其优越性能,反而以其复杂的逻辑结构难以在一般平台实现。在组合导航系统中,采取最多的是经典法,应用最为广泛的是卡尔曼滤波算法,但该算法只能应用于线性系统,同时,状态方程和观测方程也必须是线性的。后来研究者在经典卡尔曼滤波算法的基础上进行改进,衍生出扩展卡尔曼滤波、无迹卡尔曼滤波等优秀算法。经典卡尔曼滤波、扩展卡尔曼滤波都是隐马尔科夫模型和贝叶斯模型的联合实现,是通过观测信息、观测模型对系统状态进行预测、更新的方法。

隐马尔科夫过程基于两个基本假设:

(1)齐次马尔科夫假设,即假设马尔科夫过程在任意时刻的状态只与前一时刻相关。

(2)观测独立性假设,即任意时刻的观测只与此时刻的马尔科夫状态有关,与其他时刻观测无关。

贝叶斯递推过程:

(1)基于模型的状态预测,即通过状态转移概率及上一时刻的后验概率算出预测概率分布,从而得到状态预测的均值和方差。

(2)基于观测的状态更新,通过对似然函数与状态估计概率的乘积进行积分系数归一化处理,可以得到观测转移的后验概率分布,从而得到目标观测的均值和方差,并可算出卡尔曼增益。

1.1.1 状态估计理论简介(Introduction of State Estimation Theory)

状态估计,是根据系统的先验模型和测量序列,对系统内在状态进行重构。① 根据计算方式可以分为递归状态估计方法和批量状态估计方法。总的来说,递归状态估计算法应用较为广泛,主要包括卡尔曼滤波算法及其改进、粒子滤波算法等;批量状态估计方法包括卡尔曼平滑、图优化算法等。下面介绍状态估计问题中的几种常用方案及其优缺点。

图优化算法采用所有信息对系统状态进行估计,是一种典型的批量方法。

---

① Barfoot T D. State estimation for robotics[M]. Cambridage:Cambridge University Press,2017.

一方面,更多的信息意味着更精确的估计;另一方面,其在每一次迭代过程中重新线性化的操作避免了线性化误差。这样带来了两个问题:一是具有很高的计算复杂度,二是优化结果容易受到观测偏差的影响。解决第一个问题需要通过合适的方法构建稀疏矩阵以减少求解过程的复杂度。解决第二个问题可以通过设计合适的鲁棒核函数降低观测偏差对结果的影响。

贝叶斯滤波器是包括卡尔曼滤波器和粒子滤波在内的一系列算法的统称。其共同点是将对系统状态的估计用一个概率分布函数进行表示,并利用贝叶斯公式对状态估计过程中的各个传感器信息进行处理。具体地说,贝叶斯滤波器把对系统状态的估计分为先验估计和后验估计,后验估计是先验概率通过似然概率修正后得到的。这里,似然概率表示的是对系统状态进行直接或间接观测的观测值与系统状态之间的条件概率。

卡尔曼滤波算法利用高斯分布表示每一时刻系统状态的概率分布,且在估计函数当前时刻状态时只根据上一时刻状态和当前时刻观测。这样带来了信息的损失,但保证了很高的计算效率。

粒子滤波算法也是一类常用的状态估计方法,与卡尔曼滤波用高斯分布表示系统状态不同。粒子滤波算法通过采样的方式实现了对任意概率分布函数的表示,避免了用高斯分布表示系统状态带来的误差。粒子滤波算法往往需要较多的粒子进行采样才能精确地表示系统状态的概率分布函数,但是采样的粒子数过大会造成计算性能的显著下降。

实际应用中,需要综合考虑计算复杂度和精度要求选择合适的算法或者是对算法进行一定的改进。下面就本书中用到的卡尔曼滤波器和图优化算法进行简单的介绍。

1.1.2 卡尔曼滤波器

卡尔曼滤波器(Kalman Filter,KF)是 1960 年由 Kalman 提出的一种高效递归滤波器,该滤波器可以从不完全包含噪声的测量中估计系统的状态,然而简单的卡尔曼滤波器必须应用在符合高斯分布的线性系统中,并且要求测量方程也是线性的。卡尔曼滤波器在工业界得到了广泛应用,能够综合利用来自不同传感器的信息,得到一个相对精确的对系统状态的估计。这里所述的定位导航系统并不是严格的线性系统,存在高阶次、强耦合特性,但深入理解卡尔曼滤波对扩展卡尔曼滤波器理解和设计有较大意义。

在基于 IMU(Inertial Measurement Unit,惯性测量单元)的定位系统中,卡

尔曼滤波器是最为重要的算法之一。最初的卡尔曼滤波算法是从递推最小二乘法推导得到，是最小二乘法的递推形式，但是从概率的角度对卡尔曼滤波器进行理解能更好地分析和解释现实应用中的一些问题。从概率的角度来看，卡尔曼滤波器可以被视为贝叶斯滤波器的在线性高斯系统中的特例。这里的线性指的是系统各个时刻之间的状态以及系统状态与观测值之间的关系都是线性关系，高斯是指系统状态的不确定性可以用高斯分布进行表示或者近似。

卡尔曼滤波五要素：状态向量和协方差、观测向量和协方差、系统模型、观测模型、滤波算法。卡尔曼滤波算法是要实现用观测向量、观测模型、系统模型来求取状态向量的最优估计值。

一个典型的线性系统应该可以用以下两个式子进行表示：

$$\boldsymbol{X}_t = \boldsymbol{F}_t X_{t-1} + \boldsymbol{G}_t \boldsymbol{u}_t \tag{1-1}$$

$$\boldsymbol{Y}_t = \boldsymbol{H}_t \boldsymbol{X}_t \tag{1-2}$$

式中，$\boldsymbol{X}_t$ 表示系统在 t 时刻的系统状态，$\boldsymbol{F}_t$ 表示 t 时刻系统的状态转移矩阵，$\boldsymbol{G}_t$ 表示 t 时刻系统输入系统状态的映射关系，$\boldsymbol{u}_t$ 表示 t 时刻系统的输入。$\boldsymbol{Y}_t$ 表示 t 时刻系统的观测值，$\boldsymbol{H}_t$ 表示 t 时刻系统的观测矩阵。式(1-1)称为系统的状态转移方程，式(1-2)称为系统的观测方程。在实际问题中，$\boldsymbol{F}_t$、$\boldsymbol{G}_t$、$\boldsymbol{H}_t$ 是由系统本身决定的。在已知系统初始状态和各个时刻对应的系统输入 $\boldsymbol{u}_t$ 的情况下，可以递推得到任意时刻的系统状态。

如果系统状态的估计服从高斯分布，那么可以用一个协方差矩阵表示系统状态的估计的不确定性。值得注意的是系统输入同样带有不确定性。协方差之间的关系满足：

$$\boldsymbol{P}_t = \boldsymbol{F}_t \boldsymbol{P}_{t-1} \boldsymbol{F}_t^{\mathrm{T}} + \boldsymbol{G}_t \boldsymbol{Q}_t \boldsymbol{G}_t^{\mathrm{T}} \tag{1-3}$$

式中，$\boldsymbol{P}_t$ 表示 t 时刻系统状态的不确定性对应的协方差矩阵，$\boldsymbol{Q}_t$ 表示 t 时刻系统输入 $\boldsymbol{u}_t$ 的不确定性对应的协方差矩阵。在没有其他信息的情况下，由于输入的不确定性，系统状态的不确定性是随着时间单调递增的。为了得到一个较好的系统状态的估计值，我们需要利用额外的信息来减少系统的不确定性。

利用系统状态的额外的观测 $\boldsymbol{Y}_t$ 对系统状态和系统状态的协方差进行更新的公式为：

$$\boldsymbol{X}_t^+ = \boldsymbol{X}_t^- + \boldsymbol{K}_t(\boldsymbol{Y}_t - \boldsymbol{H}_t \boldsymbol{X}_t^-) \tag{1-4}$$

$$\boldsymbol{P}_t^+ = (\boldsymbol{I} - \boldsymbol{K}_k \boldsymbol{H}_k) \boldsymbol{P}_t^- (\boldsymbol{I} - \boldsymbol{K}_t \boldsymbol{H}_t)^{\mathrm{T}} + \boldsymbol{K}_t \boldsymbol{R}_t \boldsymbol{K}_t^{\mathrm{T}} \tag{1-5}$$

式中，$\boldsymbol{I}$ 表示满足维数要求的一个单位矩阵，其对角线上的元素全为 1，其他元素全为 0。$\boldsymbol{X}_t^-$、$\boldsymbol{X}_t^+$ 分别表示系统状态的先验估计和系统状态的后验估计，$\boldsymbol{X}_t$ 表示 t 时刻的状态而非对状态的估计。$\boldsymbol{P}_t^-$、$\boldsymbol{P}_t^+$ 分别表示系统的先验概率和后验概率对应的协方差矩阵。一般地，将没有利用观测值对系统状态进行修正前的估计称为系统状态的先验估计，反之称为系统状态的后验估计。$\boldsymbol{K}_t$ 是利用额外观测对系统状态进行修正的过程中的重要变量，在卡尔曼滤波算法中被称为卡尔曼增益。直观地说，卡尔曼增益表征了观测值的不确定性和系统先验估计的不确定性两者之间比例关系。在标准卡尔曼滤波中，其可以通过以下公式计算得到：

$$\boldsymbol{K}_t = \boldsymbol{P}_t^- \boldsymbol{H}_t^{\mathrm{T}} (\boldsymbol{H}_t \boldsymbol{P}_t^- \boldsymbol{H}_t^{\mathrm{T}} + \boldsymbol{R}_t) \tag{1-6}$$

式中，$\boldsymbol{R}_t$ 表示的是观测值的不确定性对应的协方差矩阵。在实际应用中，$\boldsymbol{R}_t$ 的值由传感器性质所决定。

综上，卡尔曼滤波器利用递推的方式，利用来自不同的传感器的信息对系统状态进行估计，实现了对系统状态的估计。然而，卡尔曼滤波器只能解决线性高斯系统中的状态估计问题，实际应用却需要处理非线性系统中的状态估计问题。针对非线性系统，卡尔曼滤波有两种主要的改进算法。

一种是扩展卡尔曼滤波算法（Extended Kalman Filter，EKF），其为非线性高斯模型，通过泰勒展开公式进行一阶展开，将非线性问题转化为线性问题，然后利用 KF 的方法求解，过程如下：

设某一非线性模型如下：

$$\begin{cases} x_t = f(u_t, x_{t-1}) + \varepsilon_t \\ z_t = h(x_t) + \delta_t \end{cases} \tag{1-7}$$

式中，x_t 为机器人 t 时刻的系统状态量；$f(u_t, x_{t-1})$为系统状态函数；ε_t 为过程噪声，为高斯白噪声，$\varepsilon_t \sim N(0, R(t))$；$z_t$ 为传感器观测变量；$h(x_t)$为观测函数；δ_t 为观测噪声，为高斯白噪声，$\delta_t \sim N(0, Q(t))$。

(1)线性化处理非线性系统。利用泰勒展开公式对系统进行一阶线性化处理。

$$\begin{aligned} f(u_t, x_{t-1}) &\approx f(u_t, \hat{x}_{t-1}) + \left.\frac{\partial f(u_t, x_{t-1})}{\partial x_{t-1}}\right|_{x_{t-1}=\hat{x}_{t-1}} (x_{t-1} - \hat{x}_{t-1}) \\ &= f(u_t, \hat{x}_{t-1}) + \boldsymbol{F}_t (x_{t-1} - \hat{x}_{t-1}) \\ h(x_t) &\approx h(\hat{x}_t) + \left.\frac{\partial f(x_t)}{\partial x_t}\right|_{x_t=\hat{x}_t} (x_t - \hat{x}_t) \\ &= h(\hat{x}_t) + \boldsymbol{H}_t (x_t - \hat{x}_t) \end{aligned} \tag{1-8}$$

式中，$\boldsymbol{F}_t$ 为系统状态函数 $f(u_t, x_{t-1})$的 Jacobian 矩阵；$\boldsymbol{H}_t$ 为观测函数 $h(\boldsymbol{x}_t)$的 Jacobian 矩阵；$\hat{\boldsymbol{x}}_{t-1}$ 为 $t-1$ 时刻状态估计的最优值；$\hat{\boldsymbol{x}}_t$ 为 t 前时刻预测值。

(2)预测阶段。根据线性化后的系统方程和卡尔曼滤波对系统进行预测。计算当前状态和误差协方差预测值。

$$\begin{cases}\hat{x}_t^- = f(u_t, \hat{x}_{t-1}) \\ \hat{\boldsymbol{\Omega}}_t^- = \boldsymbol{F}_t \hat{\boldsymbol{\Omega}}_{t-1} \boldsymbol{F}_t^{\mathrm{T}} + \boldsymbol{Q}_t\end{cases} \tag{1-9}$$

式中，$\hat{x}_t^-$ 为时刻系统状态的预测值；$\hat{\boldsymbol{\Omega}}_{t-l}$ 为 $t-1$ 时刻的误差协方差；$\hat{\boldsymbol{\Omega}}_t^-$ 为 t 时刻协方差的预测值；$\boldsymbol{Q}_t$ 为观测噪声协方差矩阵。

(3)更新过程。计算卡尔曼增益，然后结合最新的观察值和状态预测值计算最优状态值，同时对误差协方差矩阵进行更新。

$$\begin{cases}\boldsymbol{K}_t = \hat{\boldsymbol{\Omega}}_t^- \boldsymbol{H}_t^{\mathrm{T}} (\boldsymbol{H}_t \hat{\boldsymbol{\Omega}}_t^- \boldsymbol{H}_t^{\mathrm{T}} + \boldsymbol{R}_t)^{-1} \\ \hat{x}_t = \hat{x}_t^- + \boldsymbol{K}_t (z_t - h(\hat{x}_t^-)) \\ \hat{\boldsymbol{\Omega}}_t = \hat{\boldsymbol{\Omega}}_t^- - \boldsymbol{K}_t \boldsymbol{H}_t \hat{\boldsymbol{\Omega}}_t^-\end{cases} \tag{1-10}$$

式中，$\boldsymbol{K}_t$ 为卡尔曼增益；$\boldsymbol{R}_t$ 为过程噪声协方差矩阵；$\hat{x}_t$ 为 t 计算得到的当前状态最优估计值；$\hat{\boldsymbol{\Omega}}_t$ 为 t 时刻的协方差矩阵。

通过不断地对步骤(2)和步骤(3)进行迭代，即可对系统进行最优估计，获得系统最优状态。由于线性化处理只是一种近似描述，因此扩展卡尔曼滤波只有在系统非线性不大时取得较好效果。但因其计算所需内存较小，递归算法简单而在信息融合中应用很多。

EKF 算法通过对非线性系统在局部进行线性化操作，在每一步中将问题都近似为一个线性系统进行处理，从而实现对于非线性系统的状态估计。KF 在线性高斯分布的假设下，可以直接获得后验概率的解析解。在状态转移方程确定情况下，EKF 已经是非线性系统估计值的实际标准，在无人驾驶的多传感器融合上应用广泛。

另一种方法是无味卡尔曼滤波(Unscented Kalman Filter，UKF)或者被称为(Sigma Point Kalman Filter，SPKF)，这一方法通过在每一步的系统状态所服从的高斯分布的 Sigma Point 处采样，采样点经过非线性变换后再重新合并成一个高斯分布。UKF 算法相对 EKF 算法而言避免了在操作点处进行线性化的步骤，能够在一定程度上减少一阶 EKF 算法线性化操作中带来的线性化误差。然而，UKF 算法将经过非线性变换的 Sigma Point 重新用高斯分布拟合的过程中计算较为复杂，且在编程过程中容易出现病态问题。相比较而言，EKF 算法具有更好的稳定性，针对 EKF 算法中存在的数值问题也有更加成熟的应对方案。因此，在实际应用中，EKF 算法得到了更为广泛的应用。[①②③]

对于一个非线性系统，忽略其噪声，可以给出如下定义：

$$\boldsymbol{X}_t = f(\boldsymbol{X}_{t-1}, \boldsymbol{u}_t) \tag{1-11}$$

$$\boldsymbol{Y}_t = h(\boldsymbol{X}_t) \tag{1-12}$$

式中，$f(\boldsymbol{X}_{t-1}, \boldsymbol{u}_t)$、$h(\boldsymbol{X}_t)$分别表示状态转移方程和观测方程。只要二者不都是线性方程，这个系统就可以称为非线性系统。实际上，EKF 算法对于系统状态的估计值直接运用方程的非线性形式进行计算，所谓的线性化部分主要是针对系统状态的协方差 $\boldsymbol{P}_t^-$ 和 $\boldsymbol{P}_t^+$ 的计算。对于最为常用的一阶 EKF，根据下列式子计算其状态转移和观测矩阵：

$$\boldsymbol{F}_t = \frac{\partial f(\boldsymbol{X}_{t-1}, \boldsymbol{u}_t)}{\partial X_{t-1}} \tag{1-13}$$

$$\boldsymbol{G}_t = \frac{\partial f(\boldsymbol{X}_{t-1}, \boldsymbol{u}_t)}{\partial \boldsymbol{u}_t} \tag{1-14}$$

$$\boldsymbol{H}_t = \frac{\partial \boldsymbol{h}(\boldsymbol{X}_t)}{\partial \boldsymbol{X}_t} \tag{1-15}$$

显然，EKF 算法只是 KF 算法的一种拓展。当系统为线性系统，以上式子仍然成立，且在数值上等价于 KF 算法。以下伪代码中简述了典型的 EKF 算法的流程(图 1-2)。

Set X_0^+, P_0^+,

For t=1 : N

$\boldsymbol{X}_t^- = f(\boldsymbol{X}_{t-1}^+, u_t)$

$\boldsymbol{P}_t^- = \boldsymbol{F}_t \boldsymbol{P}_{t-1}^+ \boldsymbol{F}_t^{\mathrm{T}} + \boldsymbol{G}_t u_t + \boldsymbol{G}_t^{\mathrm{T}}$

$\boldsymbol{K}_t = \boldsymbol{P}_t^- \boldsymbol{H}_t^{\mathrm{T}} (\boldsymbol{H}_t \boldsymbol{P}_t^- \boldsymbol{H}_t^{\mathrm{T}} + \boldsymbol{R}_t)^{-1}$

$\boldsymbol{P}_t^+ = (\boldsymbol{I} - \boldsymbol{K}_t \boldsymbol{H}_t) \boldsymbol{P}_t^-$

$\boldsymbol{X}_t^+ = \boldsymbol{X}_t^- + \boldsymbol{K}_t (\boldsymbol{Y}_t - h(\boldsymbol{X}_t^-))$

图 1-2 标准 EKF 伪代码

这里所述的定位与导航系统存在强耦合、非线性等因素，经典的卡尔曼滤波

① Crassidis J L. Sigma—point Kalman filtering for integrated GPS and inertial navigation[J]. IEEE Transactions on Aerospace and Electronic Systems, 2006,42(2):750—756.

② Simon D. Optimal state estimation: Kalman, Hinfinity, and nonlinear approaches[M]. New York:John Wiley & Sons,2006.

③ Stroud J R,Katzfuss M,Wikle C K. A Bayesian adaptive ensemble Kalman filter for sequential state and parameter estimation[J]. Monthly Weather Review,2018,146(1):373—386.

器难以保证移动机器人导航解算参数的精度和有效性。综合考虑，选取 EKF 作为导航系统的融合方法，EKF 设计步骤如下：

符号说明：$\boldsymbol{x}$ 为状态向量，$\boldsymbol{y}$ 为观测向量，$\boldsymbol{F}$ 为状态转移矩阵，$\boldsymbol{P}$ 为状态协方差矩阵，$\boldsymbol{H}$ 为观测矩阵，$\boldsymbol{S}$ 为观测协方差矩阵，$\boldsymbol{Q}$ 为过程噪声协方差矩阵，$\boldsymbol{R}$ 为观测噪声协方差矩阵，$\boldsymbol{K}$ 为卡尔曼增益，$\boldsymbol{F}_k$ 为雅克比矩阵。

第一步，由先验概率密度 $p(\boldsymbol{x}_k \mid \boldsymbol{y}^{k-1})=\int_{\boldsymbol{x}_1}^{\boldsymbol{x}_{k-1}} p(\boldsymbol{x}_k \mid \boldsymbol{x}_{k-1})\, p(\boldsymbol{x}_{k-1} \mid \boldsymbol{y}^{k-1})\, \mathrm{d}\boldsymbol{x}_{k-1}$

得到

目标状态预测均值：$\boldsymbol{x}_{k \mid k-1}=\boldsymbol{F}\boldsymbol{x}_{k \mid k-1}$

目标状态预测方差：$\boldsymbol{P}_{k \mid k-1}=\boldsymbol{F}\boldsymbol{P}_{k \mid k-1}=\boldsymbol{F}\boldsymbol{P}_{k \mid k-1}\boldsymbol{F}^{\mathrm{T}}+\boldsymbol{Q}_k$

雅克比矩阵：$\boldsymbol{F}_k=\nabla_{x^{\mathrm{T}}} f(\boldsymbol{x}) \mid \boldsymbol{x}=\boldsymbol{x}_{k \mid k-1}$

第二步，由系数归一化 $p(\boldsymbol{y}^k \mid \boldsymbol{y}^{k-1})=p(\boldsymbol{y}^k)\, p(\boldsymbol{y}^{k-1})$

得到

目标状态观测均值：$\boldsymbol{y}_{k \mid k-1}=\boldsymbol{H}\boldsymbol{x}_{k \mid k-1}$

目标状态观测方差：$\boldsymbol{P}_{k \mid k-1}=\boldsymbol{H}\boldsymbol{P}_{k \mid k-1}\boldsymbol{H}^{\mathrm{T}}+\boldsymbol{R}$

卡尔曼增益：$\boldsymbol{K}=\boldsymbol{P}_{k \mid k-1}\boldsymbol{H}^{\mathrm{T}}\boldsymbol{S}_k^{-1}$

雅克比矩阵：$\boldsymbol{F}_k=\nabla_{x^{\mathrm{T}}} h(\boldsymbol{x}) \mid \boldsymbol{x}=\boldsymbol{x}_{k \mid k-1}$

第三步，由后验概率密度 $p(\boldsymbol{x}_k \mid \boldsymbol{y}^k)=\dfrac{p(\boldsymbol{y}_k \mid \boldsymbol{x}_k)\, p(\boldsymbol{x}_k \mid \boldsymbol{y}^{k-1})}{p(\boldsymbol{y}^k \mid \boldsymbol{y}^{k-1})}$

得到

目标状态后验均值：$\boldsymbol{x}_{k \mid k}=\boldsymbol{x}_{k \mid k-1}+\boldsymbol{K}_k(\boldsymbol{y}^k-\boldsymbol{y}^{k-1})$

目标状态后验方差：$\boldsymbol{P}_{k \mid k}=(\boldsymbol{I}-\boldsymbol{K}_k\boldsymbol{H})\boldsymbol{P}_{k \mid k-1}$

注：$f(\boldsymbol{x})$为系统模型，$h(\boldsymbol{x})$为观测模型，$\boldsymbol{F}_k$ 为 $f(\boldsymbol{x})$一阶泰勒展开公式，$\boldsymbol{H}_k$ 为$h(\boldsymbol{x})$一阶泰勒展开公式。

直接滤波的状态参数是导航参数本身，滤波示意图如图 1-3 所示。间接滤波状态参数都是误差量，滤波示意图如图 1-4 所示。由于间接滤波计算相对容易，误差较小，参数误差项是线性的，不用归一化处理，可直接用于滤波解算，而且易实现单源导航和组合导航的切换，故可选用间接 EKF 作为滤波器。

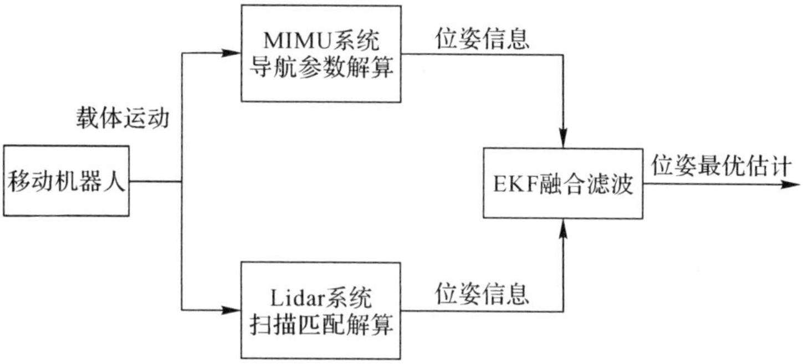

图 1-3 直接滤波示意图

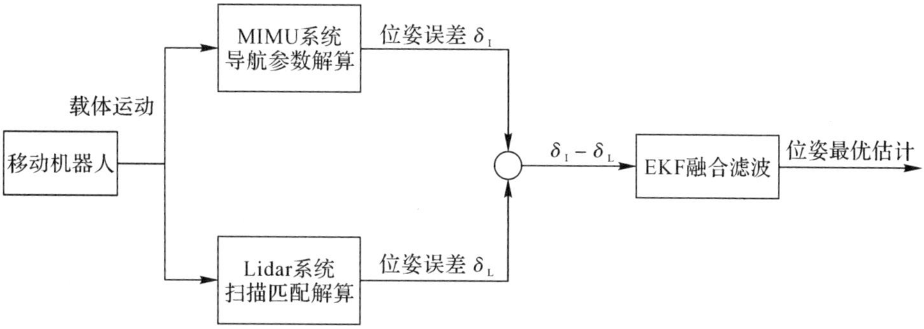

图 1-4 间接滤波示意图

1.1.3 图优化算法(Graph Optimization)

图优化算法是一种针对非线性问题的状态估计算法。①② 其主要特点是在状态估计的过程中保留了多个时刻的观测值,并统一进行状态估计。这样,图优化算法拥有了相对于贝叶斯滤波算法更好的精度。然而,由于图优化算法在计算过程中保留了多个时刻的信息,其计算量较大,这就限制了其在实际生产生活环境中的应用。

近年来,由于计算设备性能的提升和高效率优化算法的发展,图优化算法在状态估计中得到了越来越广泛的应用。特别是在依靠回环检测消除累积误差这个方面,基于图优化的方法具有很好的应用前景。

在图优化问题中,定义系统状态序列:

---

① Ba Rfoott D. State estimation for robotics[M]. Cambridge:Cambridge University Press,2017.

② Stroud J R,Katzfuss M, Wikle C K. A Bayesian adaptive ensemble Kalman filter for sequential state and parameter estimation[J]. Monthly Weather Review,2018,146(1):373—386.

$$\boldsymbol{X}=[\boldsymbol{X}_1^{\mathrm{T}},\boldsymbol{X}_2^{\mathrm{T}},\cdots,\boldsymbol{X}_n^{\mathrm{T}}]^{\mathrm{T}} \tag{1-16}$$

$$\boldsymbol{X}_i=[\boldsymbol{\eta}_i^{\mathrm{T}},\boldsymbol{\varphi}_i^{\mathrm{T}}]^{\mathrm{T}} \tag{1-17}$$

式中，$\boldsymbol{X}_i \in \mathrm{SE}(3)$是一个六维向量，表示第 i 时刻系统的状态。这里代表第 i 时刻足部 IMU 的位姿。为了方便后面的描述，根据式(1-17)，$\boldsymbol{\eta}_i=[x_i,y_i,z_i]\in\boldsymbol{R}^3$ 表示三轴的世界坐标系下的平移。$\boldsymbol{\varphi}_i^{\mathrm{T}}\in\boldsymbol{R}^3$ 表示在世界坐标系下的旋转。由于描述过程中会使用到系统状态的另一种表示方法，记为 $\boldsymbol{F}_i\in \mathrm{SE}(3)$是一个四维矩阵，对应的系统状态是 $\boldsymbol{X}_i$，系统状态的两个表示方法可以很容易地互相转化，因此默认两者表示的系统状态一致。特别的，书中还会用到旋转的另外一种表示，即旋转矩阵 $\boldsymbol{R}_i=\exp(\boldsymbol{\varphi}_i^{\wedge})\in \mathrm{SO}(3)$ 。

为了对一定条件下的系统状态进行求解，可以建立一个代价函数，通过求解代价函数的最小值得到最可能的系统状态。定义整体代价函数为：

$$\mathrm{cost}(\boldsymbol{X})=\sum \boldsymbol{e}_{ij}^{\mathrm{T}}\sum_{ij}^{-1}\boldsymbol{e}_{ij} \tag{1-18}$$

式中，$\boldsymbol{e}_{ij}$ 表示状态 $\boldsymbol{X}_i$ 和 $\boldsymbol{X}_j$ 之间的约束表示的误差函数，它的大小能够反应状态对约束的符合程度，越符合则该值越小。$\sum_{ij}^{-1}$ 表示该项的协方差矩阵，反映了这一约束的置信程度。因此，我们可以定义最优的状态序列的估计值 $\boldsymbol{X}^*$ 为：

$$\boldsymbol{X}^*=\underset{x}{\operatorname{argmin}}\sum e_{ij}^{\mathrm{T}}\sum_{ij}^{-1}e_{ij} \tag{1-19}$$

从概率的角度看，这一过程实际上就是求取系统状态的最大后验估计。由于用于表示约束的代价函数往往不是一个线性函数，求解过程实际上是一个迭代的线性化并求取局部极小值的过程。定义当前系统状态值为 $\boldsymbol{X}_{op}=\boldsymbol{X}^*$，定义系统状态的增量为 $\Delta\boldsymbol{X}$。在这一点附近求解目标首先要找到局部最优的系统状态增量 $\Delta\boldsymbol{X}^*$，使其满足如下等式：

$$\Delta X^*=\underset{\Delta X}{\operatorname{argmin}}\sum \boldsymbol{e}_{ij}(\boldsymbol{X}_{op}+\Delta\boldsymbol{X})^{\mathrm{T}}\sum_{ij}^{-1}\boldsymbol{e}_{ij}(\boldsymbol{X}_{op}+\Delta\boldsymbol{X}) \tag{1-20}$$

通过在 $\boldsymbol{X}_{op}$ 附近线性化即用一阶泰勒展开逼近原误差函数 $\boldsymbol{e}_{ij}(\boldsymbol{X}_{op}+\Delta\boldsymbol{X})$：

$$\boldsymbol{e}_{ij}(\boldsymbol{X}_{op}+\Delta\boldsymbol{X})\approx\boldsymbol{e}_{ij}(\boldsymbol{X}_{op})+\boldsymbol{J}_{ij}\Delta\boldsymbol{X} \tag{1-21}$$

式中，$\boldsymbol{J}_{ij}=\left.\dfrac{\partial e_{ij}}{\partial X}\right|\boldsymbol{X}_{op}$ 是误差函数 $\boldsymbol{e}_{ij}$ 在 $\boldsymbol{X}_{op}$ 处的雅克比矩阵。将式(1-21)代入(1-20)，需要求解的问题转化为：

$$\Delta\boldsymbol{X}^*=\underset{\Delta\boldsymbol{X}}{\operatorname{argmin}}\sum(\boldsymbol{e}_{ij}(\boldsymbol{X}_{op})+\boldsymbol{J}_{ij}\Delta\boldsymbol{X})^{\mathrm{T}}\sum_{ij}^{-1}(\boldsymbol{e}_{ij}(\boldsymbol{X}_{op})+\boldsymbol{J}_{ij}\Delta\boldsymbol{X}) \tag{1-22}$$

使用极值处的偏导等于 0 这一性质，我们可以得到一个关于 $\Delta\boldsymbol{X}$ 的线性方程组：

$$\boldsymbol{H}\cdot\Delta\boldsymbol{X}=-b \tag{1-23}$$

式中，$\boldsymbol{H}=\sum\boldsymbol{h}_{ij}=\sum\boldsymbol{J}_{ij}^{\mathrm{T}}\sum_{ij}^{-1}\boldsymbol{J}_{ij}$，$b=\sum b_{ij}=\sum\boldsymbol{e}_{ij}^{\mathrm{T}}\sum_{ij}^{-1}\boldsymbol{J}_{ij}$。求解这一线性方程得到 $\Delta\boldsymbol{X}^*$，并按照下式更新系统状态估计值 $\boldsymbol{X}^*$：

$$\boldsymbol{X}^*=\boldsymbol{X}_{op}+\Delta\boldsymbol{X}^* \tag{1-24}$$

通过不断的迭代可以得到对系统状态的最优估计。值得注意的是，由于系统状态表示在 SE(3)中，前文中所有计算需要对应到李代数(Lie Algebra)中对应运算。Linearization 步骤对应式(1-21)，通过雅克比矩阵将整体误差函数在操作点附近线性化。Solve Equation 步骤对应式(1-22)，求解该线性方程，得到对于状态的更新量。Update 步骤对应式(1-24)，利用上一步结果对系统状态 $\boldsymbol{X}^*$ 进行更新。Fulfill stop condition 中所指的条件主要包括两个方面：一是迭代次数是否已经超过给定的最大迭代次数；二是更新量的大小是否已经小于阈值。满足二者之一就停止迭代，输出当前状态量作为结果。

针对各个问题，这一算法需要针对不同的约束条件构建不同的误差函数，误差函数的好坏直接关系到最后结果的优劣。本书包含的几种约束分别是基于 IMU 积分的约束、基于磁力和重力的方向约束以及基于地磁回环的约束。基于 IMU 积分的约束通过对 IMU 测量值再进行积分得到，同时考虑了每一步的始末运动速度为 0 这一限制。如果误差函数中只有这一种约束，得到轨迹将与基于足部 IMU 的 EKF 算法的结果一致。基于磁力和重力方向的约束是一种通用的对方向累积误差进行抑制的方法。基于地磁信号的回环约束的作用就是利用回环检测算法的输出消除 IMU 积分导致的累积误差，能够提升整体的定位精度。

1.2 多传感器数据处理算法

1.2.1 微惯性数据处理

在微型惯性测量单元(Miniature Inertial Measurement Unit，MIMU)惯性导航系统中，移动机器人的载体坐标系相对于导航坐标系的姿态解算非常重要，它决定了机器人的加速度在导航坐标系中的分解与积分等计算，并影响最终的速度和位置解算。

姿态是载体坐标系相对于导航坐标系的相对关系，坐标系之间的相对关系可以用矩阵表示，该矩阵称为姿态矩阵，姿态矩阵在惯性导航系统中起着极为重要的作用，是计算和更新导航参数的基础。常用的欧拉角法和方向余弦法都需要大量的计算来求解参数，实时性较差。由于欧拉角法在纵摇角 $\theta=\pm 90°$时会出奇点，因此该方法具有一定的局限性。四元数法则计算量小、无奇点，其微分方程具有线性等优点被广泛应用。

(1)方向余弦法。该方法包含九个参数，计算量大、过程复杂，并且需要对输出结果进行正交化，其中三阶方向余弦矩阵的元素表示载体坐标系 b 各坐标轴和导航坐标系 n 各坐标轴之间的夹角余弦值，表达式如下：

$$\boldsymbol{C}_b^n=\begin{bmatrix} c_{11} & c_{12} & c_{13} \\ c_{21} & c_{22} & c_{23} \\ c_{31} & c_{32} & c_{33} \end{bmatrix} \tag{1-25}$$

式中，$c_{ij}=\cos\theta_{ij}$，θ_{ij} 为载体坐标系与导航坐标系各坐标轴的夹角。

(2)欧拉角法。该方法包含三个参数，具有计算简单、输出结果不需要正交化等优点，但存在奇异值，θ、γ、φ 为欧拉角，$\theta=\pm 90°$时，会有多个奇异解，方法失效。载体坐标系到导航坐标系之间的变换矩阵 $\boldsymbol{C}_b^n$ 表示如下：

$$\boldsymbol{C}_b^n=\begin{bmatrix} \cos\gamma\cos\varphi+\sin\gamma\sin\varphi & \cos\theta\sin\varphi & \sin\gamma\cos\varphi-\cos\gamma\sin\theta\sin\varphi \\ -\cos\gamma\sin\varphi+\sin\gamma\sin\theta\cos\varphi & \cos\theta\cos\varphi & -\sin\gamma\sin\varphi-\cos\gamma\sin\theta\cos\varphi \\ -\sin\gamma\cos\theta & \sin\theta & \cos\gamma\cos\theta \end{bmatrix} \tag{1-26}$$

(3)四元数法。该方法包含三个参数，基本思路是用一个参考坐标系中的矢量 γ 单次旋转来实现坐标系之间的转换，具有计算量小、存储空间占用小的特点，计算结果只需规范化就能保证姿态矩阵正交。用变换四元数来表示载体坐标系到导航坐标系之间的变换矩阵为：

$$\begin{bmatrix} x_n \\ y_n \\ z_n \end{bmatrix}=\boldsymbol{C}_b^n\begin{bmatrix} x_b \\ y_b \\ z_b \end{bmatrix} \tag{1-27}$$

式中，$\boldsymbol{C}_b^n$ 可表示为：

$$C_b^n=\begin{bmatrix} q_0^2+q_1^2-q_2^2-q_3^2 & 2(q_1q_2-q_0q_3) & 2(q_1q_3+q_0q_2) \\ 2(q_1q_2+q_0q_3) & q_0^2-q_1^2+q_2^2-q_3^2 & 2(q_2q_3-q_0q_1) \\ 2(q_1q_3-q_0q_2) & 2(q_2q_3+q_0q_1) & q_0^2-q_1^2-q_2^2+q_3^2 \end{bmatrix} \tag{1-28}$$

姿态矩阵 C_b^n 和变换四元数 $Q=[q_0,q_1,q_2,q_3]^{\mathrm{T}}$ 一一对应，且 C_b^n 与 C_n^b 具有转置关系，即 $C_n^b=[C_b^n]^{\mathrm{T}}$。当方向余弦确定时，四元数参数可以由式(1-29)计算得出，四元数微分方程可表示为式(1-30)。

$$Q=\begin{bmatrix} \frac{1}{2}\sqrt{1+C_b^n(1,1)+C_b^n(2,2)+C_b^n(3,3)} \\ \frac{1}{4q_0}(C_b^n(3,2)-C_b^n(2,3)) \\ \frac{1}{4q_0}(C_b^n(1,3)-C_b^n(3,1)) \\ \frac{1}{4q_0}(C_b^n(2,1)-C_b^n(1,2)) \end{bmatrix} \tag{1-29}$$

$$Q=\begin{bmatrix} \frac{1}{2}(-q_1\omega_x-q_2\omega_y-q_3\omega_z) \\ \frac{1}{2}(q_0\omega_x-q_3\omega_y+q_2\omega_z) \\ \frac{1}{2}(q_3\omega_x+q_0\omega_y-q_1\omega_z) \\ \frac{1}{2}(-q_3\omega_x+q_1\omega_y-+q_0\omega_z) \end{bmatrix} \tag{1-30}$$

至此可以通过式(1-27)～式(1-30)更新变换四元数，得到姿态矩阵的实时更新数据。

微型惯性测量单元由三个正交的陀螺仪和三个正交的加度计组合而成，本系统为室内自主移动机器人平台，故可只考虑二维平面内的运动，只解算二维平面内的航向角、速度、位置等数据。在进行导航解算过程中，通过初始校准获得移动机器人初始姿态，由 Q 对四元数进行参数初始化为 $Q=[0,\omega_x,\omega_y,\omega_z]^{\mathrm{T}}$，然后由 Q 对四元数进行实时更新，再通过 C_n^b 计算方向余弦矩阵，最后根据式(1-31)完移动机器人的姿态角求解。

由此，定义姿态角的取值范围：航向角 $\varphi\in(0°,360°)$、纵摇角 $\theta\in(-90°,+90°)$、横摆角 $\gamma\in(-180°,+180°)$。由 C_n^b 可得姿态角为：

$$\varphi = \arctan\left(\frac{c_{12}}{c_{22}}\right) \tag{1-31}$$

$$\theta = \arcsin(c_{32}) \tag{1-32}$$

$$\gamma = \arctan\left(-\frac{c_{31}}{c_{33}}\right) \tag{1-33}$$

在速度解算过程中，先将加速度计的测量值由载体坐标系变换到导航坐标系中，这一变换由四元数法表示的方向余弦矩阵来计算：

$$\boldsymbol{f}^n = \boldsymbol{C}_b^n \boldsymbol{f}^b \tag{1-34}$$

式中，$\boldsymbol{f}^n = [f_e, f_n, f_u]^{\mathrm{T}}$ 是加速度计在导航坐标系下的测量值，$\boldsymbol{f}^b = [f_x, f_y, f_z]^{\mathrm{T}}$ 是加速度计在载体坐标系下的测量值。

MIMU 惯性导航系统中，速度 v 微分方程可以简化为：

$$\dot{v} = \boldsymbol{f}^n + \boldsymbol{g}^n = \boldsymbol{C}_b^n \boldsymbol{f}^b + \boldsymbol{g}^n \tag{1-35}$$

式中，$\dot{v} = [v_e, v_n, v_u]^{\mathrm{T}}$ 是移动机器人在导航坐标系下的加速度，$\boldsymbol{g}^n = [0, 0, g]^{\mathrm{T}}$ 是重力加速度向量，只有矢向量有分量。

以上给出了详细的姿态角求解和速度的微分方程，根据微分方程可以进行导航参数的实时更新。

设 $\boldsymbol{f}^b = [f_x^b, f_y^b, f_z^b]^{\mathrm{T}}$ 为加速度计测量值，表示载体坐标系下移动机器人的三轴加速度，$\boldsymbol{f}^n = [f_x^n, f_y^n, f_z^n]^{\mathrm{T}}$ 为导航坐标系的三轴加速度。在静止情况下，x 轴、y 轴数值为零，z 轴数值为 $\boldsymbol{g}^n$ 时，$\boldsymbol{f}^b$ 与 $\boldsymbol{f}^n$ 的转换公式为式(1-36)，由式(1-37)、(1-38)可得静止状态下的纵摇角 γ 和横摇角 θ。

$$\boldsymbol{f}^b = \boldsymbol{C}_n^b \boldsymbol{f}^n = \boldsymbol{C}_n^b \boldsymbol{g}^n = \begin{bmatrix} \boldsymbol{g}^n \sin\gamma \\ -\boldsymbol{g}^n \cos\gamma \sin\theta \\ -\boldsymbol{g}^n \cos\gamma \cos\theta \end{bmatrix} \tag{1-36}$$

$$\gamma = \arctan\left(\frac{\boldsymbol{g}^n \sin\gamma}{\boldsymbol{g}^n \cos\gamma}\right) = \arctan\left(\frac{f_x^b}{\sqrt{(f_y^n)^2 + (f_z^n)^2}}\right) \tag{1-37}$$

$$\theta = \arctan\left(\frac{-\boldsymbol{g}^n \cos\gamma \sin\theta}{-\boldsymbol{g}^n \cos\gamma \cos\theta}\right) = \arctan\left(\frac{f_y^n}{f_z^n}\right) \tag{1-38}$$

初始航向对准利用地磁强度，地图导向机(Map Oriented Machine，MOM)中有三轴磁强计完成航向角初始对准任务。磁强计初始航向角的原理如图 1-5 所示。

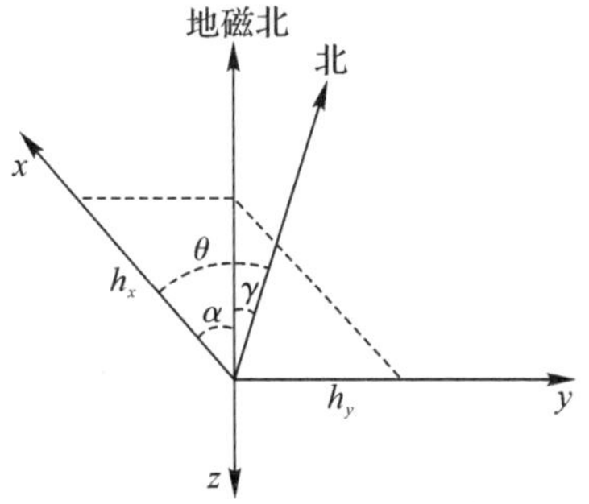

图 1-5　磁强计初始航向角原理

设磁强计 $\boldsymbol{H}^b=[h_x,h_y,h_z]^{\mathrm{T}}$ 为载体坐标下测量值；θ 为航向角；γ 为磁偏角，即地磁北极方向与地理北极夹角，γ 在全国不同的地方具体数值不一样，可以查表获得或磁偏仪测量得到。我国在北半球，地理北极较之于地磁北极偏右，航向角 θ 计算如下：

$$\alpha=\arctan\left(\frac{h_y}{h_x}\right) \tag{1-39}$$

$$\theta=\alpha+\gamma \tag{1-40}$$

1.2.2　激光雷达数据处理

在极坐标系下，通常激光雷达发射点为坐标原点，扫描二维平面内 360°范围内的环境信息。图 1-6 是激光雷达原始数据示意图，自上向下看，逆时针扫描，并获得极坐标形式的测量结果，以(φ_i，d_i)表示。φ 表示扫描点射线与参考线之间的夹角，d 表示扫描点到反射点之间的距离，下标 i 表示某一帧激光雷达扫描数据中第 i 个反射点。假设一周采样点为 4000，通过式(1-41)、(1-42)、(1-43)将极坐标系下数据转化为笛卡尔坐标系下数据，以适应不同的场景和处理算法。

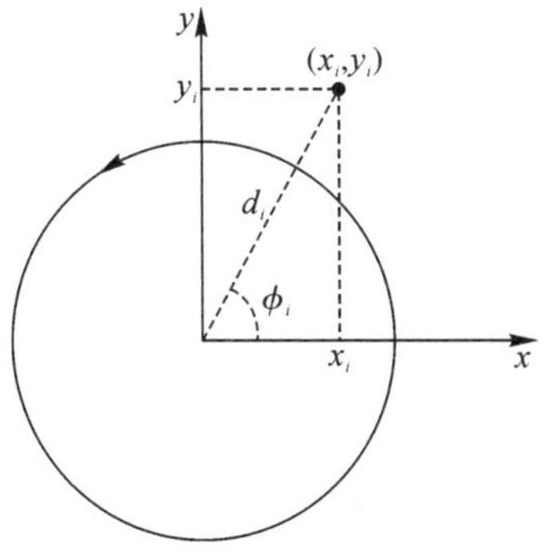

图 1-6　激光雷达原始数据

$$\varphi_i=\frac{\pi(i-1)}{2000}, i=1,2,\cdots,4000 \tag{1-41}$$

$$x_i=d_i\cos\varphi_i \tag{1-42}$$

$$y_i=d_i\cos\varphi_i \tag{1-43}$$

激光雷达系统扫描频率和扫描点数概念不一样，扫描频率指的是每秒扫描的点数即扫描帧数据，在 4000 点 50 Hz 的激光雷达，单帧数据维度为 80。

激光雷达数据处理的首要目标就是如何利用扫描数据获得载体的位移和转动信息，激光雷达所获得的是距自身最近障碍物的距离，要实现从距离数据求解激光雷达本身位移和转动，数据扫描匹配算法最为常用。[①] 激光雷达的扫描状态可以表示为 $P(x,y,\alpha)$，其中(x,y)表示在导航坐标系中的位置。扫描匹配是当前扫描帧与参考扫描帧进行相似度匹配，使度量函数达到最大值。假设参考扫描数据帧为 $\boldsymbol{S}_r$，当前扫描数据帧为 $\boldsymbol{S}_n$，两个扫描帧之间的位姿变换为 $T(\Delta x,\Delta y,\Delta\alpha)$。$E$ 表示扫描匹配度量函数，则位姿估计问题可以转化为 $\boldsymbol{S}_r$ 和 $\boldsymbol{S}_n$ 的最佳匹配问题，进而可转化为求取 T 满足式(1-44)，其中 F 为匹配法则。

$$\min E=F\left[T(\boldsymbol{S}_n,\boldsymbol{S}_r)\right] \tag{1-44}$$

扫描匹配算法可分为三类：直接扫描点匹配、基于特征的匹配、基于概率模型的匹配[②]。直接扫描点匹配算精确度更高，不经过特征提取环节，更能适应一般的环境，但随着扫描点的增多计算量会逐渐增大，效率问题会突显出来。这里采取标准 ICP 算法进行匹配，完成移动机器人位姿估计。

ICP 算法由 Besl 和 Mckay 在 1992 年第一次提出并将其称为标准 ICP 算法，此后研究者对其进行了深入研究。标准 ICP 的基本原理是将当前扫描帧和参考扫描帧视为两个点集，计算两点集之间的最小平均距离来解算两帧之间的位姿变换。这里只考虑二维匹配问题，图 1-7 表示标准 ICP 算法原理。

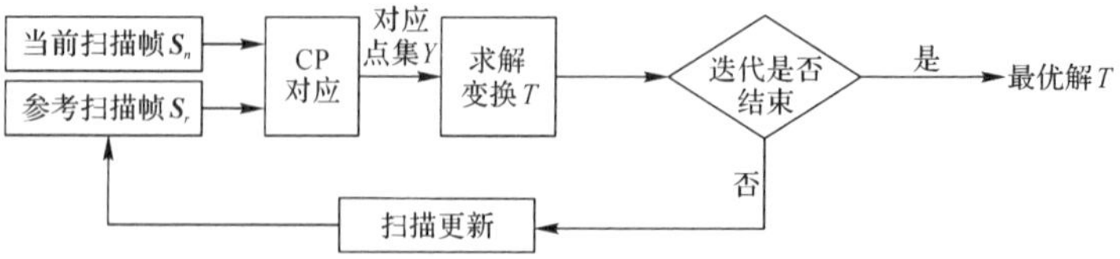

图 1-7　标准 ICP 算法原理

① Zheng Z, Li Y. LID AR Data Registration for Unmanned Ground Vehicle Based on Improved ICP Algorithm[C]//2015 7th International Conference on Intelligent Human－Machine Systems and Cybernetics (IHMSC). IEEE, 2015.

② Tiar R, Lakrouf M, Azouaoui O. FAST ICP－SLAM for a bi－steerable mobile robot in large environments[C]//2015 IEEE International Workshop of Electronics, Control, Measurement, Signals and their Application to Mechatronics (ECMSM). IEEE, 2015.

当数据维度为 N 时，目标函数 $\min E=F[T(\boldsymbol{S}_n),\boldsymbol{S}_r]$；

输入：当前扫描帧 $\boldsymbol{S}_n$、参考扫描帧 $\boldsymbol{S}_r$；

输出：旋转矩阵 $\boldsymbol{R}$、平移矩阵 $\boldsymbol{t}$。

(1)搜索当前扫描帧 $\boldsymbol{S}_n$ 在参考扫描帧 $\boldsymbol{S}_r$ 上的对应点集 Y，计算两点集重心并生成新点集。

(2)计算新点集的正定矩阵，并求取极大特征值和特征向量。

(3)计算旋转矩阵 $\boldsymbol{R}$ 和平移矩阵 $\boldsymbol{t}$，由 $T(\boldsymbol{S}_n)=\boldsymbol{R}\boldsymbol{S}_n+\boldsymbol{t}$ 得到 $T_i(i=1)$。

(4)计算平均误差函数 $E=F[T(\boldsymbol{S}_n),\boldsymbol{S}_r]=\frac{1}{N}\sum_{i=1}^{N}\|\boldsymbol{S}_r-(\boldsymbol{R}\boldsymbol{S}_n+\boldsymbol{t})\|^2$。

(5)判断 E 是否满足指定阈值或者达到迭代次数，若满足则停止迭代，输出 $\boldsymbol{R}$、$\boldsymbol{t}$。

(6)否则继续进行旋转矩阵 $\boldsymbol{R}$ 和平移矩阵 $\boldsymbol{t}$，重复计算 $T(\boldsymbol{S}_n)$得到 $T_i(i=2,3,\cdots)$。

通过 ICP 算法对激光雷达扫描数据进行处理，得到两帧之间的位姿变换 $T(\Delta x,\Delta y,\Delta\alpha)$，进而可以解算出移动机器人的位姿。

激光雷达扫描匹配误差来源多种多样，作用机理和影响强弱也不一样，要建立一个统一而又精确的模型很困难。一般地，在室内环境下，移动机器人所处的大气环境相对稳定，温度、湿度变化可忽略不计。激光雷达系统误差可视为常数，扫描过程中距离测量和角度测量可以视为随机过程，匹配过程造成的误差可以当成常数与随机误差组合，计算误差可以看作计算机软硬件、主频限制所导致的误差，环境噪音可以看作白噪音。室内环境普遍在米级范围内，对激光雷达扫描匹配来讲，由扫描距离导致的误差可视为常数。于是激光雷达扫描匹配过程的误差模型可以描述为：

$$\varepsilon_L=\varepsilon_{L0}+\varepsilon_{Ld}(t)+\varepsilon_{Lw}(t) \tag{1-45}$$

式中，ε_{L0} 表示据系统误差常量，$\varepsilon_{Ld}(t)$ 表示扫描测量随机误差，$\varepsilon_{Lw}(t)$ 表示环境白噪声。

SLAM(Simultaneous Localization and Mapping)算法的目标是根据激光雷达当前扫描帧数据解算环境信息和移动机器人的位姿状态，在此基于 ICP 扫描点来实现，将连续的两帧扫描数据进行匹配，解算出相邻帧之间的位姿转换矩阵，同时可得到当前机器人的位姿状态。SLAM 方案结构图如图 1-8 所示，结算结果同时可作为 EKF 的输入，修正导航解算参数①。

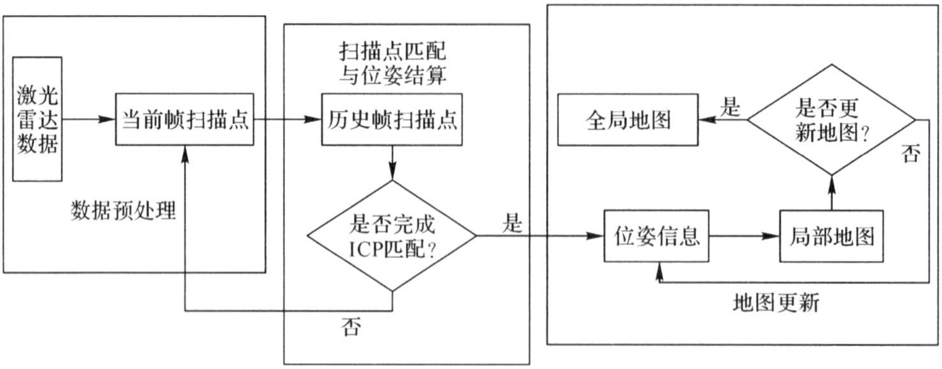

图 1-8　SLAM 方案结构

1.2.3　光电编码器数据处理

本系统采取的是两轮差动式移动机器人，左右两个电机差速控制来实现机器人的直线行走、左右转弯、原地转动等运动方式。这里运用一种基于编码器的移动机器人运动学建模方法，配合初始对准算法构成里程计系统。

移动机器人从 k 时刻到 $k+1$ 时刻（间隔为 T）的运动示意图如图 1-9 所示②，本系统采用电机内置编码器，N_l、N_r 分别表示在一个周期 T_0 内的脉冲数，m 是编码器的线数，取两轮中心点 $\boldsymbol{M}$ 为参考点，主动轮半径为 r，两轮中心距为 l，S_l、S_r、S 分别表示左右轮、中心点所走的距离。

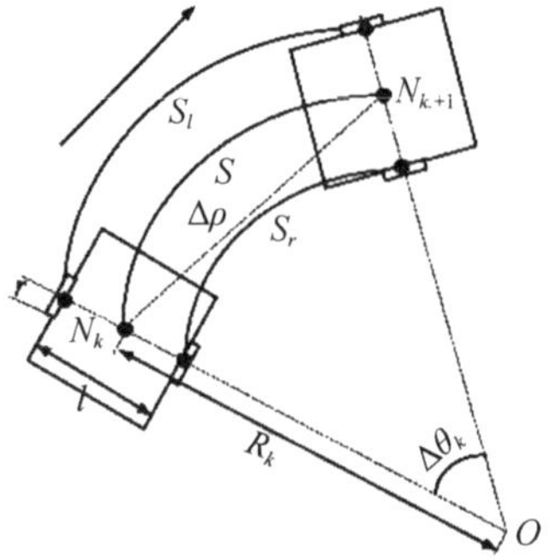

图 1-9　路径推演示意图

① 赵辉，杜航原，张虎基于 SLAM 算法的 AUV 自主导航仿真研究[J]. 山西电子技术，2015(4)：86－89.

② 曹正万，曹正万，平雪良. 基于 ROS 的机器人模型构建方法研究[J]. 组合机床自动化加工技术，2015(8)：51－54.

于是可得到 k 时刻方程：

$$\begin{cases} S_{lk}=\dfrac{2\pi r}{m}N_{lk} \\ S_{rk}=\dfrac{2\pi r}{m}N_{rk} \\ S_k=\dfrac{S_{lk}+S_{rk}}{2} \end{cases} \tag{1-46}$$

k 时刻机器人中轴线与导航坐标系 x 轴夹角 θ_k，$k+1$ 时刻航向角变为 $\theta_{k+1}=\theta_k+\Delta\theta_k$，又由弧长公式：

$$l=\frac{S_{lk}}{\Delta\theta_k}-\frac{S_{rk}}{\Delta\theta_k} \tag{1-47}$$

由此可得：

$$\Delta\theta_k=\frac{S_{lk}-S_{rk}}{l}=\frac{2\pi r(N_{lk}-N_{rk})}{ml} \tag{1-48}$$

k 时刻至 $k+1$ 时刻转弯的平均半径为：

$$R_k=\frac{S_k}{\Delta\theta_k} \tag{1-49}$$

在三角形 ON_kN_{k+1} 内，由余弦定理得：

$$\Delta\rho_k^2=R_k^2+R_k^2-2R_k^2\cos\Delta\theta_k=2R_k^2(1-\cos\Delta\theta_k) \tag{1-50}$$

移动机器人的位移变化可表示为：

$$\begin{cases} \Delta P_{Ek}=\Delta\rho_k\sin\left(\theta_k+\dfrac{\Delta\theta_k}{2}\right) \\ \Delta P_{Nk}=\Delta\rho_k\cos\left(\theta_k+\dfrac{\Delta\theta_k}{2}\right) \end{cases} \tag{1-51}$$

根据 MIMU 所测得的纵摇角 θ 和横摇角 γ 对位置数据进行补偿，得到校正后的变换量：

$$\begin{cases} \Delta\overline{P_{Ek}}=\Delta\rho_k\sin\left(\theta_k+\dfrac{\Delta\theta_k}{2}\right) \\ \Delta\overline{P_{Nk}}=\Delta\rho_k\cos\left(\theta_k+\dfrac{\Delta\theta_k}{2}\right) \end{cases} \tag{1-52}$$

综上可得基于编码器的移动机器人离散运动模型：

$$\begin{cases} v_{k+1}=\dfrac{\Delta\overline{P_k}}{T_0} \\ \theta_{k+1}=\theta_k+\Delta\theta_k \\ P_{k+1}=P_k+\Delta\overline{P_k} \end{cases} \tag{1-53}$$

1.2.4 UWB 数据处理

这里 UWB 定位系统采用 LinkTrack P 型号的 UWB 定位模块组成，包含四个基站 $A_i(i=0,1,2,3)$、一个标签 T_0 和一个控制台 C_0，UWB 系统组成示意图如图 1-10 所示。UWB 定位系统在理想状态下定位精度可达到 10 cm，测距范围 500 m，数据更新频率最高可达到 50 Hz。

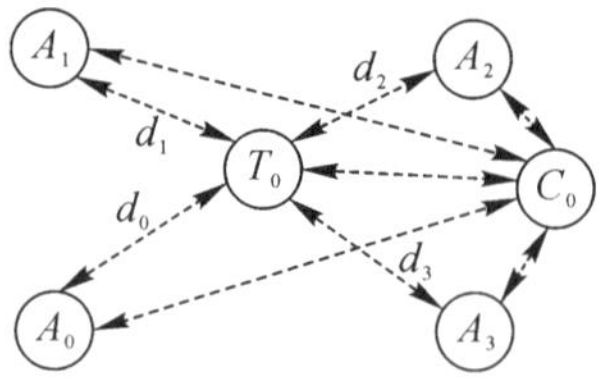

图 1-10　UWB 定位系统示意图

UWB 定位系统的标签安装在移动机器人上，UWB 定位可以提供标签与基站之间实时的距离信息 $d_i(i=0,1,2,3)$。第 i 个基站的坐标已知为(x_i, y_i, z_i)，设待求标签点的坐标为(X,Y,Z)，则基站与标签之间的距离有以下关系：

$$\begin{cases}(x_0-X)^2+(y_0-Y)^2+(z_0-Z)^2=d_0\\(x_1-X)^2+(y_1-Y)^2+(z_1-Z)^2=d_1\\(x_2-X)^2+(y_2-Y)^2+(z_2-Z)^2=d_2\\(x_3-X)^2+(y_3-Y)^2+(z_3-Z)^2=d_3\end{cases}\tag{1-54}$$

式(1-54)是一个超定方程组，通常无解，但是有最小二乘法解。可以采用最小均方差估计求解该方程组，即

$$(\hat{X},\hat{Y},\hat{Z})=\min\sum_{i=1}^{4}\left[\sqrt{(x_i-X)^2+(y_i-Y)^2+(z_i-Z)^2}-d_i\right]^2\tag{1-55}$$

设机载坐标下 UWB 标签坐标为$(x_{uwb}, y_{uwb}, z_{uwb})$，则 UWB 定位系统得到的移动机器人在时刻 k 时的二维绝对坐标为

$$\begin{bmatrix}X_k\\Y_k\end{bmatrix}=\begin{bmatrix}x_{uwb}\\y_{uwb}\end{bmatrix}+\begin{bmatrix}\hat{X}\\\hat{Y}\end{bmatrix}$$

1.3 多传感器系统构建

导盲机器人多传感器系统为实现定向定位的功能，必须对各硬件模块采集的数据进行处理和分析，以满足数据融合需求。在此建立了各传感器模块的数学模型并进行误差分析和校正：运用坐标变换与直线近似的方法建立里程计模型，根据其误差累计特性，分析其需要绝对定位方式的辅助；采用多方向配置超声波传感器模块，并对超声波传感器进行最小二乘法拟合校正；在坐标变换的基础上实现视觉传感器的模型建立；对电子罗盘模块进行标定校正，减小环境磁场可能引起的误差；采用双层 LANDMARC 方法以减少 RFID 模块辅助定位时可能产生的跳变误差。

1.3.1 里程计模块构建

1.3.1.1 机器人位姿模型

在机器人导航定位研究所建立的坐标系中通常包含全局坐标系与局部坐标系两种①：全局坐标系也称为世界坐标系，可以用 $X_WO_WY_W$ 表示，以表示机器人在环境中的绝对坐标，且不随被测机器人的运动而改变；局部坐标系有时又称为车载坐标系，可以用 $X_RO_RY_R$ 表示，其原点和坐标轴均建立在运动机器人本体之上，随着机器人的运动发生变化。

定向定位系统的设计应用于双差速轮驱动的导盲机器人，这里为方便对机器人的运动位姿进行分析，可将其实际机构简化为如图 1-11 所示的位姿模型。

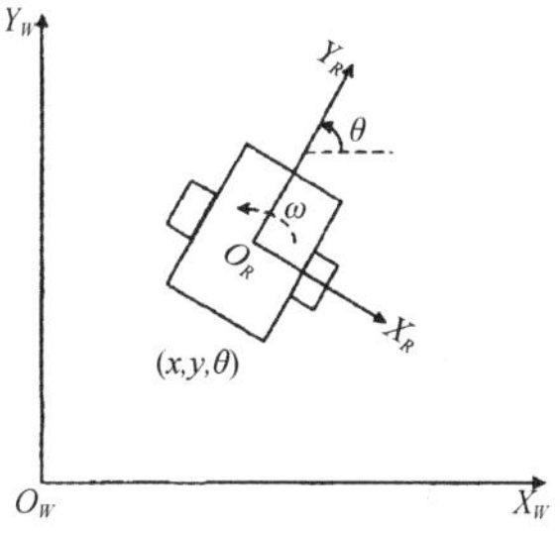

图 1-11　机器人位姿简化模型图

① 郁文贤，雍少为. 多传感器信息融合技术述评[J]. 国防科技大学学报，1994，16(3)：1—11.

为了获取机器人的移动方向和所在位置，需要创建坐标系 $X_W O_W Y_W$ 和 $X_R O_R Y_R$，此处选取两驱动轮轴心连线的中点作为机器人局部坐标系原点 O_R。机器人在二维平面环境行走时，其在全局坐标系中的状态位姿可以用一个三维向量$(x,y,\theta)^T$ 表述。其中$(x,y)^T$ 表示该机器人在全局坐标系中的定位坐标，θ 表示机器人导航的方向角，也就是 X_W 轴与 Y_R 轴之间的夹角，方向角 θ 的定义为：与 X_W 轴平行的轴为零度，依逆时针旋转为正值。

1.3.1.2 里程计模块建模

里程计设计采用霍尔传感器测量单位时间内机器人车轮滚动形成的脉冲数量，根据此数据可以计算得出每个车轮滚动的距离。设 Δt 为计量车轮转动的采样时间，D 为被测车轮直径，P 为对应霍尔传感器的线数（车轮每转动一周产生的霍尔脉冲数），N 为 Δt 时间内霍尔传感器输出的脉冲数，则该车轮滚动距离 ΔS 为：

$$\Delta S = \frac{N}{P} \times \pi D \tag{1-56}$$

导盲机器人车体的左右两驱动轮均配置了里程计，其运动模型采用路径推算定位法。该方法简单有效，在确定当前时刻机器人系统位置的前提下，经过检测相对于该位置的方位及运动距离，推算下一时刻机器人的位置状态参数，即机器人下一时刻的位姿数据由一段短时间的位姿变化量累加输出，如图 1-12 所示。

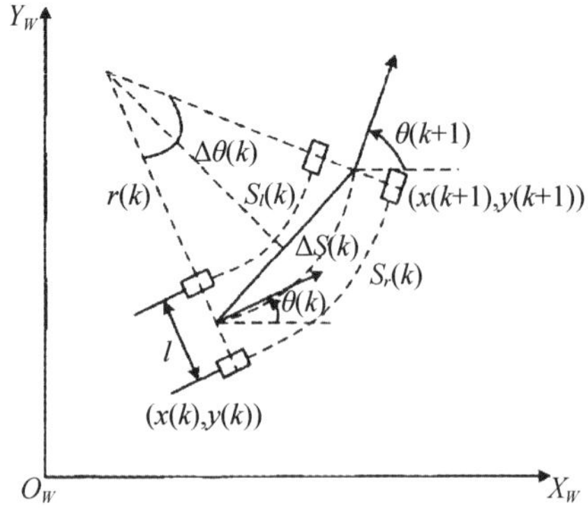

图 1-12 机器人里程计模型

设 k 时刻左右驱动轮的里程计测量得到的行走距离分别是 $S_l(k)$ 和 $S_r(k)$，l 是机器人车体左右驱动轮轴心连线的距离，则从 k 到 $k+1$ 时刻的 Δt 时间内，导盲机器人运动的距离 $\Delta S(k)$ 与车体旋转的角度 $\Delta\theta(k)$ 分别为：

$$\Delta S(k)=\frac{S_l(k)+S_r(k)}{2} \tag{1-57}$$

$$\Delta \theta(k)=\frac{S_r(k)-S_l(k)}{l} \tag{1-58}$$

则可以计算出机器人的运动半径 $r(k)$ 为：

$$r(k)=\frac{\Delta S(k)}{\Delta \theta(k)} \tag{1-59}$$

假设机器人 k 时刻的位姿状态量为 $\boldsymbol{X}(k)=[x(k),y(k),\theta(k)]^{\mathrm{T}}$，导盲机器人里程计模型的输入状态量为 $\boldsymbol{U}(k)=[\Delta S(k),\Delta\theta(k)]^{\mathrm{T}}$，则里程计运动模型可以描述为：

$$\boldsymbol{X}(k+1)=f(\boldsymbol{X}(k),\boldsymbol{U}(k))+\boldsymbol{W}(k) \tag{1-60}$$

式中，$\boldsymbol{W}(k)$ 为过程输入的噪声矩阵，在此处可以认为是零均值高斯白噪声。

机器人里程计的运动模型一般可以用两种形式来表述，即圆弧模型和直线模型①：圆弧模型是一种较为精确的描述模型，将移动路径视为弧形，不但考虑到被测系统的位移量，还涉及运动方向角的变化；直线模型忽略了机器人在短时间内方向角的变化，将圆弧模型近似为若干段线段，认为被测系统的移动路径由线段组成。如果模型中的采样时间间隔 Δt 取到足够小，就能满足系统定位要求，并且在一定程度上降低系统的运算量。

(1)圆弧模型。根据图 1-12 的里程计模型，给出圆弧模型的数学推导过程如下。

机器人运动位移增量在 X_W 轴和 Y_W 轴上的分量可以分别表示为：

$$\Delta x(k)=2r(k)\cdot\sin\frac{\Delta\theta(k)}{2}\cdot\cos\left(\theta(k)+\frac{\Delta\theta(k)}{2}\right) \tag{1-61}$$

$$\Delta y(k)=2r(k)\cdot\sin\frac{\Delta\theta(k)}{2}\cdot\sin\left(\theta(k)+\frac{\Delta\theta(k)}{2}\right) \tag{1-62}$$

那么圆弧模型方程可表示为：

$$f(\boldsymbol{X}(k),\boldsymbol{U}(k))=\begin{bmatrix}x(k)+\Delta x(k)\\ y(k)+\Delta y(k)\\ \theta(k)+\Delta\theta(k)\end{bmatrix}$$

① 陈小宁，黄玉清，杨佳. 多传感器信息融合在移动机器人定位中的应用[J]. 传感器与微系统，2008，27(6)：110－113.

$$= \begin{bmatrix} x(k) + 2\dfrac{\Delta S(k)}{\Delta\theta(k)} \cdot \sin\dfrac{\Delta\theta(k)}{2} \cdot \cos\left(\theta(k) + \dfrac{\Delta\theta(k)}{2}\right) \\ y(k) + 2\dfrac{\Delta S(k)}{\Delta\theta(k)} \cdot \sin\dfrac{\Delta\theta(k)}{2} \cdot \sin\left(\theta(k) + \dfrac{\Delta\theta(k)}{2}\right) \\ \theta(k) + \Delta\theta(k) \end{bmatrix}$$

$$= \begin{bmatrix} x(k) + \dfrac{\Delta S(k)}{\Delta\theta(k)} \cdot [\sin(\theta(k) + \Delta\theta(k)) - \sin\theta(k)] \\ y(k) - \dfrac{\Delta S(k)}{\Delta\theta(k)} \cdot [\cos(\theta(k) + \Delta\theta(k)) - \cos\theta(k)] \\ \theta(k) + \Delta\theta(k) \end{bmatrix} \tag{1-63}$$

式中，$|\Delta\theta(k)| > 0$。

(2)直线模型。直线模型的原理是将短时间内机器人的运动轨迹近似为线段，将机器人方向角的变化忽略，即假设 $\Delta\theta(k) \to 0$，则圆弧模型可以看成直线模型，模型可描述为：

$$f(\boldsymbol{X}(k), \boldsymbol{U}(k)) = \begin{bmatrix} x(k) + \Delta S(k) \cdot \cos(\theta(k)) \\ y(k) + \Delta S(k) \cdot \sin(\theta(k)) \\ \theta(k) \end{bmatrix} \tag{1-64}$$

对直线模型进行改进，将推算机器人运动位移时采用直线模型，且为了模型的精确定向，将弧线模型应用于方向角变化的推算，在此结合弧线模型的直线模型方程：

$$f(\boldsymbol{X}(k), \boldsymbol{U}(k)) = \begin{bmatrix} x(k) + \Delta S(k) \cdot \cos(\theta(k)) \\ y(k) + \Delta S(k) \cdot \sin(\theta(k)) \\ \theta(k) + \Delta\theta(k) \end{bmatrix} \tag{1-65}$$

1.3.1.3 里程计误差分析与校正

里程计的数学模型建立在这样的假设基础上：里程计所测得车轮转过的角度与两车轮在平面上滚动的距离之差成线性比例关系。① 不过，这种假设存在一定的局限性，例如轮子的打滑，如果机器人的车轮在较光滑的地面上产生滑动，上述线性关系就会消失。此外，还有多种能够导致定位误差的因素，大体上

① 袁军，王敏. 智能系统多传感器信息融合研究进展[J]. 控制理论与应用，1994，11(5)：513－519.

可以分为两类:系统误差和非系统误差。[①]

系统误差主要包括[②]:

(1)两个被测驱动轮的直径不完全均匀。一般机器人行走机构的轮上会进行包胶处理或套上橡胶带以增大牵引力,若负载不平衡,则形变的不一致会致使左右轮直径不相等;若机器人行走机构的两轮电机保持同速牵引,就会发生偏转。

(2)被测轮的实际直径与标称直径不相等而导致误差。

(3)实际轮距与标称轮距不相等而产生误差。轮距是指左右轮与地面左右两个接触点的间距,此类误差产生的原因是轮与地面二者之间并非完全的点接触。此时,轮距随机器人的运动而变化,并容易在机构转向时引入偏差。

(4)霍尔传感器的采样周期有限。非系统误差主要是由机器人行走机构与行走环境中非预期的特征相互作用而产生,包括:行走路面不平整,轮子的打滑与反冲。打滑产生的原因有很多,如加速度过大、转弯速度过快等,碰到障碍物阻碍轮子正常转动。

对于里程计的非系统误差,一些学者根据研究提出了自己的结论。Chong 和 Kleeman 等研究了里程计的非系统误差,将其认为零均值高斯白噪声,并根据仿真结果得出,随着运行距离的累积,里程计定位精度的不确定性会随之增大。

如果机器人的行走路面十分平整,则里程计的系统误差是主导因素;如果机器人的行走路面凹凸不规律,则里程计非系统误差为主导因素。

通常提高里程计观侧精度的办法是从机械精度方面考虑,如提高霍尔传感器和车轮的安装精度,或采用基于“轮直径不等”和“轮距不确定”的 UMBmark 实验进行修正。[③] 在此所研究的系统平台不但包括了基于相对定向定位的里程计模块,还含有基于绝对定向定位的双目视觉传感器模块与 RFID 模块,因此可以应用绝对坐标定向定位数据对里程计的误差进行校正。

---

① 赵小川,罗庆生,韩宝玲.机器人多传感器信息融合研究综述[J].传感器与微系统,2008,27(8):1—4.

② 王晓娟.基于多传感器信息的移动机器人定位研究[D].杭州:浙江大学,2010.

③ Borenstein J, Feng L. Measurement and correction of systematic odometry errors in mobile robots[J]. IEEE Transactions on Robotics and Automation, 1996, 12(6): 869—880.

1.3.2 多超声波传感器模块构建

1.3.2.1 多超声波传感器建模

这里机器人定向定位系统的多超声波传感器模块含有 7 个超声波传感器，如图 1-13 所示，将其编号为 1～7，分别布置于机器人前部的对称左右侧、右方的对称前后侧、左方的对称前后侧以及后部的中点处。将超声波传感器 i 在导盲机器人局部坐标系 $X_RO_RY_R$ 中的位姿状态量表示为 $[x_{Ri},y_{Ri},\theta_{Ri}]^{\mathrm{T}}$。在采样时刻 k，假设机器人的位姿状态量为 $\boldsymbol{X}(k)=[x(k),y(k),\theta(k)]^{\mathrm{T}}$，这里机器人定向定位计算所使用的位置坐标与方向角数据均需要在全局坐标系下，因此把 7 个超声波传感器在机器人局部坐标系 $X_RO_RY_R$ 里的坐标 (x_{Ri},y_{Ri}) 变换为全局坐标系 $X_WO_WY_W$ 里的坐标 $(x_i(k),y_i(k))$，并将超声波传感器的方向角 θ_{Ri} 变换为与 X_w 轴的夹角，用下标 i 表示超声波传感器的编号，取值 $i=1,2,\cdots,7$，坐标变换式如下：

$$\begin{cases} x_i(k)=x_{Ri}\sin\theta(k)+y_{Ri}\cos\theta(k)+x(k) \\ y_i(k)=-x_{Ri}\cos\theta(k)+y_{Ri}\sin\theta(k)+y(k) \\ \theta_i(k)=\dfrac{\pi}{2}-\theta(k)+\theta_{Ri} \end{cases} \tag{1-66}$$

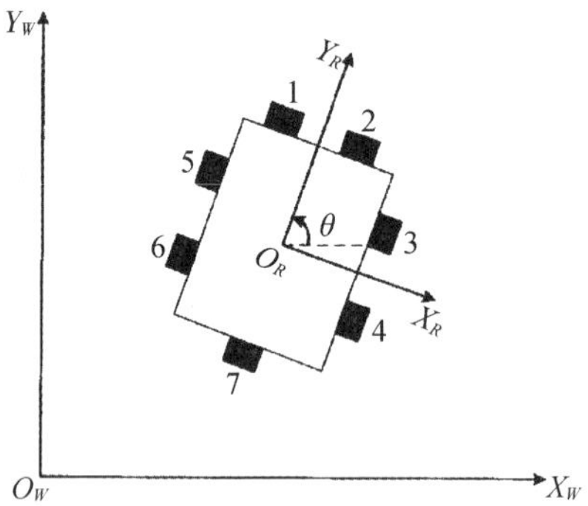

图 1-13 多超声波传感器模块坐标系示意图

机器人在二维平面空间行走时遇到的障碍物和墙壁可以在全局坐标系 $X_WO_WY_W$ 中用直线 $a_jx+b_jy+c_j=0$ 表示，其中 $j=1,2,3,\cdots$，表示障碍物或墙壁的序号，如图 1-14 所示。

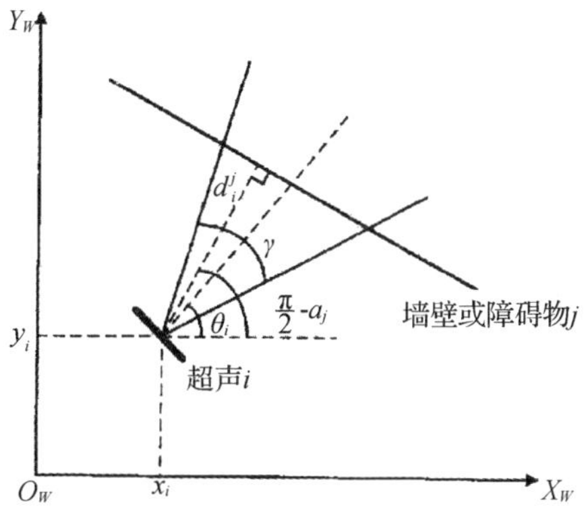

图 1-14　超声波传感器测量模型

则超声波传感器 i 探测到其自身与物体 j 之间的距离可以表示为：

$$d_i^j=\frac{|a_jx_i+b_jy_i+c_j|}{\sqrt{a_j^2+b_j^2}} \tag{1-67}$$

定向定位系统采用的是超声波测距模块 HY－SRF05，从该模块发出的超声波束存在一个 $\gamma=15°$ 的开放角，设全局坐标系 $X_WO_WY_W$ 下超声波传感器 i 到障碍物或墙壁平面的垂线方向角 $\alpha_j=\arctan\left(\frac{a_j}{b_j}\right)$，若要使超声波传感器 i 的测量值有效，则必须满足障碍物或墙壁在传感器超声波波速开放角内，即满足式(1-68)：

$$\theta_i(k)-\frac{\gamma}{2}\leqslant\frac{\pi}{2}-\alpha_j\leqslant\theta_i(k)+\frac{\gamma}{2} \tag{1-68}$$

若不满足式(1-68)，则该观测超声波数据应该剔除。

1.3.2.2　超声波传感器误差分析与校正

超声波传感器的误差主要体现在以下几个方面①：

(1)超声波传感器的工作原理是利用压电效应与反压电效应，实现超声波脉冲信号和电信号之间的转换。通过超声波发射装置的陶瓷振子换能器产生的振动电信号转换为脉冲信号辐射到空气中，再由接收装置的陶瓷振子换能器接收空气中的脉冲信号产生机械振动，并转换为电信号，最后通过放大电路输出。

空气介质中，声速传播的表达式如下：

$$\boldsymbol{C}=\sqrt{\frac{\lambda\times R\times T}{M}} \tag{1-69}$$

① 张婷. 超声波定位系统的设计[D]. 西安：长安大学，2014.

式中，λ 为气体定压热熔与定容热熔之比，R 为气体普适系数，T 为气体在空气介质中的绝对温度，M 为气体分子量。

通常，气体定压热熔与定容热熔之比 λ、气体普适系数 R 与气体分子量 M 为常数，对超声波在空气中的传播速度没有影响。温度对超声波在空气介质中的传播速度影响见表 1-1：

表 1-1　温度与超声波速度关系表

温度(℃)	100	30	20	10	0	−10	−20	−30
超声波速度(m/s)	392	349	344	338	331	325	319	313

由表可知，每当温度改变 10℃时，超声波声速大约改变 1.72%。在室内环境中，温度差异大约为 30℃，而超声波声速可变范围大约为 5.1%。

(2)超声波在传播过程中，由于介质的吸收而衰减，随着测量距离的增加，声波随距离呈指数级衰减，导致回波检测电路测得的回波不是第一回波的过零点触发，产生误差。

(3)影响超声波传感器测距的因素还包括系统误差，如计时器精度的影响、无线同步信号延时补偿的误差等。超声波传感器选型过程中，即使选用同一生产厂家、同一生产线工艺甚至同一批次的产品，由于生产工艺的限制，每一个超声波传感器的性能也有一定的差异。

综上所述，需要通过测距实验对所使用的超声波传感器观测特性进行修正。在室内进行正向纸箱障碍检测，得到的实验值见表 1-2：

表 1-2　超声波传感器正向实验数据表

实际值(cm)	50	100	150	200	250	300	350	400
测量均值(cm)	53.67	150.33	154	202.67	255.33	304	354.67	403.33
偏差	3.67	5.33	4	2.67	5.33	4	467	3.33
标准差	1.6997	0.9428	0.8165	1.2472	1.6997	2.6247	1.6330	2.1602

然后运用最小二乘法对表 1-2 进行修正，以减少测距实际值与测量值的偏差。

假设 x_i 为超声测距实验的测量值，y_i 为纸箱测距实验的实际值，且拟合得到的直线方程为：

$$\hat{y} = \hat{a}x + \hat{b} \tag{1-70}$$

式中，

$$\begin{cases}\hat{a}=\dfrac{n\sum\limits_{i=1}^{n}x_iy_i-\sum\limits_{i=1}^{n}x_i\sum\limits_{i=1}^{n}y_i}{n\sum\limits_{i=1}^{n}x_i^2-\sum\limits_{i=1}^{n}x_i\sum\limits_{i=1}^{n}y_i}\\ \hat{b}=\dfrac{\sum\limits_{i=1}^{n}y_i-\hat{a}\sum\limits_{i=1}^{n}x_i}{n}\end{cases} \tag{1-71}$$

得到拟合后的曲线为 $\hat{y}=1.0019x-4.4259$。

进行最小二乘法拟合修正后，测距实际值和超声波传感器测量值的比较见表 1-3。

表 1-3 超声波传感器修正表

实际值(cm)	50	100	150	200	250	300	350	400
测量值(cm)	49.34	101.10	149.87	198.63	251.39	300.15	349.91	399.67

由表 1-3 所示结果，经最小二乘法修正后，将超声波传感器最大测量偏差小于 2 cm 作为数据采集层的输出，能够为定向定位系统提供有一定可靠性的数据来源。

1.3.3 视觉传感器模型构建

导盲机器人系统通过视觉传感器对 QR(Quick Response)码路标进行快速识别，并获得机器人与路标之间的距离与角度信息，由于路标的绝对坐标固定不变，因此能够实现机器人的辅助定位。QR 码是二维码的一种，此处具体的 QR 码编解码算法不在本研究的范围内。

设双目视觉传感器模块在机器人的局部坐标系 $X_RO_RY_R$ 里的坐标是(x_{RT}，y_{RT})。如果在采样时刻 k，导盲机器人的位姿状态为 $\boldsymbol{X}(k)=[x(k),y(k),\theta(k)]^{\mathrm{T}}$，则需要经过一个坐标转换，将该模块在机器人局部坐标系 $X_RO_RY_R$ 中的坐标(x_{RT}，y_{RT})转化为全局坐标系 $X_WO_WY_W$ 中的坐标($x_T(k)$，$y_T(k)$)，坐标变换表达式如下：

$$\begin{cases}x_T(k)=x_{RT}\sin\theta(k)+y_{RT}\cos\theta(k)+x(k)\\ y_T(k)=-x_{RT}\cos\theta(k)+y_{RT}\sin\theta(k)+y(k)\end{cases} \tag{1-72}$$

将预先设置在室内环境中的 QR 码路标 i 简化为全局坐标系 $X_WO_WY_W$ 中的点(m_i，n_i)，机器人系统中运用双目摄像头对 QR 码进行扫描，视觉传感器模块的测量模型如图 1-15 所示：

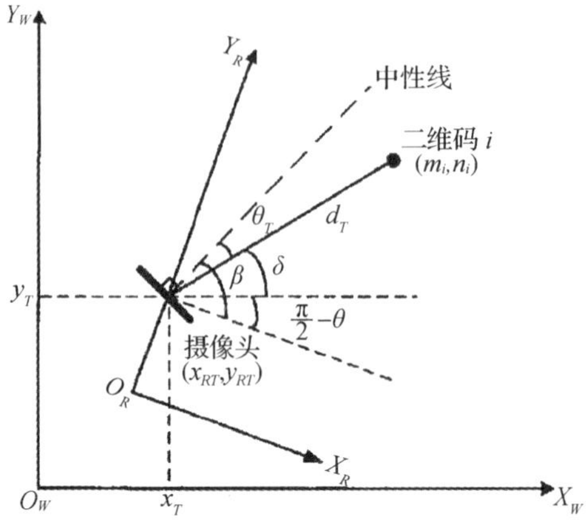

图 1-15　视觉传感器模块测量模型

设双目视觉传感器的中轴线与 X_R 轴的夹角为 θ_T，则该模块测得第 i 个 QR 码路标与双目视觉传感器连线中点之间的距离为：

$$d_T=\sqrt{(m_i-x_T)^2-(n_i-y_T)^2} \tag{1-73}$$

其测得的角度为：

$$\theta_T=\beta-\left(\frac{\pi}{2}-\theta\right)-\delta \tag{1-74}$$

式中，$\delta=\arctan\dfrac{n_i-y_T}{m_i-x_T}$。由图 1-15 可知，在机器人系统模型中，$x_{RT}=0$，则将式(1-72)代入式(1-73)和式(1-74)得：

$$\begin{cases} d_T=\sqrt{(x(k)+y_{RT}\cos\theta(k)-m_i)^2+(y(k)+y_{RT}\cos\theta(k)-n_i)^2} \\ \theta_T=\beta+\theta(k)-\dfrac{\pi}{2}-\arctan\dfrac{y(k)+y_{RT}\sin\theta(k)-n_i}{x(k)+y_{RT}\cos\theta(k)-m_i} \end{cases} \tag{1-75}$$

1.3.4　电子罗盘模块误差分析与标定

电子罗盘作为一种磁阻传感器，一方面由于制造工艺和安装工艺的限制，在生产和安装使用过程中难免会产生一定的误差；另一方面，电子罗盘工作在复杂环境中时，容易受到周围环境磁场的干扰，如临近铁质材料、电源噪声、外强磁场干扰等。因此，电子罗盘误差来源概括起来主要分为两大类：

第一类是设备自身误差，也称为仪表误差，分为制造误差和安装误差。制造误差分为零位误差、灵敏度误差，其中零位误差产生原因主要是模拟电路、数模转换电路等存在零位漂移；灵敏度误差的产生原因是磁阻传感器的灵敏度不匹配。安装误差是由于传感器在安装过程中，不能保证水平方向上与水平测量轴平行。以上两种仪表误差存在于系统内，在校准时比较容易获得补偿。

第二类是载体磁场误差。磁阻传感器航向角的基准是磁子午线，电子罗盘在理想状态下受到地磁场作用指向地磁北，但由于安装在机器人上时，不可避免地容易受到环境磁场的影响，使传感器测得的磁场总矢量方向与地磁矢量不一致，导致航向偏差，也称为自差或罗差。因此，电子罗盘在使用过程中通常要经过校准，使之适应环境磁场，消除一定的误差。

首先对未校准的电子罗盘模块进行测量，在这里使用串口调试助手进行数据测量。数据输出如“$H,016*35”中，Byte4、Byte5、Byte6 分别表示角度值的百位、十位、个位，其他的字节表示开始位与校验位、结束位等。

未校准的电子罗盘所测得的数据见表 1-4。

表 1-4　未校准电子罗盘数据表

实际值(度)	测量值(度)							
	车头向北	误差	车头向东	误差	车头向西	误差	车头向南	误差
0	0	0	0	0	0	0	0	0
30	30	0	30	0	25	−5	29	−1
60	72	12	60	0	49	−11	63	3
90	109	19	91	1	79	−11	87	−3
120	143	23	121	1	114	−6	110	−10
150	172	22	154	4	158	8	136	−14
180	201	21	178	−2	189	9	165	−15
210	229	19	201	−9	216	6	200	−10
240	261	21	226.	−14	248	8	246	6
270	285	15	256	−14	276	6	274	4
300	311	11	296	−4	304	4	301	1
330	333	3	336	6	338	8	333	3
360	1	−359	4	−356	1	−359	0	−360

由表 1-4 可以看出，当方向角转过 90°至 270°时，误差较大，不能满足机器人系统对定向分析的要求，有必要进行标定校正。

当罗盘周围环境发生变化时，周围磁场环境也将发生变化，为消除磁场变化对电子罗盘输出角度信息的影响，需要对其进行标定，也可称为硬铁补偿。具体操作是在校验位发送 P 后，将罗盘均匀缓慢水平地旋转两周，然后发送;结束标定。标定校正后的电子罗盘方向角测量数据如表 1-5。

表 1-5　标定校正后电子罗盘方向角数据表

实际值(度)	测量值(度)							
	车头向北	误差	车头向东	误差	车头向西	误差	车头向南	误差
0	0	0	0	0	0	0	0	0
30	30	0	30	0	30	0	30	0
60	62	2	60	0	60	0	59	−1
90	93	3	90	0	92	2	86	−4
120	125	5	120	0	122	2	115	−5
150	158	8	149	−1	154	4	144	−6
180	189	9	175	−5	185	5	170	−8
210	216	6	205.	−5	216	6	205	−5
240	247	7	233	−7	243	3	237	−3
270	275	5	268	−8	270	0	270	0
300	304	4	298	−2	301	1	301	1
330	331	1	330	0	330	0	332	2
360	0	−360	0	−360	0	−360	0	−360

由表 1-5 可以看出，标定校正后的电子罗盘误差最大不超过 5%，作为定向定位系统数据融合的定向观测输入数据，与其他传感器测得的方向角数据进行融合补偿，才能获得可靠的导盲机器人位姿状态量。

1.3.5　RFID 模块构建

射频识别(Radio Frequency Identification，RFID)作为自动识别技术的一种，已成熟应用于多个领域，如公共管理、供应链物流管理、门禁管理、人员管理、生产线管理、交通领域等。RFID 硬件主要由电子标签和读写器组成，也可配合其他许多组件，如无线设备、计算机等。

电子标签，即携带信息等数据的发射器，一般由电子芯片和发射部件(微波天线或线圈)组成，并位于需要识别的目标内部或表面。根据使用的电源，电子标签被分为主动标签、半主动标签和被动标签。

读写器,即写入数据到电子标签和从电子标签读取数据的收发器(或阅读器),并可从额外的接口将数据传送给另一系统。

1.3.5.1 RFID 定位模型

RFID 应用于定位系统主要运用电子标签对定位物体唯一标识的特性,根据标签与读写器之间的射频通信信号测量物体的空间位置,目前主要应用于 GPS 系统难以涉及的室内定位领域。

依定位原理,目前 RFID 定位技术算法主要有三种①:信号时间信息定位(包括 Time of Arrival,TOA 和 Time Difference of Arrival,TDOA)、信号到达角度定位(Angle of Arrival,AOA)和信号强度信息定位(Received Signal Strength Indicator,RSSI)。

1. 信号时间信息定位

该方法通过测量电波信号从发射端到多个接收端的传播时间(TOA)或者传播时间差(TDOA)来确定被测目标的空间位置。

(1)到达时间法(TOA)。设信号从目标到基站的传播时间为 t,目标与基站的距离为 $R=ct$,目标位于以基站为中心,半径为 R 的圆上,如图 1-16 所示,可得到 TOA 的方程:

$$e=\sqrt{(x-x_i)^2+(y-y_i)^2}$$

式中,(x,y)为目标的坐标,(x_i,y_i)为第 i 座基站的坐标,t 为基站发送信息的时间,t_i 为接收机接收到第座基站发送信号的时间。

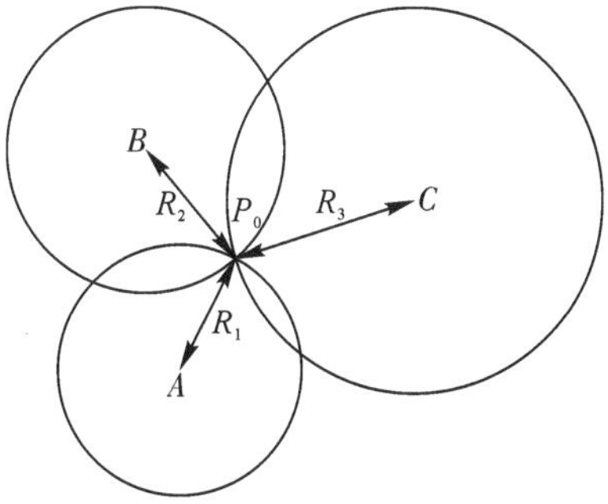

图 1-16 时间到达法原理图

TOA 算法要求各基站在时间上精确同步,由于电磁波的波速很高,微小的

① 李山. RFID 定位跟踪技术在大型纸品仓库的应用研究[D]. 广州:华南理工大学,2006.

误差在算法中会被放大,使定位精度大幅降低。另外,电波信号在传播中的非视距、多径干扰及噪声等干扰都会使圆无法交汇,也可能使交汇处成一个区域而不是一个点。因此,TOA 算法需在传输信号中加入时间戳信息,实际应用所需定位的基站一般在三个以上,且误差无法避免。这里可以采用 GPS 对定位系统进行校准,并且同时运用其他补偿算法进行位置修正,以提高定位测量的精度,但这增加了系统的成本与计算的复杂度,因此,单一的 TOA 算法很少在实际应用中出现。

(2)到达时间差算法(TDOA)。该算法是对 TOA 算法的一种改良,其不直接取信号传播时间进行位置估计,而采用多个基站接收信号时间的差值获取目标的空间位置。相较 TOA,不需要引入时间戳信息,定位精度也有提高。

TDOA 值一般有两种获得形式:

第一种是取目标信号到达两基站时间 TOA 的差值获得的,也需要基站严格的时间同步,但当两基站信道传输特性相似时,可以减少多径效应造成的误差。根据到达两基站的时间差构成的 TDOA 方程为:

$$\begin{cases}\sqrt{(x-x_1)^2+(y-y_1)^2}-\sqrt{(x-x_2)^2+(y-y_2)^2}=c(t_1-t_2)\\ \sqrt{(x-x_1)^2+(y-y_1)^2}-\sqrt{(x-x_3)^2+(y-y_3)^2}=c(t_1-t_3)\\ \sqrt{(x-x_2)^2+(y-y_2)^2}-\sqrt{(x-x_3)^2+(y-y_3)^2}=c(t_2-t_3)\end{cases} \tag{1-76}$$

第二种是将其中一个目标获得的信号与另一目标获得的信号进行一定的加权运算,获取 TDOA 值。因为这种算法能够在基站与目标无法保持同步时估计出 TDOA 值,所以采用这样的估计方法获得的 TDOA 值可以在计算中达到更高的精度。

2.信号到达角度定位

AOA 算法是指射频接收器通过天线阵列测得发射波的入射角,产生一条从接收器到发射器的方向线,作为测位线。如果得到两座基站相交的两条测位线,则可以获得被测目标的位置信息。因此,AOA 算法只需两座基站就能定位,两条测位线只有一个交点,不会出现目标运动轨迹有多个交点的情况。

3.信号强度信息定位

基于接收信号强度测距定位算法,通过阅读器接收到信号的强度值,并计算信号在传输过程中的衰减和损耗,然后运用无线信号传播的理想模型或者经验模型，得到信号收发双方的距离或目标位置信息。如果信号传输环境复杂，RSSI 测量值震荡较大，即使发送端和接收端的位置固定，定位精度也会受到较大影响。因此，许多学者对 RSSI 方法进行了改进，其中较为成功的是 RADAR 方法和 LANDMARC 方法。

(1)RADAR。RADAR(Radio Detecting And Ranging)系统基于室内射频定位，采用 IEEE802.1 标准网络进行空间定位，工作频段为 2.4 GHz。RADAR 系统原理是利用射频信号的强度来描述目标与基站之间的距离，并采用三角测量的方法进行定位。

RADAR 的定位方法目前有两种：经验定位与信号传播模型定位。

①经验定位：采用经验定位的 RADAR 系统的定位过程分为两个阶段，即数据收集阶段和数据处理阶段。

数据收集阶段，也称离线状态阶段。在 RADAR 系统覆盖区域内选取一些重点位置，称为参考点 P_N(N 表示参考点总数)，而后将移动目标终端安排在这些参考位置上，RADAR 的 3 个基站分别接收移动终端发送信号的强度 S_1、S_2、S_3，这些信号的强度和对应发送信号参考点的位置一并发往数据库，数据库为参考点建立数据记录(S_1，S_2，S_3，P_n)，n 取 1 到 N。由此可见，参考点数目及位置的选取直接影响目标定位的精度。

数据处理阶段，当移动终端处于某个位置时，RADAR 系统的 3 个基站将测得的 RF 信号强度(s_1，s_2，s_3)和当前时间 t(作为时间戳)发送到数据库，时间戳用于对移动目标进行实时跟踪。数据库将(s_1，s_2，s_3)与每条记录(S_1，S_2，S_3，P_n)进行计算 $R=\sqrt{(S_1-s_1)^2+(S_2-s_2)^2+(S_3-s_3)^2}$，找出 R 值最小的 K 条记录，将这 K 个位置的均值作为目标位置的估算结果。

②信号传播模型定位：目标是降低定位算法对参考经验数据的依赖。结合实际应用环境在 Rician 分布、Rayleigh 衰减模型等模型中选择一个或者设计新的信号传播模型，计算各参考位置信号强度的理论值。虽然该方法定位精度不如经验定位，但不需要在离线状态的大量测量，并且在实际应用中更为灵活，加之其他定位方式的辅助校正可提高定位精度。

(2)LANDMARC 算法。LANDMARC(Location Identification Based on Dynamic Active RFID Calibration)是一种基于动态有源 RFID 校准的定位算法。其原理是，如果两个标签距离很小，那么认为阅读器检测到的所谓最近邻居标签(nearest neighbor tags)的信号强度值也是接近的。LANDMARC 算法将跟踪标签与参考标签的 RSSI 值的相似性进行比较来找出与跟踪标签距离最近的参考标签，然后根据所选几个参考标签的坐标，通过权重计算，利用公式计算得到跟踪标签的位置。与传统的 RSSI 定位算法不同，LANDMARC 不直接将信号强度信息转换为距离信息，而采用位置固定的参考标签进行辅助定位。参考标签作为定位系统的标定点，可以克服传统 RSSI 定位算法测距信息易震荡的不足，提高定位精度。

LANDMARC 定位算法的优势在于：

①系统成本降低，只需在固定区域布置价格低廉的参考标签和少量阅读器；

②更新参考标签信息，能够有效适应定位环境的变化；

③参考标签位置信息的增加，可对系统功能进行拓展，如室内家居的更换、房间信息的录入；

④相较其他算法，稳定性更强，精度更高。

1.3.5.2 RFID 模块建模

采用 LANDMARC 算法进行定位时，阅读器接收到的是标签发送信号的强弱信息，定位结果则体现为几何距离。一般 LANDMARC 系统采用最近邻居法，通过信号的强度来得到跟踪目标的几何距离或位置信息。

设系统包括 n 个阅读器、m 个参考标签以及 l 个跟踪标签。定义跟踪标签的信号强度矢量为 $\boldsymbol{S}=(S_1,S_2,\cdots,S_n)$，其中 $S_i(i=1,2,\cdots,n)$）表示第 i 个阅读器读出的跟踪标签的 RSSI 值。定义参考标签对应的信号强度矢量为 $\boldsymbol{\theta}=(\theta_1,\theta_2,\cdots,\theta_n)$，其中 $\theta_i(i=1,2,\cdots,n)$ 表示第 i 个阅读器测得的参考标签的 RSSI 值。对于一个跟踪标签，可定义为跟踪标签与参考标签的几何距离，即：

$$E_j=\sqrt{\sum_{i=1}^{n}(\theta_i-S_i)^2},j=1,2,\cdots,m \tag{1-77}$$

由式(1-77)可知，E 表示参考标签和跟踪标签的距离关系，即 E 值越小，表明参考标签与跟踪标签的距离越近。由此可知，最简单的做法是找出 E 值最小的参考标签，将该参考标签的位置作为跟踪标签的位置，这样的方法称为 1 个最近邻居算法，并可以以此类推出 K 个最近邻居算法，即找出距离跟踪标签最近的 K 个参考标签进行定位。算法需要考虑的主要因素有三个：最近邻居标签的权重、最近邻居的数量及参考标签的摆放位置。

对于单个跟踪标签，其位置的坐标(x,y)可以通过式(1-78)计算：

$$(x,y)=\sum_{i=1}^{k}w_i(x_i,y_i) \tag{1-78}$$

式中，w_i 表示第 i 个最近邻居标签的坐标权重。w_i 值取决于该邻居标签的 E 值。易知 E 值越小的参考标签，对应的权重 w_i 值越大。w_i 值可以由式

(1-79)计算：

$$w_i = \frac{1/E_i^2}{\sum_{i=1}^{k} 1/E_i^2} \tag{1-79}$$

LANDMARC 算法的精度计算如式(1-80)：

$$e = \sqrt{(x - x_0)^2 + (y - y_0)^2} \tag{1-80}$$

式中，(x_0, y_0)为跟踪标签的真实位置，(x, y)为由算法计算得到的跟踪标签的位置。

LANDMARC 算法系统可布置为如图 1-17 所示的形式。

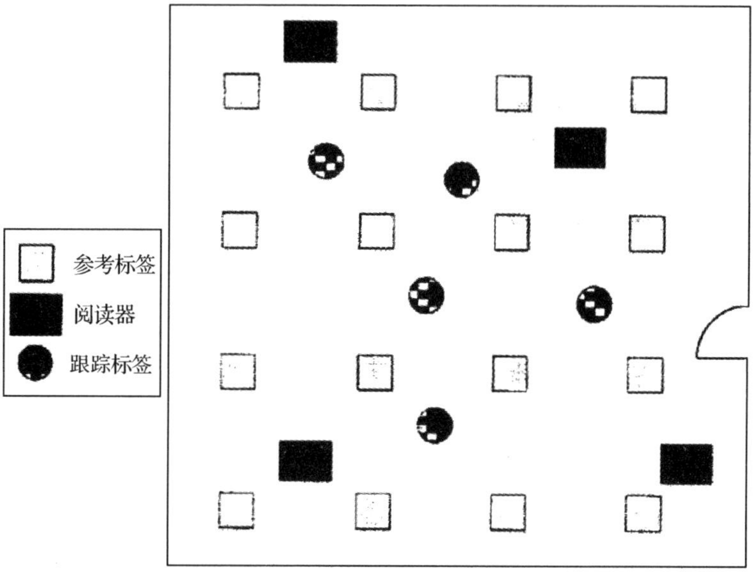

图 1-17　LANDMARC 系统布置图

LANDMARC 算法使得基于 RSSI 的定位算法更能适应周围环境的变化，并大大提高定位精度，但也存在着一定的不足。例如，LANDMARC 算法认为所有参考标签都有可能成为邻居标签，因此需要阅读器获取所有参考标签的信号强度，这就带来不必要的计算。另外，由于跟踪标签的位置由根据参考标签的坐标计算得到，因此，LANDMARC 算法的精度一定程度上取决于参考标签的布置样式和分布密度。

根据所述系统需求，参考 LANDMARC 算法原理，只需在导盲机器人系统模块中加入阅读器，读取周围参考标签的位置进行权重计算，即可得到定位信息。

这里提出一种双层 LANDMARC 方法，原理是先进行参考标签的区域定位，实现初步邻居标签的范围确定，然后对初步确定的区域内的数个标签进行精确定位。经验表明，LANDMARC 算法确定的一组邻居标签为一个四角网格时，利用四个角落的邻居标签坐标计算出的位置精度较高，因此，在选用 LANDMARC 系统参考标签位置布置时，采用四角网格的形式对参考标签进行排布。另外，算法需要初步判断邻居标签的区域后再进行精确定位，因此可以引入分级参考标签的概念：一级参考标签用于初步判断，二级参考标签用于精确定位。

采用四角网格进行定位需要尽可能地减少网格外的参考标签发射信号的干扰以及多径效应的影响。因此，应考虑对参考标签的发射功率进行限定。假设参考标签的四角网格按照矩形布置，每个网格的长宽分别为 d_1、d_2，该网格中的四个参考标签发送的功率均需要满足 $P \geqslant P_0 + PL_1$，其中 P_0 为标签的功率灵敏度，PL_1 为信号传输距离为网格对角线 $\sqrt{d_1^2+d_2^2}$ 时的路径损耗；将 P 的值限定为 $P \leqslant P_0 + PL_2$，PL_2 为信号传输距离为 d_1+d_2 时的路径损耗。这种功率限定能够尽可能地减少参考标签的相互影响。最理想的情况下，阅读器检测不到距离较远的参考标签。参考标签发射功率范围如图 1-18 所示。

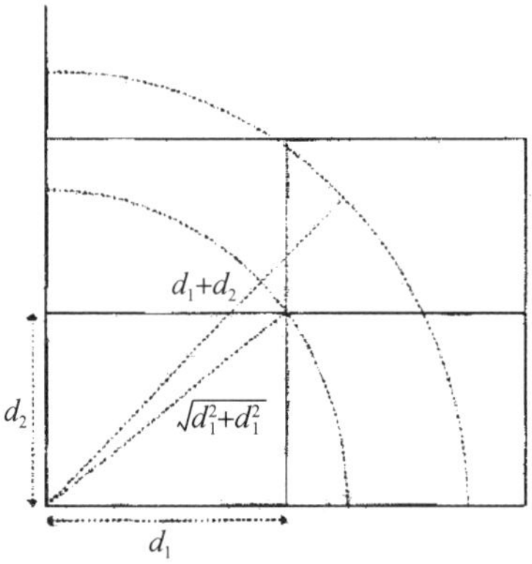

图 1-18　参考标签发射功率范围示意图

$$P_0 + PL_1 \leqslant P \leqslant P_0 + PL_2 \tag{1-81}$$

式中，PL_1 和 PL_2 可以由无线电波的传播模型进行计算。自由空间中的一对理想无损天线之间的功率传输比可以用式(1-82)表示：

$$\frac{P_t}{P_r} = g_t g_r \left(\frac{\lambda}{4\pi d}\right)^2 \tag{1-82}$$

式中，P_t 为发射功率，P_r 为接受功率，g_t 为发射天线的增益，g_r 为接收天线的增益，d 为两天线之间的距离，λ 为无线电波波长。若不考虑天线的增益，仅将天线之间的距离作为影响条件，则式(1-82)中的 $\left(\frac{\lambda}{4\pi d}\right)^2$ 为自由空间中无线电波的平均路径损耗，其对数形式如下：

$$\overline{PL}(d)\ [\mathrm{dB}]=20\log_{10}\left(\frac{4\pi d}{\lambda}\right) \tag{1-83}$$

室内环境中的平均路径损耗与天线之间距离不是简单的平方关系，经验公式如下：

$$PL(d)\propto\left(\frac{d}{d_0}\right)^n \tag{1-84}$$

式中，n 为平均路径损耗指数，取决于建筑物环境类型，d_0 为参考距离，d 为天线间距。室内环境的平均路径损耗为上述公式表示的额外路径损耗与绝对平均路径损耗之和：

$$PL(d)\ [\mathrm{dB}]=PL(d_0)\ [\mathrm{dB}]+10n\log_{10}\left(\frac{d}{d_0}\right) \tag{1-85}$$

一般情况下，可取 d_0 为 1 m，且认为室内环境 $PL(1)$的值与室外环境天线距离为 1 m 时的平均路径损耗相等。

在对参考标签进行布置时，定位区域按照平面矩形（或正方形）安排，根据四角网格布置规律，一级参考标签和二级参考标签均合理地较平均分布于定位区域内。其中，一级参考标签分布密度应少于二级参考标签，因此双层 LANDMARC 算法的一、二级参考标签的分布如图 1-19 所示。

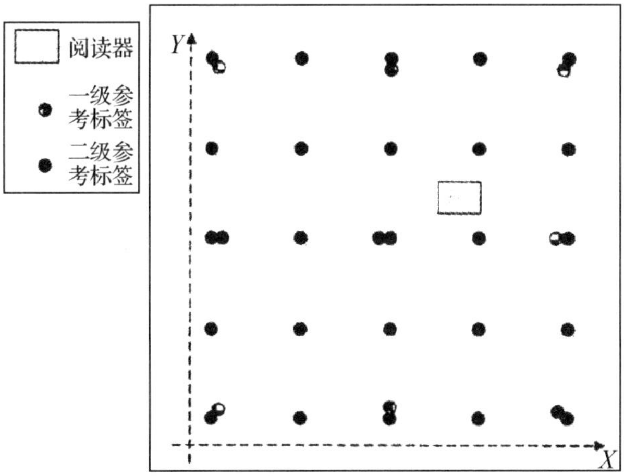

图 1-19　分级标签分布图

根据 LANDMARC 系统布置，首先通过阅读器对一级参考标签的信号强度值进行检测，选出信号强度值最大的 4 个一级参考标签，并可以认为机器人的位置处于这 4 个一级参考标签所在的区域内。然后进行二级参考标签定位，可以对选出的一级参考标签所在区域的 9 个二级参考标签进行检测，找出信号强度值最大的 4 个二级参考标签，然后上位机根据权重公式进行计算，得到阅读器所在的导盲机器人的位置。

在此对各传感器模块进行了建模与误差分析校正：里程计模块采用弧线与直线模型相结合的方式建模，主要误差为非系统误差，可结合其他模块辅助校正；多超声波模块的建模进行了局部坐标系到全局坐标系的转化，其误差采用最小二乘法进行修正；视觉传感器的位姿测量模型以双目摄像头的布置方案和识别原理为基础；由于电子罗盘容易受周围磁场影响，因此对其进行了应用环境中的标定校正；RFID 模块中的 RSSI 方法在识别参考标签时容易发生跳变，因此采用原理为两级射频感应的双层 LANDMARC 方法进行定位。

2　移动机器人融合定位算法

2.1　传感器的基本介绍与定位原理

2.1.1　移动机器人传感器

传感器是移动机器人感知环境信息和探测自身状态的重要组成部分，就如同人体感知器官，是构成移动机器人的基础。传感器按照探测信息的不同分为外部传感器和内部传感器。外部传感器探测周围环境信息，内部传感器获得机器人自身运动信息。

2.1.1.1　外部传感器

1. 激光雷达

激光雷达是移动机器人最重要的传感器之一，由于其测量精度较高、扫描范围广的特点，因此目前在汽车自动驾驶和机器人环境感知领域有广泛应用。激光雷达通过向环境发射激光脉冲，遇到障碍物时反射回来，由接收器接收，通过一定的算法计算得到环境与传感器的相对距离，通过不间断的360°发射激光脉冲从而实现对环境的扫描与测距。

2. 相机

激光雷达虽然检测精度较高，但其提供的环境信息为二维平面信息，无法准确描述环境。而相机可以采集丰富的环境信息，如物体的形状、颜色等信息，而且目前相机价格较为低廉。通过与激光雷达等传感器结合，运用深度学习等算法可以实现对环境障碍物进行检测与测量等功能。加之如今的相机技术越来越成熟,成像分辨率越来越高,在移动机器人领域应用越来越广泛。

2.1.1.2 内部传感器

1. 里程计

在已知移动机器人车轮直径的情况下,通过机器人左右两轮里程计数据可以计算出移动机器人移动位姿。在实际中,电机在运动一周过程中,编码器所产生的脉冲信号数固定。因此,底层控制器通过获取里程计编码器一定时间内脉冲数量,传输给上层处理平台,上层处理平台结合车轮直径,即可推算出机器人运动位姿。

2. IMU

IMU 也称惯性测量单元,用于实时测量移动机器人的姿态信息。一般 IMU 包括三轴加速度计、三轴陀螺仪和信号处理芯片,部分高端 IMU 还包括磁力计。IMU 内置的信号处理芯片会将加速度计和陀螺仪计的数据进行解算,然后进行卡尔曼滤波后输出移动机器人的姿态角数据信息。

2.1.2 机器人坐标

机器人定位最终求解的是机器人在地图全局坐标系中的位置和姿态,而机器人上搭载的传感器获取的信息是在移动机器人坐标系下的数据。因此,后续建立运动模型和测量模型时涉及两个坐标系间的转换。在此以室内环境下的移动机器人为研究对象,将移动机器人限制在平面环境中,采用二维平面当作参考系,如图 2-1 所示。

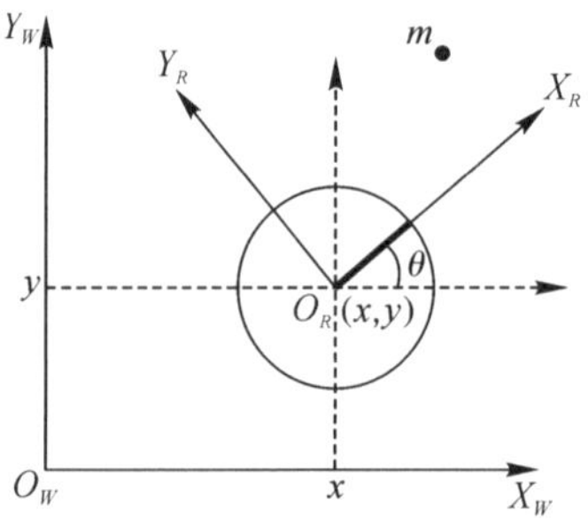

图 2-1 机器人坐标系

$O_WX_WY_W$ 是固定不动的世界坐标系,$O_RX_RY_R$ 是机器人坐标系,固定在机器人上随其运动，假设 t 时刻机器人位姿在 (x,y,θ) 的处观测到环境中的特征点 m，点 m 在机器人坐标系中的坐标为 (X_R^m, Y_R^m)，经过三角变换将其映射到全局坐标系下的坐标 (X_W^m, Y_W^m)，具体表示如下：

$$\begin{pmatrix} X_W^m \\ Y_W^m \end{pmatrix} = \begin{pmatrix} x \\ y \end{pmatrix} + \begin{pmatrix} \cos\theta & -\sin\theta \\ \sin\theta & \cos\theta \end{pmatrix} \begin{pmatrix} X_R^m \\ Y_R^m \end{pmatrix} \tag{2-1}$$

2.1.3 移动机器人运动模型

通过建立移动机器人的运动模型，可以对机器人的行为进行分析和预测。由于最终要求解的是机器人在全局坐标系下的位姿数据，而传感器测量到的是机器人本身的数据，即在移动机器人坐标系下的数据，因此建立移动机器人运动模型涉及两个坐标系间的数据转换。如图 2-2 所示，$X-Y$ 为全局坐标系，保持固定，$X'-Y'$ 为机器人坐标系，固定在移动机器人上随其移动，如图 2-2。

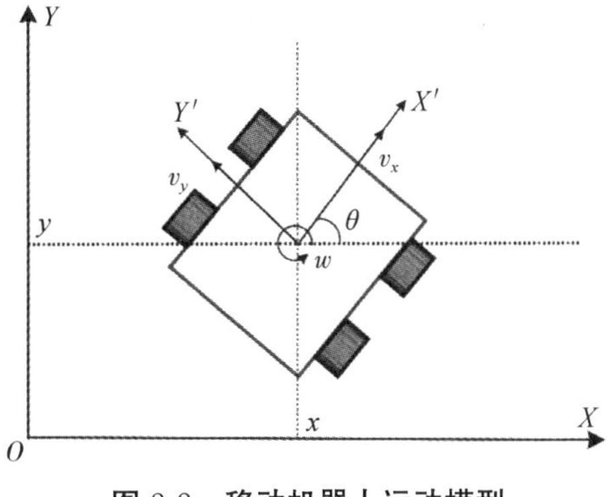

图 2-2　**移动机器人运动模型**

假设移动机器人在平面内移动，车轮无打滑，则移动机器人在 $t-1$ 时刻的状态向量可以表示为：

$$\boldsymbol{x}_{t-1} = (x_{t-1}, y_{t-1}, \theta_{t-1}, v_{x,t-1}, v_{y,t-1})^{\mathrm{T}} \tag{2-2}$$

式中，(v_x, v_y) 为移动机器人的速度，(x_{t-1}, y_{t-1}) 为移动机器人在 $t-1$ 时刻的全局坐标，θ_{t-1} 为偏航角。如果在 Δt 的时间内，移动机器人的角速度为 w、加速度为 (a_x, a_y)，则可以得到在 Δt 内移动机器人的速度增量为：

$$\Delta v_x = a_x \Delta t \tag{2-3}$$

$$\Delta v_y = a_y \Delta t \tag{2-4}$$

从而可以得到在 t 时刻移动机器人的速度为：

$$v_{x,t} = v_{x,t-1} + \Delta v_x = v_{x,t-1} + a_x \Delta t \tag{2-5}$$

$$v_{y,t}=v_{y,t-1}+\Delta v_y=v_{y,t-1}+a_y\Delta t \tag{2-6}$$

在 Δt 时间内，由(v_x,v_y)产生的移动机器人的位移增量为：

$$\Delta x_v=v_{x,t-1}\Delta t\cos\theta-v_{y,t-1}\Delta t\sin\theta \tag{2-7}$$

$$\Delta y_v=v_{x,t-1}\Delta t\sin\theta+v_{y,t-1}\Delta t\cos\theta \tag{2-8}$$

在 Δt 时间内，由(a_x,a_y)产生的移动机器人的位移增量为：

$$\Delta x_a=0.5a_x\Delta t^2\cos\theta-0.5a_y\Delta t^2\sin\theta \tag{2-9}$$

$$\Delta y_a=0.5a_x\Delta t^2\sin\theta+0.5a_y\Delta t^2\cos\theta \tag{2-10}$$

由此可见，移动机器人在 t 时刻移的位置为：

$$x_t=x_{t-1}+\Delta x_v+\Delta x_a \tag{2-11}$$

$$y_t=y_{t-1}+\Delta y_v+\Delta y_a \tag{2-12}$$

此外，在 Δt 时间内由角速度为 w 产生的角度增量为：

$$\Delta\theta=w\Delta t \tag{2-13}$$

从而，移动机器人在 t 时刻移的偏航角为：

$$\theta_t=\theta_{t-1}+\Delta\theta=\theta_{t-1}+w\Delta t \tag{2-14}$$

最后，根据式(2-5)、(2-6)、(2-11)、(2-12)和(2-14)可以得到移动机器人的运动模型：

$$\begin{aligned}\bar{\boldsymbol{x}}_t&=\boldsymbol{x}_{t-1}+\Delta\boldsymbol{x}\\&=\begin{bmatrix}x_{t-1}+v_{x,t-1}\Delta t\cos\theta-v_{y,t-1}\Delta t\sin\theta+0.5a_x\Delta t^2\cos\theta-0.5a_y\Delta t^2\sin\theta\\y_{t-1}+v_{x,t-1}\Delta t\sin\theta+v_{y,t-1}\Delta t\cos\theta+0.5a_x\Delta t^2\sin\theta+0.5a_y\Delta t^2\cos\theta\\\theta_{t-1}+w\Delta t\\v_{x,t-1}+a_x\Delta t\\v_{y,t-1}+a_y\Delta t\end{bmatrix}\end{aligned} \tag{2-15}$$

以概率的角度对机器人的运动模型进行建模，运动模型由状态转移概率密度函数 $p(\boldsymbol{x}_t\mid\boldsymbol{x}_{t-1},\boldsymbol{u}_t)$ 构成，可用于真实机器人实现中的两种概率运动模型实例中。第一种速度运动模型中的运动控制数据 $\boldsymbol{u}_t$ 由机器人电动机的平移旋转速度提供，可用于概率运动规划。第二种里程计运动模型使用相对运动信息提供测距的方式代替控制信息，里程计数据只有在机器人移动后才可获得，可用于定位和地图构建。

2.1.3.1 速度运动模型

速度运动模型中的控制量 $\boldsymbol{u}_t$ 由 t 时刻的平移速度 v_t 和旋转速度 w_t 组

成，即：

$$\boldsymbol{u}_t = (v_t, w_t)^{\mathrm{T}} \tag{2-16}$$

由两种速度推导机器人在下一时刻的位姿，如果时间间隔 Δt 很小，可以用一个常值来表示真实的速度，假设小的时间间隔下速度是恒定的，$t-1$ 时刻机器人从$(x, y, \theta)^{\mathrm{T}}$ 开始以恒定速度运动，如图 2-3 所示。

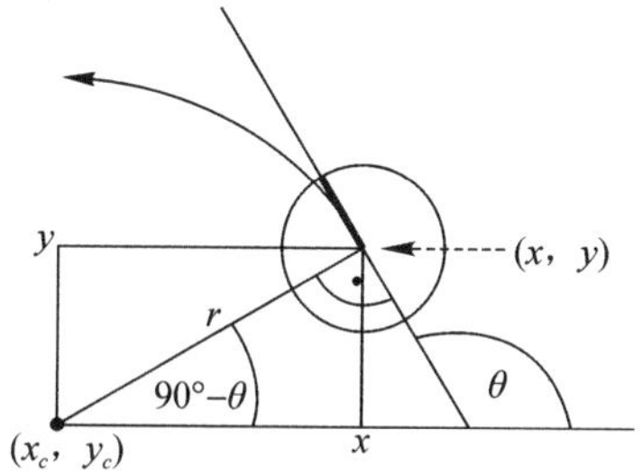

图 2-3　恒定速度机器人运动

因为两个速度在时间间隔$[t-1, t]$内都是恒定值，所以机器人沿着式(2-1)中半径的圆弧运动：

$$v = wr \tag{2-17}$$

则圆弧对应圆心位置处的坐标为：

$$\begin{cases} x_c = x - \dfrac{v}{w}\sin\theta \\ y_c = y + \dfrac{v}{w}\cos\theta \end{cases} \tag{2-18}$$

运动 Δt 时间后，t 时刻机器人的位姿 x_t 将位于(x', y', θ')处，根据三角关系，则有

$$\begin{pmatrix} x' \\ y' \\ \theta' \end{pmatrix} = \begin{pmatrix} x_c + \dfrac{v}{w}\sin(\theta + w\Delta t) \\ y_c - \dfrac{v}{w}\cos(\theta + w\Delta t) \\ \theta + w\Delta t \end{pmatrix} \tag{2-19}$$

综合式(2-18)、(2-19)，位姿 $\boldsymbol{x}_t$ 和 $\boldsymbol{x}_{t-1}$ 间的关系如式(2-20)：

$$\begin{pmatrix} x' \\ y' \\ \theta' \end{pmatrix} = \begin{pmatrix} x \\ y \\ \theta \end{pmatrix} + \begin{pmatrix} -\dfrac{v}{w}\sin\theta + \dfrac{v}{w}\sin(\theta + w\Delta t) \\ \dfrac{v}{w}\cos\theta - \dfrac{v}{w}\cos(\theta + w\Delta t) \\ w\Delta t \end{pmatrix} \tag{2-20}$$

实际中机器人的运动是有噪声的，真实速度与给定的速度是不同的，为更精

确地表示机器人的运动，在给定的速度上加以 0 为中心的具有有限方差的随机噪声表示真实速度，则真实速度 $(\hat{v},\hat{w})^{\mathrm{T}}$ 建模由下式给定：

$$\begin{pmatrix}\hat{v}\\ \hat{w}\end{pmatrix}=\begin{pmatrix}v\\ w\end{pmatrix}+\begin{pmatrix}\varepsilon_{\boldsymbol{\alpha}_1 v^2+\boldsymbol{\alpha}_2 w^2}\\ \varepsilon_{\boldsymbol{\alpha}_3 v^2+\boldsymbol{\alpha}_4 w^2}\end{pmatrix} \tag{2-21}$$

式中，ε_{b^2} 是一个方差为 b^2、均值为 0 的误差变量。

以上的方程式精确描述了机器人真实地在一个半径为 $\hat{v}/\hat{w}$ 圆弧轨迹上运动的模型，但是由于真实的速度是存在噪声的，因此真实运动轨迹是圆的事实并不存在。而概率密度函数 $p(\boldsymbol{x}_t \mid \boldsymbol{x}_{t-1},\boldsymbol{u}_t)$ 的支撑集是三维位姿，因为只用了两个噪声变量，所有后验位姿都定位为一个三维位姿空间中的二维，所以这是不合理的。对第三维进行以下建模：

$$\theta'=\theta+\hat{w}\Delta t+\hat{\gamma}\Delta t \tag{2-22}$$

$$\hat{\gamma}=\varepsilon_{\alpha_5 v^2+\alpha_6 w^2} \tag{2-23}$$

式(2-22)、(2-23)表示为了满足真实轨迹不是圆的事实，增加了机器人到达最终位姿出的旋转方向，其中参数 $\alpha_1\sim\alpha_6$ 表示机器人特定的误差参数，一个机器人越不精确，这些参数越大。

综合式(2-20)、(2-21)、(2-22)，得到最终的速度运动模型形式为：

$$\begin{pmatrix}x'\\ y'\\ \theta'\end{pmatrix}=\begin{pmatrix}x\\ y\\ \theta\end{pmatrix}+\begin{pmatrix}-\dfrac{\hat{v}}{\hat{w}}\sin\theta+\dfrac{\hat{v}}{\hat{w}}\sin(\theta+w\Delta t)\\ \dfrac{\hat{v}}{\hat{w}}\cos\theta-\dfrac{\hat{v}}{\hat{w}}\cos(\theta+w\Delta t)\\ \hat{w}\Delta t+\hat{\gamma}\Delta t\end{pmatrix} \tag{2-24}$$

2.1.3.2 里程计运动模型

另一种运动模型是里程计模型，里程计运动模型将里程计测量当作控制数据，其使用来自机器人内部里程计测量的信息作为相对运动信息，里程计反馈了从 $\bar{\boldsymbol{x}}_{t-1}=(\bar{x},\bar{y},\bar{\theta})^{\mathrm{T}}$ 到 $\bar{\boldsymbol{x}}_t=(\bar{x}',\bar{x}',\bar{\theta}')^{\mathrm{T}}$ 的相对前进，这里“ ¯ ”表示基于机器人内部坐标系的数据，利用这个信息的关键是在时间$(t-1,t]$间隔内，通过 $\bar{\boldsymbol{x}}_{t-1}$ 和 $\bar{\boldsymbol{x}}_t$ 间的相对差可以很好地估计世界坐标系下机器人真实位姿 $\boldsymbol{x}_{t-1}=(x,y,\theta)^{\mathrm{T}}$ 和 $\boldsymbol{x}_t=(x',y',\theta')^{\mathrm{T}}$ 之间的差异，运动控制信息 $\boldsymbol{u}_t$ 由式(2-25)给定：

$$\boldsymbol{u}_t=\begin{pmatrix}\bar{x}_{t-1}\\ \bar{x}_t\end{pmatrix} \tag{2-25}$$

为了更好地获得相对运动信息，将运动分解为三个步骤分析：旋转、平移和另一个旋转（如图 2-4 所示）。

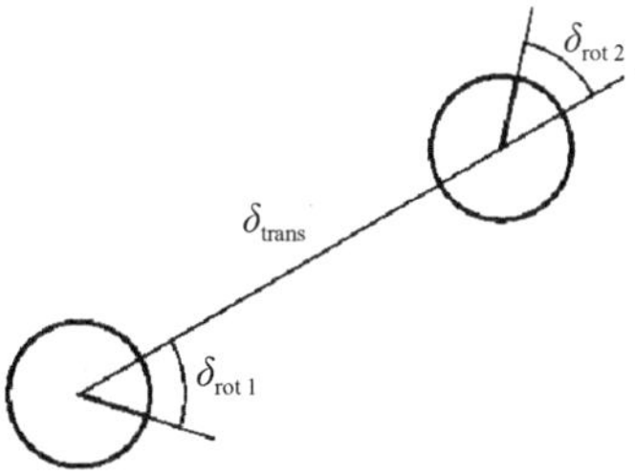

图 2-4　里程计模型的运动分解

图 2-4 表示任意两个位姿间的相对差可由初始旋转 $\delta_{rot\,1}$ 平移 δ_{trans} 和第二次旋转 $\delta_{rot\,2}$ 三个基本运动参数表示，这些参数足以重现时间$(t-1,t]$间隔内 $\bar{\boldsymbol{x}}_{t-1}$ 和 $\bar{\boldsymbol{x}}_t$ 间的相对运动。由几何关系可得：

$$\begin{cases}\delta_{rot\,1}=a\tan2(\bar{y}'-\bar{y},\bar{x}'-\bar{x})-\bar{\theta}\\ \delta_{trans}=\sqrt{(\bar{x}-\bar{x}')^2+(\bar{y}-\bar{y}')^2}\\ \delta_{rot\,2}=\bar{\theta}'-\bar{\theta}-\delta_{rot\,1}\end{cases} \tag{2-26}$$

在概率运动模型中，因为通常认为 $\delta_{rot\,1}$、δ_{trans}、$\delta_{rot\,2}$ 这三个参数是受噪声干扰的，所以旋转和平移的真实值由测量值减去均值为 0、方差为 b^2 的独立噪声 ε_{b^2} 给定，如式(2-27)：

$$\begin{cases}\hat{\delta}_{rot\,1}=\delta_{rot\,1}-\varepsilon_{\alpha_1\delta_{rot\,1}^2+\alpha_2\delta_{trans}^2}\\ \hat{\delta}_{trans}=\delta_{trans}-\varepsilon_{\alpha_3\delta_{trans}^2+\alpha_4\delta_{rot\,1}^2+\alpha_4\delta_{rot\,2}^2}\\ \hat{\delta}_{rot\,2}=\delta_{rot\,2}-\varepsilon_{\alpha_1\delta_{rot\,2}^2+\alpha_2\delta_{trans}^2}\end{cases} \tag{2-27}$$

式中，参数 $\alpha_1\sim\alpha_4$ 是针对机器人的误差参数，它们指定运动的累计误差。

因此，世界坐标系中机器人的真实位姿 $\boldsymbol{x}_t$，从 $\boldsymbol{x}_{t-1}$ 经过初始旋转 $\hat{\delta}_{rot\,1}$，直线运行距离 $\hat{\delta}_{trans}$，再经过第二次旋转 $\hat{\delta}_{rot\,2}$ 得到，可得到里程计运动方程为：

$$\begin{pmatrix}x'\\ y'\\ \theta'\end{pmatrix}=\begin{pmatrix}x\\ y\\ \theta\end{pmatrix}+\begin{pmatrix}\hat{\delta}_{trans}\cos(\theta+\hat{\delta}_{rot\,1})\\ \hat{\delta}_{trans}\sin(\theta+\hat{\delta}_{rot\,1})\\ \hat{\delta}_{rot\,1}+\hat{\delta}_{rot\,2}\end{pmatrix} \tag{2-28}$$

2.1.4 移动机器人定位方案

2.1.4.1 移动机器人定位框架

移动机器人的定位框架有两种：一种为基于多传感器融合的方式实现定位，另一种基于特征匹配的方式实现位姿追踪。以下将分别分析两种框架的特性，并确定定位框架。

1. 多传感器融合定位方法

通常移动机器人的定位传感器按照其测量的是移动机器人自身的状态还是外部环境的数据，可以分为内部传感器和外部传感器。前者包括里程计、IMU等传感器，后者有激光雷达、GPS、超声波传感器等。相应的多传感器融合定位算法也可以分为内部传感器融合定位方法和内外部多传感器融合定位方法。

内部传感器融合定位方法，即仅使用内部传感器来实现移动机器人的定位，是移动机器人定位最传统的做法。这种方法使用式(2-19)运动模型来预测移动机器人位姿，然后通过里程计或者 IMU 测量移动机器人的加速度、角速度等信息，用这些测量信息来对预测信息进行校正，以实现移动机器人的定位。由于误差的累积，这种定位方式的定位误差随时间的推移越来越大，因此仅适用于水下机器人或空中移动器这类难以获得环境特征的场合中。

内外部多传感器的融合定位方法，主要指内部传感器和外部传感器的融合。根据融合的外部传感器的不同，可以将这种方法分为两类：一类传感器自身为信号源，如激光雷达和超声波传感器；一类为依靠外部信号源，如 GPS 和 Wi-Fi。自身为信号源的方法在不同环境中只受信号本身特性带来的影响，如激光雷达受到玻璃透光的影响。依靠外部信号源的方法，除了受到信号类型的影响外，通常还会受其外部信号源位置和信号强弱的影响，如 GPS 会受到墙体遮挡。这两种方法的共同点是都可以配合卡尔曼滤波、蒙特卡罗这类概率滤波算法来减少传感器误差的影响，实现更高精度的定位。

2. 基于特征匹配的定位方法

在移动机器人能够搭载的传感器中，激光雷达和视觉相机具有丰富的特征信息可用于移动机器人定位。对于激光雷达来说，这些特征是激光扫描到的点云；而对视觉相机来说，这些特征是物体的颜色和形状信息。通过帧与帧之间的特征匹配可以实现移动机器人的位姿追踪，视觉里程计和激光里程计是其常见的两种实现方式。这种方法在移动机器人运动较快时可能会丢失机器人位姿，通常需要融合 IMU 的数据来提高位姿追踪的稳定性。

多传感器融合的方式可以在很短的时间完成定位，但其精度不是很高。而特征匹配的方式定位精度高但对初始值的精度有一定要求。因此，可采用的定位框架为：利用多传感器融合来获取移动机器人的初始位姿，然后用特征匹配的方法来修正移动机器人初始位姿，从而实现高精度实时定位。

2.1.4.2　定位传感器的原理与特性

定位传感器宛如移动机器人的眼睛、鼻子和耳朵，只有搭载了感知传感器后移动机器人才能对自身和周围环境的情况有所认知。以下将分别介绍内部传感器和外部传感器并分析其特点。

1. 内部传感器

最典型的内部传感器有里程计和 IMU 两种。里程计又称为编码器，有光电编码器、磁电编码器等多种类型。光电编码器通过测量光电码盘上的刻度，读取轮子电机转动角度；磁电编码器通过磁场变化来测量轮子电机转动角度。根据轮子转动角度、轮子半径就可以计算出左右轮子的位移，从而计算得到移动机器人的位移、旋转角度、速度等。

IMU 是测量移动机器人三轴角速度和加速度的装置。其内部集成了一个三轴加速度计、一个三轴陀螺仪和一个磁力计。三轴加速度计可以测量移动机器人在三个正交方向上的加速度，陀螺仪可以测量移动机器人绕三个正交轴的角速度，而磁力计通常用于配合加速度计和陀螺仪以获取更准确的测量数据。有了加速度和角速度后，同样可以计算出移动机器人的位移、旋转角等数据。

对里程计和 IMU 等内部传感器来说，其优点在于仅需要知道自身的起点位置，在运动过程中不需要外部数据，仅测量机器人自身状态数据就能对机器人在环境中的位姿有大概的估计。因此，内部传感器适用于各种环境，成为移动机器人定位时使用最广泛的系统。但是内部传感器的缺点和优点同样明显，由于没有外部信息的输入，传感器的误差会逐渐积累，移动机器人定位误差也将不断增大，直到移动机器人位姿完全丢失。

2. 外部传感器

依靠外部环境来定位移动机器人的传感器为外部传感器。外部传感器种类繁多，有的传感器依靠发射信号来测量移动机器人与环境中障碍物的距离，根据这个距离来估算移动机器人的位置，超声波传感器和激光雷达是这类传感器的代表。Wi-Fi 和 GPS 等传感器则通过测量距离信号源的距离来定位，而视觉相机则是充分利用了周围环境的纹理特征来定位。

Wi-Fi 定位通常用于室内移动机器人。在室内安装多个 Wi-Fi 基站，通过移动机器人上安装的 Wi-Fi 信号接收器测量各个 Wi-Fi 基站的信号强弱判断移动机器人的位置。Wi-Fi 用于室内，具有传输距离远、使用方便等优点。但是，由于 Wi-Fi 信号受到周围环境的影响会比较大，定位精度较低，常常需要建立需要大量人工的 Wi-Fi 指纹数据库以提高定位精度。而且，Wi-Fi 基站至少在三个以上才能采用三角测量等方法计算移动机器人在环境中的位姿。

GPS 是一种常见的定位系统，广泛用于军事、交通、测绘等领域，为人们提供精准的时间和位置信息。GPS 系统包括 21 颗工作卫星和 3 颗备用卫星，从而保证了在地球每一个角落都能同时观测到 4 个卫星。理论上，通过在移动机器人上装载 GPS 信号接收器，则移动机器人可以同时接收到 3 个卫星的位置和时间，再利用三角测量法得到移动机器人的位置。但由于存在大气电离层的影响，GPS 信号存在偏差，因此，移动机器人需要同时接收 4 个卫星的数据来校正这个偏差。相较于其他外部传感器，GPS 信号覆盖范围广，适用于活动范围大的移动机器人。但是 GPS 存在信号被遮挡的问题，特别是在高大的建筑物下或者有遮挡的环境中，而这些环境在移动机器人执行任务过程中是很常见的。此外，普通 GPS 信号的精度通常在 10 米级，不能满足移动机器人高精度的定位需求，而高精度的差分 GPS 系统还需要建立昂贵的基站。

超声波传感器广泛用于移动机器人的避障和定位中。超声波传感器通过记录超声波从发射到接收到反射回来的声波之间的时间，计算移动机器人到障碍物之间的距离，从而让移动机器人获得环境位置信息。超声波传感器具有短距离定位上精度高、速度快且价格便宜等优点。但根据超声波测量的原理，超声波测量只能获得测量范围内某个距离存在障碍物的信息，而不知道其具体位置，并且还存在不同传感器之间的信号干扰和超声波信号被障碍物吸收等问题。

激光雷达因其高精度在工业移动机器人中获得了广泛的应用。激光雷达根据其扫描的线数可分为单线激光雷达即二维激光雷达和多线激光雷达。激光雷达在一定角度范围内，每隔一个小角度发射一束激光。这些激光打到环境中的障碍物上会形成一系列具有深度信息的障碍点。这些障碍点组合起来可为移动机器人提供丰富的环境信息。因此，研究人员提出了基于激光雷达的 SLAM 算法，根据激光雷达扫描到的环境信息建立环境地图，并将其用于导航、避障、定位中。相较于超声波传感器，激光雷达具有更高的精度，能够提取更丰富的环境特征，但激光雷达也存在由于透射无法扫描到玻璃门窗的问题。

视觉相机是近年来最重要的外部传感器之一，跟人眼类似的视觉系统使得视觉相机可以提取出大量的环境信息。视觉相机根据镜头数量可分为单目视觉相机和双目视觉相机。单目视觉相机结构简单，成本低，但由于只有一个摄像头，只能测量障碍物之间的相对深度，无法获得绝对深度。双目视觉相机结构复杂，可以通过两个摄像头之间的位置关系解算出图像的深度信息，但是其标定过程比单目视觉相机复杂，而且相机的深度量程和精度受到双目基线与分辨率限制。相较于激光雷达，视觉相机能够提取的环境特征更加丰富，但由于其需要更大的运算资源的支持，所以大部分视觉 SLAM 都需要 GPU 的支持才能运行。

2.1.4.3 影响移动机器人定位的因素

在前两小节分别讨论的移动机器人定位框架和定位传感器基础上，本小节将分析实际环境中，移动机器人在定位时的影响因素，以便确定最终定位方案。

1. 环境因素的影响

环境是影响移动机器人定位精度的最重要的因素。对移动机器人来说，常见的环境影响因素有环境的光照、环境的结构特征等。除此之外，环境中存在的电磁场噪声对传感器信号的干扰也不容忽视。由环境造成的定位精度影响，有时会直接决定某种传感器能否在当前环境状况下使用。环境对各个传感器的影响见表 2-1。

表 2-1 环境对外部传感器的影响

环境影响因素	Wi-Fi	GPS	超声波传感器	激光雷达	视觉相机
光照	无影响	无影响	无影响	无影响	有影响
建筑物遮挡	有影响	有影响	无影响	无影响	无影响
电磁场噪声	有影响	有影响	无影响	无影响	无影响

2. 传感器的测量噪声

传感器的测量噪声是影响移动机器人定位精度的另一重要因素。一般来说，移动机器人的定位传感器都存在测量噪声。通常，里程计、IMU 等内部传感器噪声较大，并且会随时间逐渐累积，导致机器人的定位误差。而外部传感器的噪声除了测量误差外，还会受到人类等动态障碍物的影响。此外，由于某些数据需要由积分得到，如 IMU 的速度和位移分别由加速度一次积分和二次积分得到，在此过程中也放大了传感器的噪声对移动机器人定位精度的影响。

3. 移动机器人轮子打滑

对于非全向运动的移动机器人来说，轮子打滑是普遍存在的一个问题。在直线移动中轮子打滑会导致里程计测量数据产生轴向误差，而在转动过程中打滑会导致里程计测量出现角度误差。一般来说，单纯的轴向误差对移动机器人后续定位影响较小，而角度误差会使得移动机器人在后续移动中产生越来越大的轴向误差。因此，轮子打滑也是影响移动机器人定位精度的一个不容忽视的因素。

4. 移动机器人定位问题

机器人依据自身所搭载的各种传感器信息来确定机器人在环境中的位姿。目前用于定位机器人位姿的传感器种类较多，例如 GPS、激光雷达、轮式里程计和惯性测量单元等。GPS 可以在室外方便快捷地获取位置信息，但在室内则无能为力。激光雷达可以获得环境点云数据，但当机器人位于形状较为相似的区域，例如长走廊，激光雷达定位则会失效。里程计利用两车轮编码器读数来估计机器人位姿，但当车轮打滑或者道路不平时，里程计的位姿估计则会产生很大的误差。惯性测量单元利用三轴加速度计和三轴陀螺仪能直接获得机器人的加速度和角加速度信息，进而获得机器人位移和角度信息。但随着工作温度升高，其数据漂移会不断增大。

综上所述，利用单一传感器对机器人进行定位时都会存在一定的缺陷，难以达到理想的定位精度。因此可以考虑结合各个传感器的特性进行信息融合来对机器人的实时位姿进行最优估计。

2.1.5 传感器定位原理

2.1.5.1 IMU 定位原理

IMU 利用陀螺仪获得机器人角速度，对其进行积分即可获得机器人角度信息。然后对加速度计数据进行两次积分可以大致获得机器人位移信息。

目前对 IMU 的姿态解算算法常用的是方向余弦矩阵（Direction Cosine Matrix，DCM）算法。该算法本质为一种互补滤波算法。首先，对全局坐标系和

IMU 坐标系下的机器人的位姿以欧拉角的形式进行表示，构建方向余弦矩阵方程；其次，对方向余弦矩阵方程求导，得到欧拉角微分方程；最后，求解该微分方程即可得到机器人位姿。算法具体过程如下。

1. 构建方向余弦矩阵

机器人在空间的姿态变换可以认为是其分别绕三个轴的旋转所形成的。选择的旋转顺序不同时，会有不同的分解方式。目前常用的分解方式为欧拉角，即机器人的位姿变换用 ZYX 轴为旋转顺序来表示：

$$\boldsymbol{R}=\begin{bmatrix}1&0&0\\0&\cos\theta&\sin\theta\\0&-\sin\theta&\cos\theta\end{bmatrix}\begin{bmatrix}\cos\gamma&0&-\sin\gamma\\0&1&0\\\sin\gamma&0&\cos\gamma\end{bmatrix}\begin{bmatrix}\cos\varphi&\sin\varphi&0\\-\sin\varphi&\cos\varphi&0\\0&0&1\end{bmatrix}\quad(2\text{-}29)$$

式中，$\boldsymbol{R}$ 为机器人旋转矩阵，θ 为移动机器人俯仰角，γ 为移动机器人翻滚角，φ 为移动机器人航向角。

2. 对方向余弦矩阵求导

式(2-29)对时间求导，可得欧拉角的微分方程。

$$\begin{bmatrix}\omega_x\\\omega_y\\\omega_z\end{bmatrix}=\begin{bmatrix}1&0&0\\0&\cos\theta&\sin\theta\\0&-\sin\theta&\cos\theta\end{bmatrix}\begin{bmatrix}\cos\gamma&0&-\sin\gamma\\0&1&0\\\sin\gamma&0&\cos\gamma\end{bmatrix}\begin{bmatrix}0\\0\\\dot{\varphi}\end{bmatrix}+\begin{bmatrix}1&0&0\\0&\cos\theta&\sin\theta\\0&-\sin\theta&\cos\theta\end{bmatrix}\begin{bmatrix}0\\\dot{\gamma}\\0\end{bmatrix}+\begin{bmatrix}\dot{\theta}\\0\\0\end{bmatrix}$$

(2-30)

式中，ω_x 、ω_y 和 ω_z 为角加速度，$\dot{\theta}$ 、$\dot{\gamma}$ 和 $\dot{\varphi}$ 为欧拉角的导数。

3. 解微分方程

由式(2-30)解得欧拉角速率为：

$$\begin{cases}\dot{\theta}=(\omega_y\sin\theta+\omega_z\cos\theta)\tan\gamma+\omega_x\\\dot{\gamma}=\omega_y\cos\theta-\omega_z\sin\theta\\\dot{\varphi}=(\omega_y\sin\theta+\omega_z\cos\theta)/\cos\gamma\end{cases}\quad(2\text{-}31)$$

对于以上微分方程，其初值可以由加速度计测得。假设 IMU 开始工作时 φ_0 为零。同时有以下关系：

$$\begin{bmatrix} 0 \\ 0 \\ -g \end{bmatrix} = \begin{bmatrix} \cos\gamma_0 & \sin\theta_0\sin\gamma_0 & \cos\theta_0\sin\gamma_0 \\ 0 & \cos\theta_0 & -\sin\theta_0 \\ -\sin\gamma_0 & \sin\theta_0\cos\gamma_0 & \cos\theta_0\cos\gamma_0 \end{bmatrix} \begin{bmatrix} f_x \\ f_y \\ f_z \end{bmatrix} \tag{2-32}$$

式中，f_x、f_y、f_z 为三个轴向的分力，其值可由 IMU 的加速度计测得，g 为重力加速度。

由式(2-33)可计算出初始俯仰角和翻滚角为：

$$\begin{cases} \theta_0 = \arctan\left(\dfrac{f_y}{f_z}\right) \\ \gamma_0 = \arcsin\left(\dfrac{f_x}{g}\right) \end{cases} \tag{2-33}$$

对于式(2-30)的微分方程，现在已知初值，则可以采用四阶龙格库塔法进行求解，即可以求出实时的机器人姿态角。

运用该算法进行姿态解算时，IMU 的工作频率较高，一般可达 100 Hz 以上，短时间内能提供较为准确的位姿信息。而且目前市场上 IMU 价格较为低廉，因此其在智能机器人定位中运用较为广泛。但当 IMU 工作时间较长时，由于传感器温度升高等，IMU 测量值会出现漂移；而且 IMU 会存在较大的误差积累，价格低廉的低精度 IMU 的误差累计更为明显。

2.1.5.2 里程计定位原理

由于里程计具有在短时间内定位精度较高的特性，而且其价格较为便宜，因此里程计是机器人定位常用的传感器之一。里程计定位一般采用圆弧模型对机器人位姿进行解算。其原理是机器人通过里程计来检测车轮在一定时间内转过的圈数判断机器人的位移，同时结合左右两轮的移动距离差数据来进一步推算机器人的位姿变化。

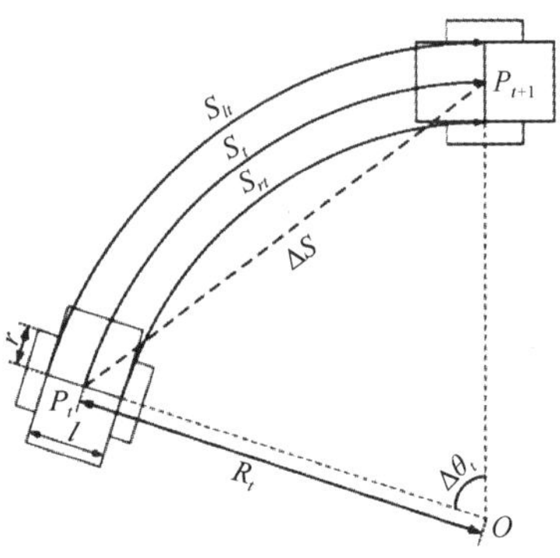

图 2-5　里程计运动示意图

机器人某一时刻运动如图 2-5 所示，时间间隔为 T_0。在该时间间隔内，左右车轮编码器接收到的脉冲数分别为 N_{lt} 和 N_{rt}。m 为编码器线数，即车轮转一圈时，编码器接收的脉冲数。取两轮中心连线的中点 $P(x,y)$ 为参考点，两车轮的间隔距离为 l，车轮半径为 r。在 t 时刻，机器人的偏航角为 θ_t，$t+1$ 时刻的偏航角为 $\theta_t+\Delta\theta_t$。S_{lt}、S_{rt} 和 S_t 分别表示从 t 时刻到 $t+1$ 时刻左右两车轮和车轮中心点 P 移动的距离，则可以得到：

$$S_{lt}=\frac{2\pi r}{m}N_{lt} \tag{2-34}$$

$$S_{rt}=\frac{2\pi r}{m}N_{rt} \tag{2-35}$$

当 $\Delta\theta_t$ 用弧度表示时，由弧长公式有：

$$S_{lt}=\left(R_t+\frac{l}{2}\right)\Delta\theta_t \tag{2-36}$$

$$S_{rt}=\left(R_t-\frac{l}{2}\right)\Delta\theta_t \tag{2-37}$$

由式(2-36)、(2-37)易得

$$\Delta\theta_t=\frac{S_{lt}-S_{rt}}{l}=\frac{2\pi r(N_{lt}-N_{rt})}{ml} \tag{2-38}$$

设点 O 为 t 时刻到 $t+1$ 时刻的转动过程中中心点 P 走过圆弧的圆心，R_t 为移动机器人转弯半径，则有：

$$R_t=\frac{S_t}{\Delta\theta_t} \tag{2-39}$$

在三角形 OP_tP_{t+1} 中，由余弦定理有：

$$\Delta S^2=R_t^2+R_t^2-2R_t^2\cos\Delta\theta_t=2R_t^2(1-\cos\Delta\theta_t) \tag{2-40}$$

则机器人相对位移可表示为：

$$\begin{cases}\Delta x=\Delta S\sin\dfrac{\Delta\theta_t}{2}\\[2ex]\Delta y=\Delta S\cos\dfrac{\Delta\theta_t}{2}\end{cases} \tag{2-41}$$

由此可以得到里程计圆弧模型方程描述为：

$$\boldsymbol{X}_{t+1}=\boldsymbol{X}_t+\begin{bmatrix}\Delta x\\ \Delta y\\ \Delta\theta_t\end{bmatrix}=\begin{bmatrix}x_t+R_t\sqrt{2(1-\cos\Delta\theta_t)}\sin\left(\theta_t+\dfrac{\Delta\theta_t}{2}\right)\\[2ex] y_t+R_t\sqrt{2(1-\cos\Delta\theta_t)}\cos\left(\theta_t+\dfrac{\Delta\theta_t}{2}\right)\\[2ex] \theta_t+\dfrac{2\pi r(N_{lt}-N_{rt})}{ml}\end{bmatrix} \tag{2-42}$$

大多数情况下，机器人除了直线运动外，往往还伴随着前进方向的变化即偏航角的变化。由于圆弧运动同时考虑了机器人的两种运动变化，因此定位效果较好。

车轮打滑或者路面凹凸不平，或者机器人运行距离增长等因素，会导致里程计产生的定位误差越来越大，从而降低定位性能。因此，在实际使用时，通常需要借助一些外部传感器来进行校正，如依靠 IMU 等传感器等。

2.1.5.3 激光雷达定位原理

目前，常用激光雷达姿态解算算法为迭代最近点算法（Iterative Closest Point，ICP）及其变种算法。ICP 算法原理如图 2-6 所示，两种灰度圆圈分别代表两个不同坐标系下的激光雷达点云，用线相连接的两点表示为满足最近关系的配对点。通过对这些配对点进行计算可以找出这两个点云集之间的坐标变换关系，即平移和旋转关系，使两激光雷达点云能够在空间中配准。

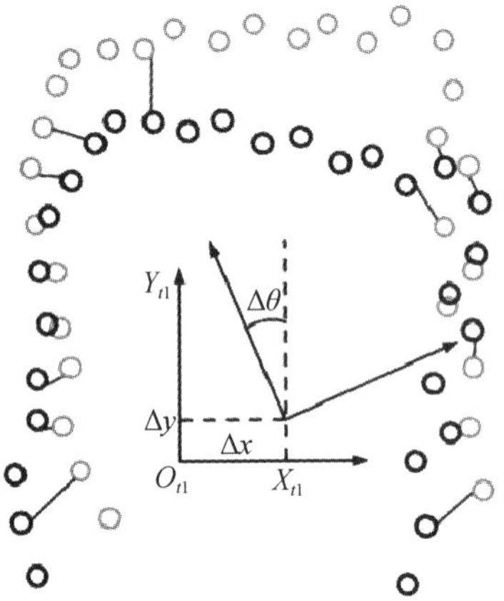

图 2-6 ICP 算法原理示意图

设有不同坐标系下的两点集，分别为 $P=\{p_1,p_2,\cdots,p_n\}$，$Q=\{q_1,q_2,\cdots,q_n\}$。其中点集 P 与点集 Q 中的点不必为完全对应关系，而且两激光雷达点集的点数也可以不同。算法步骤如下：

(1)设置初始变换矩阵 $\boldsymbol{T}=[R,t]$，默认值均取为零。

(2)将点集 Q 的数据按照初始变换矩阵投影到点集 P 的坐标系下。

(3)在点集 P 中为点集 Q 的数据寻找距离最近的点，构成匹配点对（$\boldsymbol{p}_i$，$\boldsymbol{q}_i$）。

(4)计算每对匹配点欧式距离，去除距离较大的点。

(5)根据所有配对点，求解两点云变换关系 $\boldsymbol{T}$，使得误差函数 $error$ 最小。

$$error = \sum (\boldsymbol{T}\boldsymbol{p}_i - \boldsymbol{q}_j)^{\mathrm{T}} (\boldsymbol{T}\boldsymbol{p}_i - \boldsymbol{q}_j) \tag{2-43}$$

(6)将步骤(5)计算出的变换矩阵 $\boldsymbol{T}$ 作为初始变换矩阵重复步骤(2)至步骤(5)，当误差小于某一给定值 ε 时退出迭代。

误差函数的求解可采用最小二乘法的方式进行计算。标准 ICP 算法为一阶收敛。在实际应用中，常采用 PL－ICP 即点到线迭代最近算法。该算法为二阶收敛算法。PL－ICP 相对于标准 ICP 最大的区别是其改进了误差计算方法。标准 ICP 根据点对点的距离来确定误差函数，而 PL－ICP 则采用点到其最近两个点连线的距离来计算误差函数 $error$。

$$error = \sum \| \boldsymbol{n}_i (\boldsymbol{T} p_i - q_i) \|^2 \tag{2-44}$$

式中，$\boldsymbol{n}_i$ 为映射点处的参考表面法向量。

基于 PL－ICP 的 2D 激光雷达定位方法精度较高，但是由于存在两激光雷达点云集进行配准时没有充分利用两点云集的形状信息，因此对每个激光点的最近点匹配效率较低，而且每次迭代都需重新计算激光点的最近匹配点，故实时性较差。并且两点云在进行配准过程中比较依赖给定的初始值，如果初始值误差太大则算法解算容易出现局部最优解而定位失败等问题。此外，由于激光雷达数据帧间匹配误差会累积而产生较大定位漂移，因此在实际应用中需要采用合适的方法来抑制累积误差。

2.1.5.4　自适应蒙特卡罗定位原理

前文的 EKF 融合定位算法没有用到环境地图信息，移动机器人只需根据轮式里程计和 IMU 的数据即可推算机器人的位置和姿态，进而更新机器人的位姿。但是这种方法存在一些问题，因为机器人的速度信息都是由机器人自身内部传感器获得，而传感器自身也有精度误差，对时间求积分计算出的位姿误差会进一步增大。这就需要增加机器人外部传感器，通过结合外部传感信息和环境地图模型进行机器人定位。激光传感器带有外部环境信息，使用激光传感器的测量数据可以用来修正 EKF 融合的位姿，蒙特卡罗算法是最常用的融合激光数据的算法。本小节将研究利用蒙特卡罗算法来融合 EKF 的结果和激光测量数据，从而提高定位的精度。

1. 蒙特卡罗定位方法介绍

基于蒙特卡罗定位的方法最早是由 Fox 提出的，蒙特卡罗定位算法用粒子的集合表示位姿的置信度，通过将合适的运动模型和测量模型代入粒子滤波算

法中估计机器人的状态，其中运动模型 $p(x_t|u_t,x_{t-1}^{[m]})$ 可以由速度运动模型和里程计运动模型任一运动模型实现，测量模型 $p(z_t|x_t^{[m]})$ 可以由激光的波束测距模型和似然域模型任一观测模型实现。蒙特卡罗定位算法的步骤如下：

步骤一：初始化粒子集。初始化分为两种情况：其一是机器人的初始位姿未知，初始粒子集通过在全局地图中均匀地撒下 M 个粒子，每个粒子都有相同的权值$\frac{1}{M}$得到；第二种为机器人位姿的先验分布 $bel(x_0)$ 已知，通过从先验分布 $bel(x_0)$ 中随机选取 M 个粒子，并赋予权值$\frac{1}{M}$得到初始位姿集合。初始粒子集及其权值可以表示为：

$$X_0=\{x_0^1,x_0^2,\cdots,x_0^m,\cdots,x_0^M\} \tag{2-45}$$

$$w_0=\frac{1}{M},\frac{1}{M},\cdots,\frac{1}{M} \tag{2-46}$$

则初始时刻移动机器人的位姿表示为

$$\bar{x}_0=\sum_{m=1}^{M}\frac{1}{M}x_0^m \tag{2-47}$$

步骤二：粒子采样过程。根据控制输入 u_t，可以计算 $t-1$ 时刻的第 m 个粒子运动到 t 时刻时的预测位姿为：

$$\bar{x}_t^m=sample(p(x_t|u_t,x_{t-1}^m)) \tag{2-48}$$

式(2-48)表示在状态转移概率中采样，从而得到机器人 t 时刻的预测位姿粒子集为

$$\bar{X}_t=\{\bar{x}_t^1,\bar{x}_t^2,\cdots,\bar{x}_t^m,\cdots,\bar{x}_t^M\} \tag{2-49}$$

通常用的运动控制来自里程计运动模型，控制输入 $u_t=(\bar{x}_{t-1},\bar{x}_t)$，并且已知 $t-1$ 时刻的位姿为：

$$X_{t-1}=\{x_{t-1}^1,x_{t-1}^2,\cdots,x_{t-1}^m,\cdots,x_{t-1}^M\} \tag{2-50}$$

将控制输入 u_t 和 X_{t-1} 中粒子带入运动模型，通过采样得到粒子集合中在 t 时刻的预测位姿 $\bar{X}_t$，表示为：

$$\bar{X}_t=sample(u_t,X_{t-1}) \tag{2-51}$$

然后将 t 时刻预测的粒子集 $\bar{X}_t$ 带入激光似然域模型中的测量模型，可以计算每个粒子的权重为：

$$w_t^m=p(z_t|\bar{X}_t) \tag{2-52}$$

式(2-52)表明每个粒子的权重都与当前时刻的观测有关，如果该粒子 $\bar{x}_t^m$ 处出现测量的概率越高，其粒子代表的位姿权重越大。

步骤三：重采样过程。最后将预测粒子集 $\overline{X}_t$ 中每个粒子按照其权重的大小进行重采样，得到 t 时刻的后验粒子 x_t^m，后验粒子是融合了激光传感器的信息的：

$$x_t^m = resample(\overline{x}_t^m, w_t^m) \tag{2-53}$$

从而可以得到 t 时刻的后验粒子集合 X_t：

$$X_t = \{x_t^1, x_t^2, \cdots, x_t^m, \cdots x_t^M\} \tag{2-54}$$

计算 X_t 的均值作为输出位姿，则有蒙特卡罗定位的位姿为：

$$x_t = \sum_{m=1}^{M} \frac{1}{M} x_t^m \tag{2-55}$$

以上三步即为蒙特卡罗算法的定位过程，相较于卡尔曼滤波方式的定位，蒙特卡罗定位用粒子集表示位姿置信度，当粒子数 M 足够大时可以得到更加精确的位姿。

2. 蒙特卡罗定位算法存在的问题

蒙特卡罗算法用于定位，可以解决噪声非高斯、系统方程非线性的定位问题，是目前最主流的移动机器人定位算法。但其在实际应用过程中，还存在以下问题：

(1)粒子集中的最大粒子数 M 越多，粒子集的状态越接近于真实的机器人状态。在机器人初始化时，需要足够大的粒子数量才能够在机器人运动过程中正确跟踪到移动机器人的位姿，特别是全局定位的情况下，初始粒子集是均匀分布在环境地图中的，此时没有位姿的先验分布，必须有足够的粒子数算法才能收敛，进而成功定位。但是一旦成功跟踪到机器人的正确位姿后，位姿的不确定性仅局限在真实位姿附近的区域，粒子集也在真实位姿附近呈高斯分布，此时只需要少数粒子即可保持正确的定位，这样大数量的粒子数目 M 造成了计算资源的浪费，增加了算法的复杂度，不利于机器人的实时定位。

(2)蒙特卡罗定位可以解决全局定位问题，但是当机器人被绑架时，即将运行中的移动机器人搬到其他位置，粒子不能正确地跟踪到真实位姿处，导致定位失败。这是因为蒙特卡罗算法在按照权重的大小对粒子集进行重采样时，可能意外地丢失所有正确位姿附近的粒子，而错误位姿处的粒子被保留下来，所以将导致蒙特卡罗算法失效。

(3)在采样过程中，运动模型采样和测量模型采样分别对应蒙特卡罗算法中的预测和测量更新。因此不同的采样数据来源和采样模型会对蒙特卡罗算法的精度产生较大影响，在此可以用于采样的运动模型和测量模型，其中蒙特卡罗算法中运动模型采样的数据源仅来自里程计，其数据带有较大的误差，因而对定位精度的影响更大。

3. 改进的蒙特卡罗定位算法

这里将针对蒙特卡罗定位算法存在的问题，从自适应地调整粒子的数目、在粒子集中增加随机粒子、改进采样方式三个方面解决前面所述缺点。

(1)自适应粒子数目。自适应的调整粒子数量可以提高蒙特卡罗算法的计算效率，保证定位的实时性。采用库尔贝克－莱布勒散度(Kullback－Leibler Divergence，KLD)调整样本集合大小，对蒙特卡罗算法进行改进。基于KLD采样的MCL算法原理是通过一个直方图 H 表示粒子的占用空间，k 表示直方图 H 中被粒子占用的空位数目，称为非空位，从而粒子集的上限 M_x 可表示为：

$$M_x = \frac{k-1}{2\varepsilon}\left\{1-\frac{2}{9(k-1)}+\sqrt{\frac{2}{9(k-1)}}z_{1-\delta}\right\}^3 \tag{2-56}$$

式中，$1-\delta$ 是KLD采样频率；$z_{1-\delta}$ 基于参数，它代表标准正态分布的上 $1-\delta$ 分位点，对于典型的 δ，$z_{1-\delta}$ 的值可在标准统计表里查到；ε 表示基于采样的近似和真实的后验间的误差界限。

KLD采样的主要思想是，在每次滤波中以概率 $1-\delta$ 确定粒子集合的大小，使得基于采样的近似后验和真实后验间的误差小于 ε。利用KLD的方法调整粒子的数目，在机器人初始化时，粒子分散，因此直方图中被占用的空位 k 较大，粒子的数目 M_x 较大；在正确地跟踪机器人的位置后，粒子集收敛，这时直方图中被粒子占用的空位数目变小，粒子的数目 M_x 变小，实现了粒子数目的自适应调节。

(2)通过增加随机粒子可以解决蒙特卡罗定位中的失效恢复问题，一种方式是在每次迭代中增加固定数目的随机粒子，这种方法简单但效果一般。更好的方法是在重采样的过程中，随机采样按照以下的概率增加：

$$\max\left\{0,1-\frac{w_{\text{fast}}}{w_{\text{slow}}}\right\} \tag{2-57}$$

式中，w_{fast} 和 w_{slow} 分别表示粒子权值的长期变化均值和短期变化均值，根据设定好的长期平均的指数滤波器的衰减率 α_{slow} 和短期衰减率 α_{fast} 对这两种均值进行维护，由式(2-58)更新。

$$\begin{cases} w_{\text{slow}} = w_{\text{slow}} + \alpha_{\text{slow}}(w_{\text{avg}} - w_{\text{slow}}) \\ w_{\text{fast}} = w_{\text{fast}} + \alpha_{\text{fast}}(w_{\text{avg}} - w_{\text{fast}}) \end{cases} \tag{2-58}$$

式中，w_{avg} 表示所有粒子权重的平均值。这种方法可以在移动机器人定位失效时，以适当的概率增加新的位姿粒子，可以从机器人绑架中和全局定位失效中恢复，增强了算法的稳定性。

(3)改进运动采样方式。对于传统的蒙特卡罗定位算法，采样运动模型通过里程计运动模型进行，其控制采样的数据源直接来自里程计，由于机器人打滑漂移、误差积累等因素的影响，轮式里程计的数据带有较大的误差，导致蒙特卡罗定位效果较差。为了提高运动模型的采样精度，可采用基于 EKF 算法融合轮式里程计和 IMU 的方法改善采样运动模型，即将控制采样的数据源更改为经过 EKF 融合后位姿的 $\hat{\mu}_{t-1}$、$\hat{\mu}_t$，激光雷达用于蒙特卡罗定位的测量模型修正 EKF 预测的机器人位姿，实现与激光数据的再融合。改进的采样方式如下：

已知 $t-1$ 和 t 时刻的轮式里程计和 IMU 的融合位姿可分别表示为：

$$\begin{cases}\hat{\mu}_{u,t-1}=(x_{u,t-1},y_{u,t-1},\theta_{u,t-1})\\ \hat{\mu}_{u,t}=(x_{u,t},y_{u,t},\theta_{u,t})\end{cases} \tag{2-59}$$

已知 $t-1$ 时刻蒙特卡罗位姿 X_{t-1} 可表示为：

$$X_{t-1}=(x_{t-1},y_{t-1},\theta_{t-1}) \tag{2-60}$$

将 $\hat{\mu}_{u,t-1}$ 到 $\hat{\mu}_{u,t}$ 的过程分解为一次旋转 $\delta_{\text{rot 1}}$，平移 δ_{trans}，再旋转 $\delta_{\text{rot 2}}$，根据式(2-26)计算参数 $\delta_{\text{rot 1}}$、δ_{trans}、$\delta_{\text{rot 2}}$。

将 $\delta_{\text{rot 1}}$、δ_{trans}、$\delta_{\text{rot 2}}$ 加上采样误差得到：

$$\hat{\delta}_{\text{rot 1}}=\delta_{\text{rot 1}}-sample(\alpha_1\delta_{\text{rot 1}}^2+\alpha_2\delta_{\text{trans}}^2) \tag{2-61}$$

2.2 多传感器融合定位算法设计

由本章 2.1 节的描述可知，单独应用某一传感器进行定位时，机器人位姿会随着运行时间的延长而存在定位误差，难以达到机器人运行的定位精度要求。因此，为更加高效地运用各个传感器数据，结合各个传感器优势，减少机器人定位的累计误差，本节提出一种多传感器融合定位算法。

该多传感器融合定位算法的流程中包含里程计滤波器、激光雷达滤波器和一个加权融合滤波器。轮式里程计和 IMU 组成里程计滤波器，利用 IMU 数据对轮式里程计数据进行修正，利用激光雷达测量数据和修正后的里程计数据组成激光雷达滤波器。轮式里程计可以在运动过程中测量机器人位姿，但是轮式里程计由于打滑或者道路不平等，对角度的计算误差较大，而 IMU 可以很准确地计算机器人角度变化。因此，通过扩展卡尔曼滤波方式融合里程计和 IMU

的数据,来改善轮式里程计定位误差。激光雷达进行姿态解算时需要较为精确的计算初值,否则会造成定位误差较大且不稳定,但激光雷达定位的后期累计误差较小,因此可以引入修正后的里程计数据作为计算初值来进行姿态解算。最后对两个滤波器的输出数据进行加权融合得到最终输出数据。该融合定位算法流程如图 2-7 示。

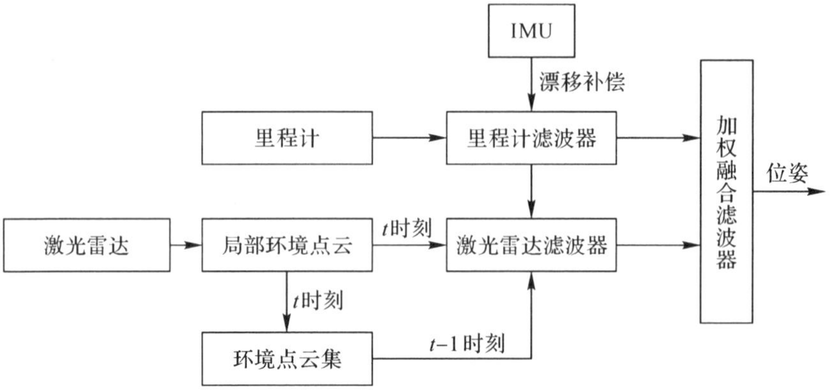

图 2-7　多传感器融合定位算法流程图

2.2.1　里程计滤波器设计

里程计滤波器利用扩展卡尔曼滤波融合里程计和 IMU 数据,得到最优融合数据。在数据融合过程中,利用里程计由圆弧模型解算得到的数据作为预测量,IMU 姿态数据作为观测量。由式(2-42)和第 1 章扩展卡尔曼滤波原理式(1-7)可确定系统状态方程为:

$$\boldsymbol{x}_t^{odom} = f(\boldsymbol{x}_{t-1}^{odom}, \boldsymbol{u}_t) + \boldsymbol{\varepsilon}_t^{odom}$$

$$= \begin{bmatrix} \boldsymbol{x}_t^{odom} + R_t\sqrt{2(1-\cos\Delta\theta_t^{odom})}\,\sin\left(\theta_t^{odom} + \dfrac{\Delta\theta_t^{odom}}{2}\right) \\ y_t^{odom} + R_t\sqrt{2(1-\cos\Delta\theta_t^{odom})}\,\cos\left(\theta_t^{odom} + \dfrac{\Delta\theta_t^{odom}}{2}\right) \\ \theta_t^{odom} + \dfrac{2\pi r(N_{l_t} + N_{r_t})}{ml} \end{bmatrix} + \boldsymbol{\varepsilon}_t^{odom} \quad (2\text{-}62)$$

利用泰勒展开对其进行一阶线性化处理,即计算系统方程的雅可比矩阵,有:

$$\boldsymbol{F}_{t-1} = \frac{\partial f(x_{t-1}^{odom}, u_t)}{\partial x_{t-1}^{odom}} \Big|_{(\hat{x}_{t-1}^{odom}, u_t)}$$

$$= \begin{bmatrix} 1 & 0 & -R_t\sqrt{2(1-\cos\Delta\theta_t^{odom})}\cos\left(\theta_t^{odom}+\dfrac{\Delta\theta_t^{odom}}{2}\right) \\ 0 & 1 & R_t\sqrt{2(1-\cos\Delta\theta_t^{odom})}\sin\left(\theta_t^{odom}+\dfrac{\Delta\theta_t^{odom}}{2}\right) \\ 0 & 0 & 1 \end{bmatrix} \tag{2-63}$$

里程计误差主要来自车轮打滑而引起的对角度解算的误差，而 IMU 测量数据不受车轮打滑影响，因此可以利用 IMU 测量的姿态信息来对里程计测量得到的姿态信息进行修正，得到里程计滤波器的最优位姿输出。因机器人为二维平面运动，设 IMU 的观测量为$(0,0,\varphi_t)^{\mathrm{T}}$。系统观测方程表示为：

$$\begin{aligned} \boldsymbol{z}_t^{imu} &= \boldsymbol{h}(\boldsymbol{x}_t^{imu})+\boldsymbol{\delta}_t^{imu} \\ &= \boldsymbol{H}_t^{imu}(\boldsymbol{x}_t^{imu})+\boldsymbol{\delta}_t^{imu} \end{aligned} \tag{2-64}$$

其中，IMU 观测矩阵 $\boldsymbol{H}_t$ 为：

$$\boldsymbol{H}_t^{imu} = \begin{bmatrix} 0 & 0 & 0 \\ 0 & 0 & 0 \\ 0 & 0 & 1 \end{bmatrix} \tag{2-65}$$

综合式(2-64)与式(2-65)可得系统观测方程为：

$$\begin{aligned} \boldsymbol{z}_t^{imu} &= \boldsymbol{h}(\boldsymbol{x}_t^{imu})+\boldsymbol{\delta}_t^{imu} \\ &= \begin{bmatrix} 0 & 0 & 0 \\ 0 & 0 & 0 \\ 0 & 0 & 1 \end{bmatrix}\begin{bmatrix} \boldsymbol{x}_t^{imu} \\ \boldsymbol{y}_t^{imu} \\ \boldsymbol{\varphi}_t^{imu} \end{bmatrix}+\boldsymbol{\delta}_t^{imu} \end{aligned} \tag{2-66}$$

根据式(2-63)的里程计状态雅可比矩阵 $\boldsymbol{F}_t$、式(2-65)的 IMU 观测矩阵 $\boldsymbol{H}_t$ 和已知的初始系统位姿协方差矩阵$\boldsymbol{\Omega}_t$、里程计运动测量高斯白噪声协方差矩阵 $\boldsymbol{Q}_t$、IMU 测量高斯白噪声协方差矩阵 $\boldsymbol{R}_t$ 和机器人初始位姿 $\boldsymbol{x}_0$，根据第 1 章的扩展卡尔曼滤波原理式(1-7)到式(1-10)，即可对两传感器数据进行迭代融合，得到最优的里程计滤波器输出位姿 $\hat{\boldsymbol{x}}_t^{out\,1}$。

2.2.2 激光雷达滤波器设计

激光雷达滤波器主要利用激光雷达数据和修正后的里程计数据进行机器人位姿估计。利用扩展卡尔曼滤波算法对激光雷达数据和里程计数据进行融合。

在扩展卡尔曼滤波算法融合过程中，利用里程计测量的位姿数据作为预测量，利用激光雷达测量的姿态数据作为观测量。里程计预测模型可利用里程计滤波器的预测模型。激光雷达观测模型如下：

$$
\begin{aligned}
\boldsymbol{z}_t^{laser} &= h(\boldsymbol{x}_t^{laser}) + \boldsymbol{\delta}_t^{laser} \\
&= \boldsymbol{H}_t(\boldsymbol{x}_t^{laser}) + \boldsymbol{\delta}_t^{laser} \\
&= \begin{bmatrix} 1 & 0 & 0 \\ 0 & 1 & 0 \\ 0 & 0 & 1 \end{bmatrix} \begin{bmatrix} \boldsymbol{x}_t^{laser} \\ \boldsymbol{y}_t^{laser} \\ \boldsymbol{\theta}_t^{laser} \end{bmatrix} + \boldsymbol{\delta}_t^{laser}
\end{aligned} \tag{2-67}
$$

激光雷达的定位方法采用前边提到的 PL－ICP 即点线最邻近迭代算法。该定位方法精度较高，但是效率较低，并且算法解算依赖初始值，初值取值不合适时容易使算法陷入局部最优解而定位失败。而经过里程计滤波器修正后的轮式里程计数据具有较高的精度，而且里程计更新频率高于激光雷达更新频率。因此可以将该数据作为 PL－ICP 算法的解算初值，该值既可以加快算法解算速度，亦可在一定程度上避免算法解算失败。

融合轮式里程计信息和激光雷达信息扩展卡尔曼滤波定位算法过程如下：

(1)初始化位姿 $\hat{\boldsymbol{x}}_0$、协方差矩阵 $\boldsymbol{\Omega}_0$、$\boldsymbol{Q}_0$、$\boldsymbol{R}_0$；

(2)根据里程计系统模型预测位姿。

$$\hat{\boldsymbol{x}}_t^{odom} = f(\boldsymbol{u}_t, \hat{\boldsymbol{x}}_{t-1}^{out\ 1}) \tag{2-68}$$

(3)计算预测误差协方差矩阵。

$$\hat{\boldsymbol{\Omega}}_1^- = \boldsymbol{F}_t \hat{\boldsymbol{\Omega}}_{t-1} \boldsymbol{F}_t^{\mathrm{T}} + \boldsymbol{Q}_t \tag{2-69}$$

(4)使用 PL－ICP 算法，利用修正后的轮式里程计数据作为初值，得到当前机器人位姿的测量值。

$$\hat{\boldsymbol{x}}_t^{laser} = PLICP(\boldsymbol{x}_t^{out\ 1}, scan_{t-1}, scan_t) \tag{2-70}$$

(5)计算卡尔曼增益矩阵。

$$\boldsymbol{K}_t = \hat{\boldsymbol{\Omega}}_t^- \boldsymbol{H}_t^{\mathrm{T}} (\boldsymbol{H}_t \hat{\boldsymbol{\Omega}}_t^- \boldsymbol{H}_t^{\mathrm{T}} + \boldsymbol{R}_t)^{-1} \tag{2-71}$$

(6)更新 t 时刻状态向量，得到激光雷达滤波器的输出。

$$\hat{\boldsymbol{x}}_t^{out\ 2} = \hat{\boldsymbol{x}}_t^{odom} + \boldsymbol{K}_t(\boldsymbol{x}_t^{laser} - \boldsymbol{F}\hat{\boldsymbol{x}}_t^{odom}) \tag{2-72}$$

(7)计算更新误差协方差矩阵。

$$\hat{\boldsymbol{\Omega}}_t = \hat{\boldsymbol{\Omega}}_t^- - \boldsymbol{K}_t \boldsymbol{H}_t \hat{\boldsymbol{\Omega}}_t^- \tag{2-73}$$

(8)转到步骤(2)进行下一轮迭代，不断迭代得到激光雷达滤波器输出 $\hat{\boldsymbol{x}}_t^{out\ 2}$。

2.2.3 加权融合滤波器设计

加权融合滤波器的功能主要是完成对里程计滤波器和激光雷达滤波器的输

出的最优位姿估计进行进一步的融合工作。激光雷达滤波器仅在 PL－ICP 解算时提供初值，也可能存在解算误差较大的情况，通过对两滤波器数据进行加权融合，提高机器人定位精度。主要思想为结合两个滤波器工作特点对两滤波器输出数据给予不同的权重进行加权融合，使得系统最终输出的结果为机器人最优位姿数据。假设里程计滤波器输出的机器人最优位姿和协方差分别为 $\hat{x}_1$ 和 p_1，激光雷达滤波器输出的机器人最优位姿和协方差分别为 $\hat{x}_2$ 和 p_2，加权融合滤波器最终融合得到的最优估计位姿和协方差分别为 $\hat{x}_g$ 和 p_g：

$$\begin{cases} \hat{x}_g = \alpha_1 \hat{x}_1 + \alpha_2 \hat{x}_2 \\ \dfrac{1}{p_g} = \alpha_1 p_1^{-1} + \alpha_2 p_2^{-1} \\ \alpha_1 + \alpha_2 = 1 \end{cases} \tag{2-74}$$

式中，α_1、α_2 为里程计滤波器和激光雷达滤波器的权重因数。权重因数和各个子滤波的精度成正比。子滤波器求解位姿精度越高，权重因数越大。

在实际具体应用中，可根据不同情况选择合适的权重因数来提高滤波器输出结果的精度。根据里程计短距离定位较为精确，而激光雷达长时间定位累计误差较小的特性，本书以运动距离作为权重因数取值的标准。当机器人在短距离移动时，里程计滤波器的权重因数 $\alpha_1 > 0.5$，使得整体输出状态以里程计滤波器的输出结果为主。当机器人移动较长距离后，里程计由于车轮打滑等因素影响，累计定位误差加大，$\alpha_2 > 0.5$，则可以使整体输出状态以激光雷达滤波器的输出结果为主，从而充分利用激光雷达定位累计误差较小的特性，减小机器人最终的定位误差。

通过在机器人运动过程中对不同传感器定位精度的差异进行考虑，对两个滤波器的权重因数进行动态调整，可以合理利用不同传感器性能，较大限度地提高机器人环境定位性能，同时也保证加权融合滤波器最终输出的机器人位姿的稳定性和鲁棒性。

2.3 视觉融合定位算法设计

相机与 IMU、里程计的组合方式在综合性能评价中得分较高且具有很高的发展前景，这里采用相机与 IMU、里程计的组合方式，结合图优化理论设计一种适用于 AGV 平台的多传感器定位方式，以提高视觉定位系统的精度及鲁棒性。

2.3.1 AGV 位姿及李代数求导

在定位问题中，我们可以把问题描述为求解 AGV 的位姿。本节首先进行坐标系的定义，介绍了位姿在李代数上的导数，为后面的基于图优化理论的非线性优化框架打下理论基础。

2.3.1.1 坐标系定义

AGV 的定位问题在数学上可以描述为求解机体坐标系相对于世界坐标系的坐标变换。对于世界坐标系，通常是与大地固定连接的，在定位算法中，通常将第一帧的机体坐标系作为世界坐标系，以 W 进行表示，将固定在 AGV 上的坐标系称为机体坐标系，以 B 进行表示。传感器大多与 AGV 机体刚性连接在一起，以相机为例，相机坐标系以 C 进行表示，$[u,v]$为像素坐标 I，p 为空间中的某点经过投影对应到像素平面为点 P。坐标系相对关系如图 2-8 所示。

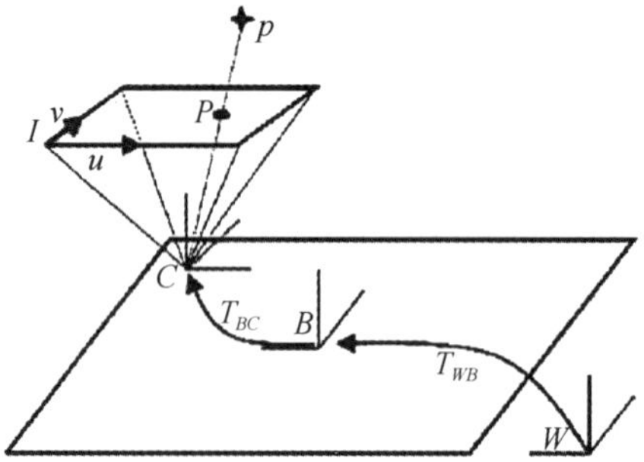

图 2-8　坐标相对关系

2.3.1.2 李代数上的求导

旋转矩阵本身是带有约束的，即正交且行列式等于 1。当把旋转矩阵作为优化变量时，会引入额外的约束，使优化变得困难。因此，通过引入李代数来重新表示旋转，把位姿估计变成无约束的优化问题，简化求解方式。同样地，对于优化问题而言，导数是非常重要的信息，本节首先介绍李代数与旋转矩阵之间的关系以及李代数的导数。

对于三维空间中的旋转，最少可用三个量描述一个旋转。因此，每一个旋转矩阵 $\boldsymbol{R}$，存在向量 $\hat{\boldsymbol{\varphi}} \in \boldsymbol{R}^3$ 与之对应。向量 $\hat{\boldsymbol{\varphi}}$ 的直观含义为矢量的方向代表旋转所在平面的法线，而矢量的大小代表旋转角度，向量 $\hat{\boldsymbol{\varphi}}$ 称为旋转矩阵 $\boldsymbol{R}$ 所对应的李代数。李代数通过指数映射到旋转矩阵：

$$\hat{\boldsymbol{\varphi}}=\begin{bmatrix}0 & -\varphi_3 & \varphi_2\\ \varphi_3 & 0 & -\varphi_1\\ -\varphi_2 & \varphi_1 & 0\end{bmatrix} \tag{2-75}$$

$$R=\exp(\hat{\boldsymbol{\varphi}}) \tag{2-76}$$

在定位算法的优化问题中，通常会构建与位姿有关的目标函数，然后求解函数关于位姿的导数，以调整当前的估计值。求解导数的方式通常是对特殊正交群 SO(3)进行右乘或左乘一个微小的扰动，然后对扰动求导。

$$\mathrm{SO}(n)=\{\boldsymbol{R}\in\mathbf{R}^{n\times n}\mid \boldsymbol{R}\boldsymbol{R}^{\mathrm{T}}=\boldsymbol{I},\det(\boldsymbol{R})=1\}$$

$$\mathrm{SE}(3)=\left\{\boldsymbol{T}=\begin{bmatrix}\boldsymbol{R} & \boldsymbol{t}\\ \boldsymbol{0}^{\mathrm{T}} & 1\end{bmatrix}\in\mathbf{R}^{4\times 4}\mid \boldsymbol{R}\in SO(3),\boldsymbol{t}\in\mathbf{R}^{3}\right\}$$

对于一个旋转 $\boldsymbol{R}$，其所对应的李代数为 φ。当给他右乘一个微小的旋转即为 $\Delta\boldsymbol{R}$，其所对应的李代数为 $\Delta\varphi$。那么 SO(3)中得到的结果为 $\boldsymbol{R}\Delta\boldsymbol{R}$，而在李代数上的形式为：

$$\boldsymbol{R}\Delta\boldsymbol{R}=\exp(\hat{\varphi})\exp(\Delta\hat{\varphi})=\exp\{(\varphi+\boldsymbol{J}_r^{-1}(\varphi)\Delta\varphi)\} \tag{2-77}$$

其中 $\boldsymbol{J}_r$ 为右乘雅可比矩阵，为

$$\boldsymbol{J}_r=\frac{\sin(|\varphi|)}{|\varphi|}\boldsymbol{I}+\left(1-\frac{\sin(|\varphi|)}{|\varphi|}\right)\frac{|\varphi||\varphi|^{\mathrm{T}}}{|\varphi|^2}-\frac{1-\cos(|\varphi|)}{|\varphi|}\frac{\varphi}{|\varphi|} \tag{2-78}$$

对于特殊欧式群 SE(3)，也存在李代数 $\hat{\xi}=[\hat{\rho},\hat{\varphi}]$ 与之对应，其中 $\hat{\rho}$ 代表平移。同样地，对于齐次坐标变换矩阵 $\boldsymbol{T}$，其所对应的李代数为 ξ，给 $\boldsymbol{T}$ 一个微小的右扰动 $\Delta\boldsymbol{T}$，这里设扰动项的李代数为 $\Delta\xi$，则 SE3 上的李代数形式为：

$$\exp(\hat{\boldsymbol{\xi}})\exp(\Delta\hat{\boldsymbol{\xi}})=\exp\{(\hat{\boldsymbol{\xi}}+\boldsymbol{I}_r^{-1}(\hat{\boldsymbol{\xi}})\Delta\hat{\boldsymbol{\xi}})\} \tag{2-79}$$

式中，$\boldsymbol{\xi}$ 为齐次坐标下的左雅可比矩阵。

2.3.2 IMU—轮式里程计融合设计

要进行多传感器的数据融合还需要对数据进行对齐。对齐的目的是使两传感器频率同步，IMU 的预积分可以解决这样的问题。这里结合 IMU 预积分与轮式里程计运动模型进行 IMU—轮式里程计的融合算法设计，为与单目相机融合奠定基础。

2.3.2.1 IMU 测量模型

要将 IMU 用于定位测量，首先需要对传感器的数据进行处理。IMU 每个

时刻可实现自身主体加速度 a 和角速度 ω 的测量，建立测量模型如下：

$$\hat{\boldsymbol{\omega}}_B(t)=\boldsymbol{\omega}_B(t)+\boldsymbol{b}^g(t)+\boldsymbol{\eta}^g(t) \tag{2-80}$$

$$\hat{\boldsymbol{a}}_B(t)=\boldsymbol{R}_{WB}^{\mathrm{T}}(t)(\boldsymbol{a}_W(t)-\boldsymbol{g}_W)+\boldsymbol{b}^a(t)+\boldsymbol{\eta}^a(t) \tag{2-81}$$

式中，下标 B、W 分别代表 IMU 坐标系或机体坐标系（IMU 一般与机体刚性连接）和世界坐标系，上标 g 和 a 分别代表陀螺仪和加速度计；$\hat{\boldsymbol{a}}_B(t)$ 和 $\boldsymbol{a}_B(t)$分别为机体坐标系下加速度计的测量值和真实值，$\hat{\boldsymbol{\omega}}_B(t)$ 和 $\boldsymbol{\omega}_B(t)$分别为陀螺仪的测量值和真实值，$\boldsymbol{R}_{WB}(t)$为机体坐标系到世界坐标系下的转换矩阵。$b^g(t)$、$b^a(t)$为随时间缓慢变化的偏置，$\boldsymbol{\eta}^g(t)$、$\boldsymbol{\eta}^a(t)$为高斯白噪声；$\boldsymbol{a}_W(t)$为世界坐标系下的加速度测量值，$\boldsymbol{g}_W$ 为世界坐标系下的重力分量。

根据三维空间中的刚体运动模型，机体坐标系在世界坐标系下的旋转、速度和平移满足如下的微分方程：

$$\dot{\boldsymbol{R}}_{WB}=\boldsymbol{R}_{WB}\hat{\boldsymbol{\omega}}_B \tag{2-82}$$

$$\dot{v}_{WB}=\boldsymbol{a}_W \tag{2-83}$$

$$\dot{\boldsymbol{p}}_{WB}=\boldsymbol{v}_{WB} \tag{2-84}$$

假设 IMU 两次测量的时间差为 Δt，并假设两次测量间隔内加速度与角速度保持不变，对式(2-82)～式(2-84)进行积分，则从时刻 t 到 $t+\Delta t$ 之间的状态转移为：

$$\boldsymbol{R}_{WB}(t+\Delta t)=\boldsymbol{R}_{WB}(t)\exp(\omega_B(t)\Delta t) \tag{2-85}$$

$$v_{WB}(t+\Delta t)=\boldsymbol{v}_{WB}(t)+\boldsymbol{a}_W(t)\Delta t \tag{2-86}$$

$$\boldsymbol{P}_{WB}(t+\Delta t)=\boldsymbol{P}_{WB}(t)+\boldsymbol{v}_{WB}(t)\Delta t+\frac{1}{2}\boldsymbol{a}_W(t)\Delta t^2 \tag{2-87}$$

式中，exp(・)为 SO(3)中的指数映射，将测量模型代入式(2-85)～式(2-87)中得到：

$$\boldsymbol{R}_{WB}(t+\Delta t)=\boldsymbol{R}_{WB}(t)\exp\{(\hat{\boldsymbol{\omega}}_B(t)-\boldsymbol{b}^g(t)-\boldsymbol{\eta}^{gd}(t))\Delta t\} \tag{2-88}$$

$$\boldsymbol{v}_{WB}(t+\Delta t)=v_{WB}(t)+\boldsymbol{g}_W\Delta t+R_W\cdot(\hat{\boldsymbol{a}}_B(t)-\boldsymbol{b}^a(t)-\boldsymbol{\eta}^{ad}(t))\Delta t \tag{2-89}$$

$$\boldsymbol{P}_{WB}(t+\Delta t)=\boldsymbol{P}_{WB}(t)+v_{WB}(t)\Delta t+\frac{1}{2}\boldsymbol{g}_W\Delta t^2+\frac{1}{2}\boldsymbol{R}_{WB}(t)\cdot(\hat{\boldsymbol{a}}_B(t)-\boldsymbol{b}^a(t)-\boldsymbol{\eta}^{ad}(t))\Delta t^2 \tag{2-90}$$

式中，$\boldsymbol{\eta}^{gd}$ 和 $\boldsymbol{\eta}^{ad}$ 分别代表陀螺仪与加速度计的离散噪声。

2.3.2.2 频率同步

传感器之间有频率差异，在本书中 IMU 的输出频率为 100 Hz，而相机的输出频率一般为 30 Hz。且在单目视觉定位算法中，并不会对所有的数据进行优化，一般选取关键帧作为主要数据。而预积分的目的就是求得两关键帧之间 IMU 积分数据。相机图像输出数据、IMU 输出数据、关键帧及预积分的频率关系如图 2-9 所示。

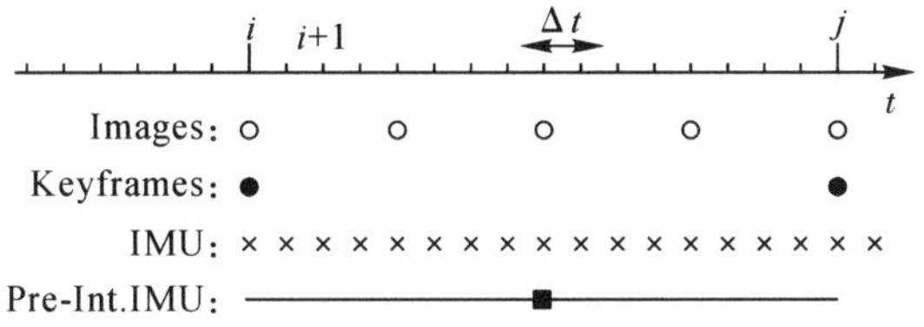

图 2-9 相机图像输出数据、IMU 输出数据、关键帧及预积分的频率关系

为了得到相邻关键帧间的多个 IMU 数据，需要对关键帧之间的数据进行积分。假设相机的数据和 IMU 的数据是同步的，对 2.3.2.1 节中的积分公式进行离散化并累加，则由 $k=i$ 时刻到 $k=j-1$ 时刻的所有 IMU 测量得到 $k=j$ 时刻的 $\boldsymbol{R}_j$、$\boldsymbol{v}_j$ 和 $\boldsymbol{P}_j$ 为：

$$R_j = R_i \prod_{k=i}^{j-1} \exp((\hat{\omega}_k - b_k^g - \eta_k^{gd}) \Delta t) \tag{2-91}$$

$$v_j = v_i + g\Delta t_{ij} + \sum_{k=i}^{j-1} R_k (\hat{a}_k - b_k^a - \eta_k^{ad}) \Delta t \tag{2-92}$$

$$\begin{aligned} \boldsymbol{P}_j &= \boldsymbol{P}_i + \sum \left[v_k \Delta t + \frac{1}{2} g \Delta t^2 + \frac{1}{2} R_k (\hat{a}_k - b_k^a - \eta_k^{ad}) \Delta t^2 \right] \\ &= \boldsymbol{P}_i + v_k \Delta t_{ij} + \frac{1}{2} \sum_{k=i}^{j-1} g \Delta t^2 + \sum_{k=i}^{j-1} \frac{1}{2} R_i (\hat{a}_i - b_i^a - \eta_i^{ad}) \Delta t^2 \end{aligned} \tag{2-93}$$

有式(2-91)～式(2-93)中，R、v、$\boldsymbol{P}$ 与 $\boldsymbol{R}_{WB}$、$\boldsymbol{V}_{WB}$、$\boldsymbol{P}_{WB}$ 相同，g 代表世界坐标系下的重力加速度分量，Δt_{ij} 代表 $k=i$ 时刻到 $k=j$ 时刻的时间间隔。可以看到式(2-91)～式(2-93)中含有旋转矩阵 $\boldsymbol{R}_{WB}$，当在非线性优化过程中旋转矩阵有更新则需要重新计算积分，为了降低运算量，避免每次更新初始化的 $\boldsymbol{R}_i$、v_i 和 $\boldsymbol{P}_i$ 都需要重新积分并假定在 Δt_{ij} 时间间隔内偏置保持不变，定义与初始化状态无关的量如下：

$$\Delta \boldsymbol{R}_{ij} \approx \boldsymbol{R}_i^{\mathrm{T}} \boldsymbol{R}_j = \prod_{k=i}^{j-1} \exp\{(\hat{\omega}_k - b_k^g - \eta_k^{gd}) \Delta t\} \tag{2-94}$$

$$\Delta v_{ij} \approx \boldsymbol{R}_i^{\mathrm{T}} (v_j - v_i - g\Delta t_{ij}) = \sum_{k=i}^{j-1} \Delta \boldsymbol{R}_{ik} (\hat{a}_k - b_k^a - \eta_k^{ad}) \Delta t \tag{2-95}$$

$$\Delta P_{ij} \approx \boldsymbol{R}_i^{\mathrm{T}} \left(P_j - P_i - v_i \Delta t_{ij} - \frac{1}{2} \sum_{k=i}^{j-1} g \Delta t^2 \right)$$

$$=\sum_{k=i}^{j-1}\left[\Delta v_{ik}\Delta t+\frac{1}{2}\Delta \boldsymbol{R}_{ik}(\hat{a}_k-b_k^a-\eta_k^{ad})\Delta t^2\right] \tag{2-96}$$

式中，$\Delta\boldsymbol{R}_{ij}$、$\Delta v_{ij}$ 和 ΔP_{ij} 被称为 IMU 的预积分值。以上公式中包含了 IMU 的测量值、偏置和噪声项，测量值由传感器测量获得，假设偏置已知，噪声项 η_k^a 和 η_k^g 服从参数已知的高斯分布。为了求解预积分值，把预积分用于状态估计，可以将积分项分为已知的测量值、偏置积分项和未知的噪声项积分。所以下面将对 IMU 预积分的噪声项进行推导。将噪声项从 IMU 预积分理想值中分离出来，对于旋转矩阵增量 $\Delta\boldsymbol{R}_{ij}$、速度增量 Δv_{ij} 和位移增量 ΔP_{ij} 有：

$$\begin{aligned}\Delta\boldsymbol{R}_{ij}&\approx\prod_{k=i}^{j-1}\exp((\hat{\omega}_k-b_i^g)\Delta t)\cdot\exp(-\boldsymbol{J}_r((\hat{\omega}_k-b_i^g)\Delta t)\cdot\eta_k^{gd}\Delta t)\\&=\Delta\hat{\boldsymbol{R}}_{ij}\cdot\prod_{k=i}^{j-1}\exp(-\Delta\hat{\boldsymbol{R}}_{k+1}^T\cdot\boldsymbol{J}_r^k\cdot\eta_k^{gd}\Delta t)\\&=\Delta\hat{\boldsymbol{R}}_{ij}\exp(-\delta\varphi_{ij})\end{aligned} \tag{2-97}$$

$$\begin{aligned}\Delta v_{ij}&\approx\sum_{k=i}^{j-1}[\Delta\hat{\boldsymbol{R}}_{ik}(\boldsymbol{I}-\boldsymbol{\delta}\hat{\varphi}_{ik})(\hat{a}_k-b_k^a)\Delta t-\Delta\hat{\boldsymbol{R}}_{ik}\eta_k^{ad}\Delta t]\\&=\Delta\hat{v}_{ij}+\sum_{k=i}^{j-1}[\Delta\hat{\boldsymbol{R}}_{ik}(\hat{a}_k-\hat{b}_k^a)\delta\varphi_{ik}\Delta t-\Delta\hat{\boldsymbol{R}}_{ik}\eta_k^{ad}\Delta t]\\&=\Delta\hat{v}_{ij}-\delta v_{ij}\end{aligned} \tag{2-98}$$

$$\begin{aligned}\Delta P_{ij}&\approx\sum_{k=i}^{j-1}\left[(\Delta\hat{v}_{ik}-\delta v_{ik})\Delta t+\frac{1}{2}\Delta\hat{\boldsymbol{R}}_{ik}(I-\delta\hat{\varphi}_{ik})(\hat{a}_k-b_i^a)\Delta t^2-\frac{1}{2}\Delta\hat{\boldsymbol{R}}_{ik}\eta_k^{ad}\Delta t^2\right]\\&=\Delta\hat{P}_{ij}+\sum_{k=i}^{j-1}\left[-\delta v_{ik}\Delta t+\frac{1}{2}\Delta\hat{\boldsymbol{R}}_{ik}(\hat{a}_k-\hat{b}_i^a)\Delta t^2-\frac{1}{2}\Delta\hat{\boldsymbol{R}}_{ik}\eta_k^{ad}\Delta t^2\right]\\&=\Delta\hat{P}_{ij}-\delta P_{ij}\end{aligned} \tag{2-99}$$

式中，$\boldsymbol{J}_r^k\approx\boldsymbol{J}_r((\hat{\omega}_k-b_i^g)\Delta t)$。上式中定义了预积分的测量值 $\Delta\hat{\boldsymbol{R}}_{ij}$、$\Delta\hat{v}_{ij}$ 和 $\Delta\hat{P}_{ij}$ 与它们的噪声向量 $\Delta\boldsymbol{\varphi}_{ij}$、$\Delta\boldsymbol{v}_{ij}$ 和 $\Delta\boldsymbol{P}_{ij}$。其中 $\Delta\hat{\boldsymbol{R}}_{ij}$、$\Delta\hat{\boldsymbol{v}}_{ij}$ 和 $\Delta\hat{\boldsymbol{P}}_{ij}$ 可以由 IMU 的测量数据和已知的偏置量积分得到并且可以通过迭代计算：

$$\begin{aligned}\Delta\hat{\boldsymbol{R}}_{ij}&=\prod_{k=i}^{j-1}\exp((\hat{\omega}_k-b_k^g)\Delta t)\\&=\Delta\hat{\boldsymbol{R}}_{ij-1}\cdot\exp((\hat{\omega}_{j-1}-b_i^g)\Delta t)\end{aligned} \tag{2-100}$$

$$\begin{aligned}\Delta\hat{v}_{ij}&=\sum_{k=i}^{j-1}\Delta\hat{\boldsymbol{R}}_{ik}(\hat{a}_k-b_i^a)\Delta t\\&=\Delta\hat{v}_{ij-1}+\Delta\hat{\boldsymbol{R}}_{ij-1}(\hat{a}_{j-1}-b_i^a)\Delta t\end{aligned} \tag{2-101}$$

$$\Delta\hat{P}_{ij}=\sum_{k=i}^{j-1}\left[\Delta\hat{v}_{ik}\Delta t+\frac{1}{2}\Delta\hat{\boldsymbol{R}}_{ik}(\hat{a}_k-b_i^a)\Delta t^2\right]$$

$$=\Delta\hat{P}_{ij-1}+\Delta\hat{v}_{ij-1}\Delta t+\frac{1}{2}\Delta\hat{\boldsymbol{R}}_{ij-1}(\hat{a}_{j-1}-b_i^a)\Delta t^2 \tag{2-102}$$

通过预积分的计算公式可以看出，预积分的目的是将 IMU 测得的测量数据进行积分处理，得到一个测量值的积分。这样的数据处理过程与原始的状态无关，只与 IMU 测得的三轴加速度和三轴角速度有关。因此上述的积分项 $\Delta\hat{\boldsymbol{R}}_{ij}$ 、$\Delta\hat{v}_{ij}$ 和 $\Delta\hat{P}_{ij}$ 可以在 IMU 数据输出时立即进行计算，在进入优化环节之前预先积分出来。

2.3.2.3 IMU—轮式里程计融合设计

上述 IMU 预积分提供了频率同步的解决思路，下面本书将 IMU 预积分同轮式里程计数据进行融合设计。

轮式里程计的测量需要建立运动模型。在理想的二维平面上选取一点 O 作为原点建立世界坐标系 XOY，如图 2-10 所示，AGV 的位姿信息用世界坐标系表示为(x_m, y_m, θ)。以 AGV 的左右轮轴线中心点 M 为原点，建立车体自身的坐标系 X_m、Y_m，其中 AGV 的前进方向为 X_m 轴，垂直于 X_m 轴的方向为 Y_m 轴，(x_m, y_m)为点 M 的坐标。θ 为 X_m 与 X 轴逆时针的夹角，代表了 AGV 的前进方向，即航位角。v、ω 分别代表 AGV 的线速度和角速度。

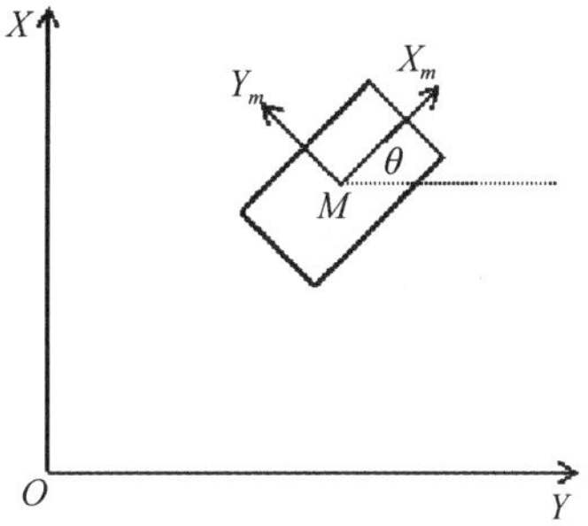

图 2-10 AGV **运动模型**

设两轮差速 AGV 的左右轮线速度和角速度分别为 $[v_R \quad v_L]$ 和 $[\omega_R \quad \omega_L]$ ，车轮半径为 r，两轮之间轴线长度为 l，则有约束下：

$$\begin{bmatrix} v \\ \omega \end{bmatrix}=\begin{bmatrix} \frac{1}{2} & \frac{1}{2} \\ \frac{1}{l} & -\frac{1}{l} \end{bmatrix}\begin{bmatrix} v_R \\ v_L \end{bmatrix}=\begin{bmatrix} \frac{r}{2} & \frac{r}{2} \\ \frac{r}{l} & -\frac{r}{l} \end{bmatrix}\begin{bmatrix} \omega_R \\ \omega_L \end{bmatrix} \tag{2-103}$$

对于轮式里程计而言，线速度与角速度的测量值和真实值之间会相差一个高斯噪声项 $\boldsymbol{n}=[n_v \quad n_\omega]$ ，其协方差为 $\boldsymbol{Q}_i$。

$$v_m=v+n_v \tag{2-104}$$

$$\omega_m = \omega + n_\omega \tag{2-105}$$

由 IMU 的预积分和里程计运动模型可知，AGV 的位姿和位移可以表示如下：

$$P_{B_j}^W = P_{B_i}^W + \sum_{k=i}^{j-1} (R_{B_k}^W (v_m^k - n_v^k)) \Delta t \tag{2-106}$$

$$R_{B_j}^W = R_{B_i}^W \prod_{k=i}^{j-1} \exp((\omega_m^k - b_i^g - n_k^g) \Delta t) \tag{2-107}$$

式中，P_i^W 和 P_j^W 分别代表 i 时刻和 j 时刻 AGV 相对于世界坐标系的位置，R_i^W 和 R_j^W 分别代表 i 时刻和 j 时刻 AGV 相对于世界坐标系下的位姿。根据 IMU 与积分的原理，定义与初始状态无关的量：

$$\Delta P_{ij} = R_W^{B_i} (P_{B_j}^W - P_{B_i}^W) = \sum_{k=i}^{j-1} (\Delta \boldsymbol{R}_{ik} (v_m^k - n_v^k)) \Delta t \tag{2-108}$$

$$\Delta R_{ij} = R_i^{Wt} R_j^W = \prod_{k=i}^{j-1} \exp((\boldsymbol{\omega}_m^k - \boldsymbol{b}_i^g - \boldsymbol{n}_k^g) \Delta t) \tag{2-109}$$

式中，ΔP_{ij} 代表位置预积分的理想值，$\Delta \boldsymbol{R}_{ij}$ 代表位姿预积分的理想值。它们中都包含有噪声项，接下来将噪声项从理想值中分离出来，使之具有测量值等于理想值加噪声项的形式：

$$\Delta \hat{P}_{ij} = \Delta P_{ij} + \delta P_{ij} \tag{2-110}$$

$$\Delta \hat{\boldsymbol{R}}_{ij} = \Delta \boldsymbol{R}_{ij} \exp(\delta \boldsymbol{\varphi}_{ij}) \tag{2-111}$$

式中，$\Delta \hat{P}_{ij}$、$\Delta \hat{R}_{ij}$ 代表预积分的测量值，是我们在得到测量数据后就可以计算得到的，其计算方式如下：

$$\Delta \hat{P}_{ij} = \sum_{k=i}^{j-1} (\Delta \hat{\boldsymbol{R}}_{ik} \boldsymbol{v}_m^k) \Delta t \tag{2-112}$$

$$\Delta \hat{R}_{ij} = \prod_{k=i}^{j-1} \exp((\boldsymbol{\omega}_m^k - \boldsymbol{b}_i^g) \Delta t) \tag{2-113}$$

2.3.3 尺度恢复及外参估计

由于单目相机存在尺度不确定性，即 $\xi_{C_{k+1}}^{C_k}$ 中的位移分量并不是真实世界中的位移。所以在融合算法开始之前需要进行初始化，以利用 IMU－轮式里程计所提供的数据计算出单目相机的尺度信息，恢复系统的尺度不确定性。

设相机坐标系与里程计坐标系间的外部参数为（$\boldsymbol{R}_c^b$，$\boldsymbol{P}_c^b$），外部参数可以通过棋盘格法或手动标定得到粗略的结果，而后通过优化进行精确。从里程计坐标系转换到相机坐标系下的转换公式为：

$$\boldsymbol{R}_{b_k}^{C_0}=\boldsymbol{R}_{C_k}^{C_0}\boldsymbol{R}_b^C \tag{2-114}$$

$$s\bar{\boldsymbol{p}}_{b_k}^{C_0}=s\bar{\boldsymbol{p}}_{C_k}^{C_0}+\boldsymbol{R}_{b_k}^{C_0}\boldsymbol{p}_C^b \tag{2-115}$$

式中，s 为尺度因子。初始化的步骤为：

(1)视觉初始化。设定一包含 10 帧的窗口，计算窗口内的位姿，即通过视觉里程计算法恢复出相机位姿，对求取的第一帧相对变换中的位移分量进行单位化，而后所求得的位姿和特征点都将按照此步的平移为单位，通过三角化求取特征点的坐标，然后通过位姿优化方法优化位姿及特征点，不断重复这个过程，直到恢复窗口内的特征点和相机位姿。同时，根据计算窗口内的 IMU－轮式里程计预积分值。

(2)计算陀螺仪的偏置量 $\boldsymbol{b}^g$ 并重新计算预积分。考虑到窗口中连续的 2 帧在 B 坐标系下为 b_k 和 b_{k+1}，根据视觉里程计方法并结合式(2-115)可计算出旋转 $\boldsymbol{R}_{b_k}^{C_o}$ 和 $\boldsymbol{R}_{b_{k+1}}^{C_o}$，根据 IMU 预积分得到相对旋转 $\boldsymbol{\gamma}_{b_{k+1}}^{b_k}$。陀螺仪的误差由测量噪声和偏置两部分组成，噪声很小可暂时忽略不计，而视觉同样存在观测误差，同样很小可忽略不计。因此，两者差值的绝对值为陀螺仪的偏置。利用整个窗口的所有旋转做差构成最小化误差模型：

$$\min\sum\left\|\boldsymbol{R}_{b_{k+1}}^{C_0-1}\boldsymbol{R}_{b_k}^{C_0}\boldsymbol{\gamma}_{b_{k+1}}^{b_k}\right\|^2 \tag{2-116}$$

$$\boldsymbol{\gamma}_{b_{k+1}}^{b_k}\approx\boldsymbol{\gamma}_{b_{k+1}}^{b_k}\boldsymbol{J}_{b^g}^{\gamma}\delta\boldsymbol{b}^g \tag{2-117}$$

式中，$\boldsymbol{J}_{b^g}^{\gamma}$ 为预积分相对于偏置 $\boldsymbol{b}^g$ 的一阶雅可比矩阵。而后利用所求得的偏置 $\boldsymbol{b}^g$ 重新计算预积分。

(3)计算尺度因子 s 及优化外部参数。根据帧率同步定义有：

$$\begin{aligned}\hat{\boldsymbol{z}}_{b_{k+1}}^{b_k}&=\Delta\boldsymbol{p}_{b_kb_{k+1}}=\boldsymbol{R}_{C_0}^{b_k}(\boldsymbol{P}_{b_{k+1}}^{C_0}-\boldsymbol{P}_{b_k}^{C_0})\\&=\boldsymbol{R}_{C_0}^{b_k}(s(\bar{\boldsymbol{p}}_{C_{k+1}}^{C_0}-\bar{\boldsymbol{p}}_{C_k}^{C_0})+\boldsymbol{R}_{b_{k+1}}^{C_0}\boldsymbol{p}_b^C-\boldsymbol{R}_{b_k}^{C_0}\boldsymbol{p}_b^C)\\&=\boldsymbol{R}_{C_0}^{b_k}(\bar{\boldsymbol{p}}_{C_{k+1}}^{C_0}-\bar{\boldsymbol{p}}_{C_k}^{C_0})s+\boldsymbol{R}_{C_0}^{b_k}\boldsymbol{R}_{b_{k+1}}^{C_0}\boldsymbol{p}_b^C-\boldsymbol{p}_b^C\end{aligned} \tag{2-118}$$

式中，$\hat{\boldsymbol{z}}_{b_{k+1}}^{b_k}$ 为位移预积分值，根据上式可有如下线性关系：

$$\boldsymbol{R}_{C_0}^{b_k}(\bar{\boldsymbol{p}}_{C_{k+1}}^{C_0}-\bar{\boldsymbol{p}}_{C_k}^{C_0})s=\hat{\boldsymbol{z}}_{b_{k+1}}^{b_k}+\boldsymbol{p}_b^C-\boldsymbol{R}_{C_0}^{b_k}\boldsymbol{R}_{b_{k+1}}^{C_0}\boldsymbol{p}_b^C \tag{2-119}$$

将等式右边移到左边构建误差函数：

$$\boldsymbol{e}_{k,k+1}=\hat{\boldsymbol{z}}_{b_{k+1}}^{b_k}+\boldsymbol{p}_b^C-\boldsymbol{R}_{C_0}^{b_k}\boldsymbol{R}_{b_{k+1}}^{C_0}\boldsymbol{p}_b^C-\boldsymbol{R}_{C_0}^{b_k}(\bar{\boldsymbol{p}}_{C_{k+1}}^{C_0}-\bar{\boldsymbol{p}}_{C_k}^{C_0})s \tag{2-120}$$

根据窗口内的 10 帧数据，构建最小二乘法问题，求解最优尺度信息和外部参数信息，优化变量数量是 7 个，方程数为 10 个，通过最小二乘法一定可以求得最优参数 s^*、$\boldsymbol{R}_b^{C*}$、$\boldsymbol{p}_b^{C*}$：

$$s^{*},\boldsymbol{R}_{b}^{C*},\boldsymbol{p}_{b}^{C*}=\operatorname{argmin}\sum_{k=1}^{9}\boldsymbol{e}_{k}\boldsymbol{e}_{k}^{\mathrm{T}} \tag{2-121}$$

根据式(2-121)可求得尺度因子 s，最后将位置、特征点的深度按尺度因子进行缩放，恢复相机尺度信息。

2.3.4 IMU—轮式里程计—相机融合设计

IMU 和轮式里程计只能测量到 AGV 的相对运动，而没有考虑观测的影响，所以这样的定位方法是有欠缺的。现在考虑将 2.3.2 节中 IMU 与轮式里程计的预积分与单目视觉定位进行融合。

对于单目视觉定位算法，通过视觉里程计可以估计帧间的相对运动，即对位姿和特征点同时进行优化，以消除累积误差。由于特征点的数量远远大于位姿的数量，因此在定位算法中对特征点的优化是次要的，这导致了该优化方式计算量很大，所达成的效果却很小。而且，目标函数的误差的形式为二维像素坐标，其与IMU—轮式里程计数据类型不同，难以在数据层面进行融合。故本书提出了关于位姿的优化方式，即仅对位姿进行优化，构建关于位姿的目标函数。不仅能够大大降低计算量，也可以与 IMU—轮式里程计数据进行融合。

在此对坐标系进行相关设定：将相机初始化成功的第一帧关键帧 C_0 作为世界坐标系；由于 IMU 与里程计通过机体刚性连接在一起，而 IMU—轮式里程计预积分中仅使用 IMU 计算旋转预积分值，故 IMU 坐标系与里程计坐标系相同，设为 B。设 $\boldsymbol{T}_{C_{k+1}}^{C_k}$ 为 k 时刻和 $k+1$ 时刻相机位姿的转换矩阵，$\boldsymbol{T}_{C_k}^{C_0}$ 代表 k 时刻相机的位姿。则根据坐标变换有以下关系：

$$\boldsymbol{T}_{C_{k+1}}^{C_k}=\boldsymbol{T}_{C_k}^{C_0-1}\boldsymbol{T}_{C_{k+1}}^{C_0} \tag{2-122}$$

将左边式子移到右边并通过对数映射转换为李代数形式构建关于位姿的残差方程：

$$\begin{aligned} e_{k,k+1}^{r}&=\ln(\boldsymbol{T}_{C_{k+1}}^{C_k-1}\boldsymbol{T}_{C_k}^{C_0-1}\boldsymbol{T}_{C_{k+1}}^{C_0})^{\vee} \\ &=\ln(\exp((-\xi_{C_{k+1}}^{C_k})^{\wedge})\exp(\xi_{C_{k+1}}^{C_0}{}^{\wedge}))^{\vee} \end{aligned} \tag{2-123}$$

式中，ξ 为齐次坐标转换矩阵 $\boldsymbol{T}$ 所对应的李代数；$\boldsymbol{e}_{k,k+1}^{r}$ 为根据相机得来的误差，形式是 SE3 上的李代数。位姿图优化形式如图 2-11 所示。

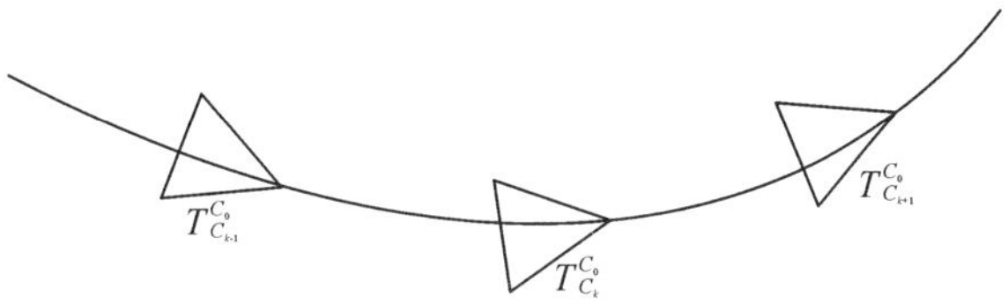

图 2-11 **位姿优化形式**

图 2-11 中三角节点表示相机的位姿，而边代表两个位姿之间的约束。

考虑到在 IMU—轮式里程计坐标系 B 下 k 时刻到 $k+1$ 时刻之间的相对变换矩阵为 $\boldsymbol{T}_{B_{k+1}}^{B_k}$，并结合相机与 IMU—轮式里程计坐标系的外部参数矩阵 $\boldsymbol{T}_C^B$，满足下式：

$$\boldsymbol{T}_{C_k}^{C_0-1}\boldsymbol{T}_{C_{k+1}}^{C_0}=\boldsymbol{T}_C^{B-1}\boldsymbol{T}_{B_{k+1}}^{B_k}\boldsymbol{T}_C^B \tag{2-124}$$

同理，构建误差方程为：

$$\begin{aligned} e_{k+1}^l &= \ln(\boldsymbol{T}_{C_k}^{C_0}\boldsymbol{T}_C^{B-1}\boldsymbol{T}_{B_{k+1}}^{B_k}\boldsymbol{T}_C^B\boldsymbol{T}_{C_{k+1}}^{C_0-1})^\vee \\ &= \ln(\exp(\xi_{C_k}^{C_0\wedge})\exp((-\xi_C^B)^\wedge)\exp(\xi_{B_{k+1}}^{B_k\wedge})\exp(\xi_C^{B\wedge})\exp((-\xi_{C_{k+1}}^{C_0})^\wedge))^\vee \end{aligned} \tag{2-125}$$

式中，$e_{k,k+1}^l$ 为根据 IMU—轮式里程计而得来的误差，形式同样为 SE(3)上的李代数，其中 $\boldsymbol{T}_{C_{k+1}}^{C_k}$ 和 $\boldsymbol{T}_{B_{k+1}}^{B_k}$ 分别由视觉里程计和 IMU—轮式里程计预积分计算得到，优化变量为位姿 $\xi_{C_{k+1}}^{C_0}$、$\xi_{C_k}^{C_0}$ 和外部参数 ξ_C^B 。IMU—轮式里程计图优化框架如图 2-12 所示。

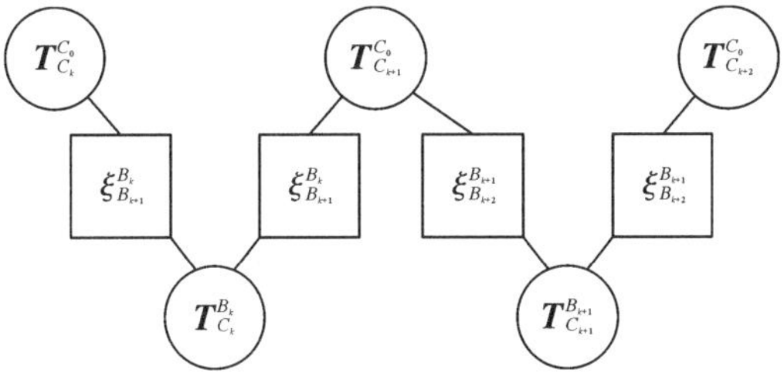

图 2-12 IMU—**轮式里程计图优化框架**

图 2-12 中圆圈代表优化变量，方框代表约束。对于误差 $e_{k,k+1}^r$ 和 $e_{k,k+1}^l$，其形式都为 SE(3)上的李代数，因而整体的误差函数可以表示为：

$$e_{k,k+1}=e_{k+1}^r+e_{k+1}^l \tag{2-126}$$

式中，$e_{k,k+1}$ 为融合了相机、IMU 和轮式里程计的整体误差。

有了残差方程，为了把它应用到图优化的框架中去，需要推导出残差对优化变量的导数，即残差关于 $\xi_{C_{k+1}}^{C_0}$、$\xi_{C_k}^{C_0}$ 和 ξ_C^B 的雅可比矩阵。整体残差由两项残差相加组成，故分别求得两项残差关于优化变量的导数后相加，即整体残差的雅可比矩阵。

对于残差项 $e^{r}_{k,k+1}$，分别给优化变量各一个左扰动：$\delta\xi^{C_0}_{C_{k+1}}$、$\delta\xi^{C_0}_{C_k}$。于是残差变为：

$$
\begin{aligned}
\hat{e}^{r}_{k,k+1} &= \ln(\boldsymbol{T}^{C_k-1}_{C_{k+1}}\boldsymbol{T}^{C_0}_{C_k}\exp((-\delta\xi^{C_0}_{C_k})^{\wedge})\exp(\delta\xi^{C_0}_{C_{k+1}}{}^{\wedge})\,T^{C_0}_{C_{k+1}})^{\vee} \\
&= \ln(\boldsymbol{T}^{C_k-1}_{C_{k+1}}\boldsymbol{T}^{C_0-1}_{C_k}\boldsymbol{T}^{C_0}_{C_{k+1}}\exp((-Ad(\boldsymbol{T}^{C_0-1}_{C_{k+1}})\delta\xi^{C_0}_{C_k})^{\wedge})\exp((Ad(\boldsymbol{T}^{C_0-1}_{C_{k+1}})\delta\xi^{C_0}_{C_{k+1}})^{\wedge}))^{\vee} \\
&\approx \ln(\boldsymbol{T}^{C_k-1}_{C_{k+1}}\boldsymbol{T}^{C_0-1}_{C_k}\boldsymbol{T}^{C_0}_{C_{k+1}}[\boldsymbol{I}-(Ad(\boldsymbol{T}^{C_0-1}_{C_{k+1}})\delta\xi^{C_0}_{C_k})^{\wedge}+(Ad(\boldsymbol{T}^{C_0-1}_{C_{k+1}})\delta\xi^{C_0}_{C_{k+1}})^{\wedge}])^{\vee} \\
&\approx e^{r}_{k,k+1}+\frac{\partial e^{r}_{k,k+1}}{\partial\delta\xi^{C_0}_{C_k}}\delta\xi^{C_0}_{C_k}+\frac{\partial e^{r}_{k,k+1}}{\partial\delta\xi^{C_0}_{C_{k+1}}}\delta\xi^{C_0}_{C_{k+1}}
\end{aligned}
\tag{2-127}
$$

式中，$Ad(\boldsymbol{T})$定义如下：

$$
Ad(\boldsymbol{T})=\begin{bmatrix} R & t^{\wedge}R \\ 0 & R \end{bmatrix} \tag{2-128}
$$

按照李代数的求导方式，求得残差关于两个位姿的雅可比矩阵，关于位 $\boldsymbol{T}^{C_0}_{C_k}$：

$$
\frac{\partial e^{r}_{k,k+1}}{\partial\delta\xi^{C_0}_{C_k}}=-\boldsymbol{I}^{-1}_{r}(e^{r}_{k,k+1})Ad(\boldsymbol{T}^{C_0-1}_{C_k}) \tag{2-129}
$$

关于 $\boldsymbol{T}^{C_0}_{C_{k+1}}$ 为：

$$
\frac{\partial e^{r}_{k,k+1}}{\partial\delta\xi^{C_0}_{C_{k+1}}}=\boldsymbol{I}^{-1}_{r}(e^{r}_{k,k+1})Ad(\boldsymbol{T}^{C_0-1}_{C_{k+1}}) \tag{2-130}
$$

同理，对于残差项 $e^{l}_{k,k+1}$，分别给优化变量各一个左扰动：$\delta\xi^{C_0}_{C_{k+1}}$ 和 $\delta\xi^{C_0}_{C_k}$ 和 $\delta\xi^{B}_{C}$。这里外部参数虽然在初始时刻已经进行求解，但在车身运行过程中，抖动等原因会使外部参数发生改变，所以在后续过程中始终将外部参数作为优化变量，进行外部参数在线估计，提高精度。于是残差方程可以写为：

$$
\begin{aligned}
\hat{e}^{l}_{k,k+1} &= \ln\begin{pmatrix}\exp(\delta\xi^{C_0}_{C_k}{}^{\wedge})\boldsymbol{T}^{C_0}_{C_k}\boldsymbol{T}^{B-1}_{C}\exp((-\delta\xi^{B}_{C})^{\wedge})\boldsymbol{T}^{B_k}_{B_{k+1}}\exp(\delta\xi^{B}_{C}{}^{\wedge})\boldsymbol{T}^{B}_{C}\boldsymbol{T}^{C_0-1}_{C_{k+1}} \\ \exp((-\delta\xi^{C_0}_{C_{k+1}})^{\wedge})\end{pmatrix}^{\vee} \\
&= \ln(\boldsymbol{T}^{C_0}_{C_k}\boldsymbol{T}^{B-1}_{C}\boldsymbol{T}^{B_k}_{B_{k+1}}\boldsymbol{T}^{B}_{C}\boldsymbol{T}^{C_0-1}_{C_{k+1}}\exp((Ad(\boldsymbol{T}^{C_0}_{C_{k+1}})Ad(\boldsymbol{T}^{B-1}_{C})Ad(\boldsymbol{T}^{B_k-1}_{B_{k+1}})Ad(\boldsymbol{T}^{B}_{C}) \\
&\quad Ad(\boldsymbol{T}^{C_0-1}_{C_k})\delta\xi^{C_0}_{C_k})^{\wedge})\cdot\exp((-Ad(\boldsymbol{T}^{C_0}_{C_{k+1}})Ad(\boldsymbol{T}^{B-1}_{C})Ad(\boldsymbol{T}^{B_k-1}_{B_{k+1}})\delta\xi^{B}_{C})^{\wedge}) \\
&\quad \exp((Ad(\boldsymbol{T}^{C_0}_{C_{k+1}})Ad(\boldsymbol{T}^{B-1}_{C})\delta\xi^{B}_{C})^{\wedge})\exp((-\delta\xi^{C_0}_{C_{k+1}})^{\wedge}))^{\vee} \\
&\approx \ln(\boldsymbol{T}^{C_0}_{C_k}\boldsymbol{T}^{B-1}_{C}\boldsymbol{T}^{B_k}_{B_{k+1}}\boldsymbol{T}^{B}_{C}\boldsymbol{T}^{C_0-1}_{C_{k+1}}[I+(Ad(\boldsymbol{T}^{C_0}_{C_{k+1}})Ad(\boldsymbol{T}^{B-1}_{C})Ad(\boldsymbol{T}^{B_k-1}_{B_{k+1}})Ad(\boldsymbol{T}^{B}_{C}) \\
&\quad Ad(\boldsymbol{T}^{C_0-1}_{C_k})\delta\xi^{C_0}_{C_k})^{\wedge}-(Ad(\boldsymbol{T}^{C_0}_{C_{k+1}})Ad(\boldsymbol{T}^{B-1}_{C})Ad(\boldsymbol{T}^{B_k-1}_{B_{k+1}})\delta\xi^{B}_{C})^{\wedge}+(Ad(\boldsymbol{T}^{C_0}_{C_{k+1}}) \\
&\quad Ad(\boldsymbol{T}^{B-1}_{C})\delta\xi^{B}_{C})^{\wedge}-(\delta\xi^{C_0}_{C_{k+1}})^{\wedge}])^{\vee}
\end{aligned}
\tag{2-131}
$$

因此，我们可以求出残差 $e^{l}_{k,k+1}$ 关于两个位姿以及外部参数的雅可比矩阵：

$$\frac{\partial e^{l}_{k,k+1}}{\partial \delta \boldsymbol{\xi}^{C_0}_{C_k}}=\boldsymbol{I}_r^{-1}(e^{l}_{k,k+1})Ad(\boldsymbol{T}^{C_0}_{C_{k+1}})Ad(\boldsymbol{T}^{B-1}_{C})Ad(\boldsymbol{T}^{B_k-1}_{CB_{k+1}})Ad(\boldsymbol{T}^{B}_{C})Ad(\boldsymbol{T}^{C_0-1}_{C_k}) \tag{2-132}$$

$$\frac{\partial e^{l}_{k,k+1}}{\partial \delta \boldsymbol{\xi}^{C_0}_{C_{k+1}}}=-I_r^{-1}(e^{l}_{k,k+1}) \tag{2-133}$$

$$\frac{\partial e^{l}_{k,k+1}}{\partial \delta \boldsymbol{\xi}^{B}_{C}}=\boldsymbol{I}_r^{-1}(e^{l}_{k,k+1})\left[Ad(\boldsymbol{T}^{C_0}_{C_{k+1}})Ad(\boldsymbol{T}^{B-1}_{C})-Ad(\boldsymbol{T}^{C_0}_{C_{k+1}})Ad(\boldsymbol{T}^{B-1}_{C})Ad(\boldsymbol{T}^{B_k-1}_{B_{k+1}})\right] \tag{2-134}$$

则整体残差关于优化变量的雅可比矩阵为：

$$\frac{\partial e_{k,k+1}}{\partial \delta \boldsymbol{\xi}^{C_0}_{C_k}}=\frac{\partial e^{r}_{k,k+1}}{\partial \delta \boldsymbol{\xi}^{C_0}_{C_k}}+\frac{\partial e^{l}_{k,k+1}}{\partial \delta \boldsymbol{\xi}^{C_0}_{C_k}} \tag{2-135}$$

$$\frac{\partial e_{k,k+1}}{\partial \delta \boldsymbol{\xi}^{C_0}_{C_{k+1}}}=\frac{\partial e^{r}_{k,k+1}}{\partial \delta \boldsymbol{\xi}^{C_0}_{C_{k+1}}}+\frac{\partial e^{l}_{k,k+1}}{\partial \delta \boldsymbol{\xi}^{C_0}_{C_{k+1}}} \tag{2-136}$$

$$\frac{\partial e_{k,k+1}}{\partial \delta \boldsymbol{\xi}^{B}_{C}}=\frac{\partial e^{l}_{k,k+1}}{\partial \delta \boldsymbol{\xi}^{B}_{C}} \tag{2-137}$$

有了对应的残差方程和雅克比矩阵，就能将整体的约束一同加入图优化中进行融合，以获得更好的运动估计效果。将所有残差构建成最小二乘法的形式，即目标函数为：

$$\min \frac{1}{2}\sum e^{\mathrm{T}}_{k,k+1}\sum_{k,k+1}^{-1} e_{k,k+1} \tag{2-138}$$

所有的位姿顶点和位姿、位姿边构成一个图优化。优化变量为各个顶点的位姿，各条边来自相机观测的约束以及 IMU－轮式里程计的测量约束，如图 2-13 所示。

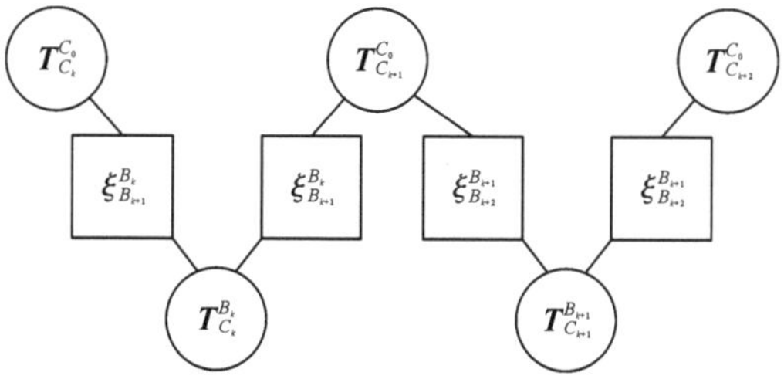

图 2-13 融合图优化框架

结合融合初始化和图优化融合框架即可实现基于 IMU－轮式里程计－相机融合的 AGV 定位。融合算法整体流程如图 2-14 所示。

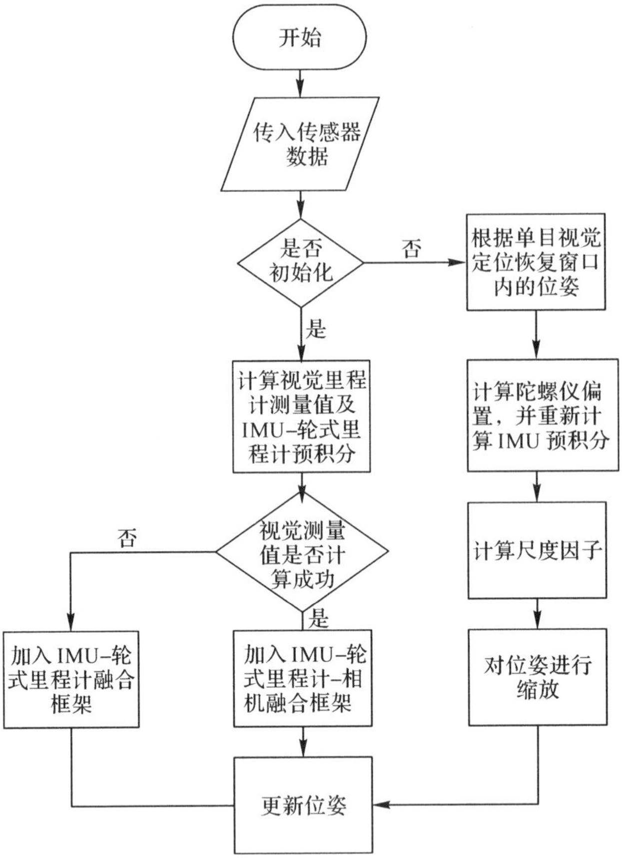

图 2-14　融合算法总体流程

3　移动机器人导航算法

环境感知算法作为机器人领域的基础性研究，为上层应用提供精准的定位导航数据，是机器人智能化、自动化的前提。本章主要介绍机器人定位导航的相关原理，详细阐述粒子滤波算法、基于改进 R-B 粒子滤波器(Rao-Blackwellized Particle Filters，RBPF)的 Gmapping 算法、基于 AMCL 的地图重定位算法和基于 A^* 算法的路径规划算法等基础。

3.1　机器人即时定位与地图构建

即时定位与地图构建(SLAM)算法是机器人感知环境的关键算法，通过搭载的各类传感器解算机器人位姿并建图，实现环境感知功能。Smith Self 等于 1988 年首次提出基于滤波器的 SLAM 算法。经过多年的发展，SLAM 从早期军事级别的声呐、雷达 SLAM 发展到民用级别的激光 SLAM 和 V-SLAM，目前还开发出了基于双目视觉、3D 雷达等三维传感器的 SLAM 算法。根据实现原理对 SLAM 算法种类进行划分，如图 3-1 所示。

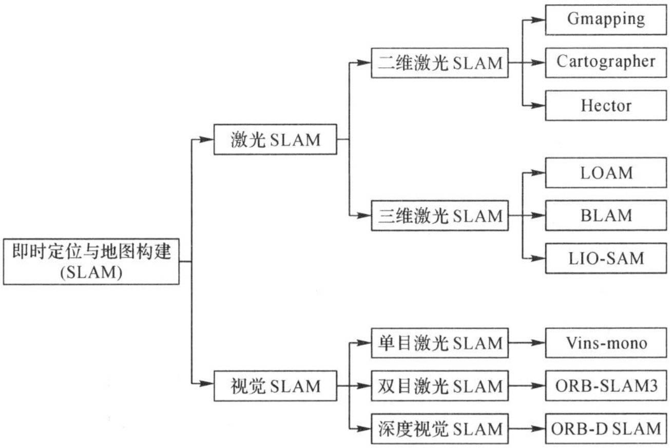

图 3-1　根据实现原理划分的 SLAM 算法种类

在此以二维激光雷达的 SLAM 算法为例，该算法经过多年发展已较为成熟，主要包括基于 RBPF 的 Gmapping 算法、基于高斯牛顿法的 Hector 算法和采用回环检测的 Cartographer 算法。针对本书所从事的研究工作，采用基于 RBPF 的 Gmapping 算法实现定位与地图构建。Gmapping 算法具有较小的计算量和较高的精度，对场景适应性较强，是目前主流的 SLAM 算法。

3.1.1 粒子滤波算法

粒子滤波(Particle Filter，PF)算法是指在状态空间 S 中，随机采集 N 个样本近似表示后验概率分布，以蒙特卡罗采样代替函数积分计算状态的最小方差估计的过程，则每个样本称为粒子，算法称为粒子滤波算法。基于蒙特卡罗方法(Monte Carlo Method)的粒子滤波算法适用于所有可被状态空间模型描述的系统，其核心思想可被概括为以非参数化蒙特卡罗采样实现递推性贝叶斯滤波。下面对粒子滤波算法原理做详细阐述。

3.1.1.1 贝叶斯滤波

粒子滤波算法实质是非参数化的贝叶斯滤波，以采样粒子近似表示后验概率分布的过程。定义系统状态空间模型为：

$$\begin{cases} x_k = f_k(x_{k-1}, v_{k-1}) \\ y_k = h_k(x_k, n_k) \end{cases} \tag{3-1}$$

式中，$f_k(\cdot)$表示系统状态转移方程，x_k 表示 k 时刻系统状态变量，v_k 表示系统过程噪声；$h_k(\cdot)$表示系统观测方程，y_k 表示 k 时刻系统观测值，n_k 表示系统观测噪声。

假设粒子滤波算法满足齐次马尔科夫过程(Homogeneous Markov Process，HMP)，即任意 k 时刻的状态变量 x_k 只取决于 $k-1$ 时刻的状态变量 x_{k-1}，与其他时刻的状态变量无关，可表示为：

$$P(x_k \mid x_{k-1}, x_{k-2}, \cdots, x_1, y_{k-1}, y_{k-2}, \cdots, y_1) = P(x_k \mid x_{k-1}) \tag{3-2}$$

贝叶斯滤波是基于概率的状态估计问题，是根据先验概率和观测值近似估计后验概率的过程，可分为预测和更新两部分。预测过程根据系统状态转移方程预测状态的先验概率密度，即根据已知先验数据预测未来状态。假设已知上一时刻系统后验概率为 $p(x_{k-1} \mid y_{1:k-1})$，根据齐次马尔科夫过程，$k$ 时刻系统先验概率$p(x_k \mid y_{1:k-1})$为：

$$
\begin{aligned}
p(x_k \mid y_{1:k-1}) &= \int p(x_k, x_{k-1} \mid y_{1:k-1}) \mathrm{d}x_{k-1} \\
&= \int p(x_k \mid x_{k-1}, y_{1:k-1}) p(x_{k-1} \mid y_{1:k-1}) \mathrm{d}x_{k-1} \\
&= \int p(x_k \mid x_{k-1}) p(x_{k-1} \mid y_{1:k-1}) \mathrm{d}x_{k-1}
\end{aligned} \tag{3-3}
$$

式中，$p(x_k \mid x_{k-1})$可由齐次马尔科夫过程推导，根据系统方程求解，$p(x_{k-1} \mid y_{1:k-1})$表示$k-1$时刻系统后验概率。

更新过程主要根据最新的系统观测值修正先验概率，则k时刻系统后验概率$p(x_k \mid y_{1:k-1})$为：

$$
\begin{aligned}
p(x_k \mid y_{1:k}) &= \frac{p(y_k \mid x_k, y_{1:k-1}) p(x_k \mid y_{1:k-1})}{p(y_k \mid y_{1:k-1})} \\
&= \frac{p(y_k \mid x_k) p(x_k \mid y_{1:k-1})}{p(y_k \mid y_{1:k-1})} \\
&= \frac{p(y_k \mid x_k) \int p(x_k \mid x_{k-1}) p(x_{k-1} \mid y_{1:k-1}) \mathrm{d}x_{k-1}}{\int p(y_k \mid x_k) p(x_k \mid y_{1:k-1}) \mathrm{d}x_k}
\end{aligned} \tag{3-4}
$$

式中，$p(y_k \mid x_k)$表示似然函数。贝叶斯滤波包含较多积分运算，由于处理器对非线性系统的积分运算量较大，直接求解会降低算法运行效率，因此以蒙特卡罗采样方法代替积分运算。

3.1.1.2 蒙特卡罗采样

蒙特卡罗采样的核心思想是随机抽取目标分布的样本X，以样本期望近似表示积分。假设已知后验概率分布，随机抽取N个样本为粒子，根据粒子分布密度近似表示后验概率分布。如图 3-2 所示，以等间隔区间内粒子数量表示该区间的概率值$f(x)$。

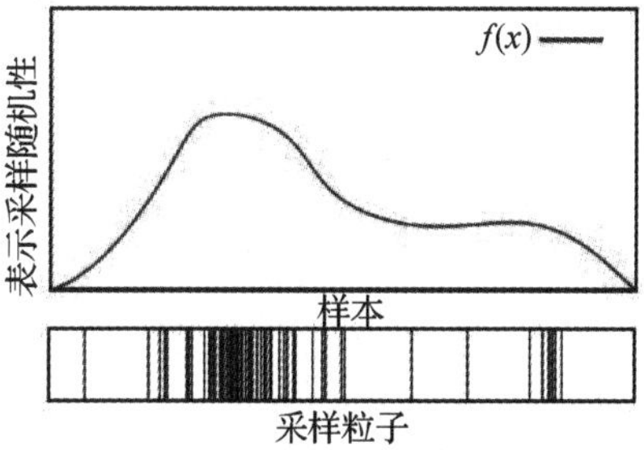

图 3-2 蒙特卡罗采样示意图

假设在后验概率分布中采样得到N个粒子，根据蒙特卡罗采样原理可得：

$$\begin{aligned}\hat{p}(x_n \mid y_{1:k}) &= \frac{1}{N}\sum_{i=1}^{N} f(x_n) \\ &= \frac{1}{N}\sum_{i=1}^{N}\delta(x_n - x_n^{(i)})\end{aligned} \tag{3-5}$$

式中，$\hat{p}(x_n \mid y_{1:k})$ 表示近似后验概率，$f(x_n)$表示狄拉克函数。当前状态期望 $E(f(x_n))$可表示为：

$$\begin{aligned}E(f(x_n)) &\approx \int f(x_n)\hat{p}(x_n \mid y_{1:k})\,\mathrm{d}x_n \\ &= \frac{1}{N}\sum_{i=1}^{N}\int f(x_n)\delta(x_n - x_n^{(i)})\,\mathrm{d}x_n \\ &= \frac{1}{N}\sum_{i=1}^{N} f(x_n^{(i)})\end{aligned} \tag{3-6}$$

式中，当前状态期望 $E(f(x_n))$等于采样的 N 个粒子状态函数值的均值。因此蒙特卡罗采样根据采样粒子的状态值均值得到滤波结果，可以较好地逼近真实积分值，同时降低运算量，提升算法的运行效率。但蒙特卡罗采样方法需要获取后验概率分布才能采样粒子，为解决此问题，重要性采样算法被提出。

3.1.1.3 重要性采样

在面向实际系统时，一般较难直接获取后验概率密度的函数解析式，重要性采样的基本思想是以某已知分布的采样粒子表示后验概率分布。将已知分布称为建议分布，假设其概率密度函数为 $q(x)$，式(3-6)中求当前状态期望 $E(f(x_n))$可表示为：

$$\begin{aligned}E[f(x_k)] &= \int f(x_k)\frac{p(x_k \mid y_{1:k})}{q(x_k \mid y_{1:k})}q(x_k \mid y_{1:k})\,\mathrm{d}x_k \\ &= \int f(x_k)\frac{W_k(x_k^{(i)})}{p(y_{1:k})}q(x_k \mid y_{1:k})\,\mathrm{d}x_k \\ &= \sum_{i=1}^{N}\hat{W}_k(x_k^{(i)})f(x_k^{(i)})\end{aligned} \tag{3-7}$$

式中，$W_k(x_k^{(i)})$ 表示重要性权重，可近似等于系统后验概率与建议分布后验概率之比，$\hat{W}_k(x_k^{(i)})$ 表示归一化权重，则有：

$$W_k(x_k) = \frac{p(y_{1:k} \mid x_k)p(x_k)}{q(x_k \mid y_{1:k})} \propto \frac{p(x_k \mid y_{1:k})}{q(x_k \mid y_{1:k})} \tag{3-8}$$

$$\hat{W}_k(x_k^{(i)}) = \frac{W_k(x_k^{(i)})}{\sum_{i=1}^{N}W_k(x_k^{(i)})} \tag{3-9}$$

根据式(3-7)～式(3-9)近似表示后验概率分布，但粒子经过多次迭代运算后出现退化问题，导致目标估计误差过大，难以长期保持稳定性。针对此问题，重采样方法被提出，用于提高 PF 算法的稳定性和鲁棒性。

3.1.1.4 重采样

粒子滤波算法以先验概率为预测基础，结合当前时刻系统观测值更新后验概率。随算法迭代次数增多，大部分粒子重要性权重降低，权重集中在极少数粒子中，导致有效粒子数量不足，难以全面表示后验概率分布，称为粒子的退化问题，导致目标概率分布估计误差增大。重采样方法被提出解决此问题，根据权重筛选并按比例复制粒子，保证粒子分布于目标分布一致。重采样后验概率 $\tilde{p}(x_k \mid y_{1:k})$ 可表示为：

$$\begin{aligned}\tilde{p}(x_k \mid y_{1:k}) &= \sum_{j=1}^{N} \frac{1}{N}\delta(x_k - x_k^{(i)}) \\ &= \sum_{i=1}^{N} \frac{n_i}{N}\delta(x_k - x_k^{(j)}) \end{aligned} \tag{3-10}$$

式中，$x_k^{(i)}$ 表示粒子，$x_k^{(j)}$ 表示重采样粒子，N 表示粒子个数，n_i 表示重采样粒子的复制次数，粒子重要性权重调整为 $1/N$。重采样过程如图 3-3 所示：

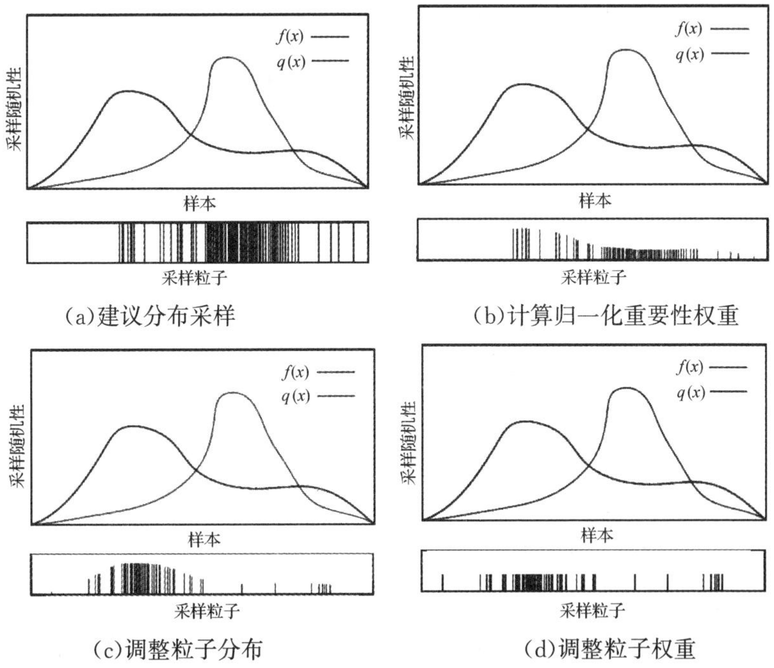

(a)建议分布采样　(b)计算归一化重要性权重

(c)调整粒子分布　(d)调整粒子权重

图 3-3　重采样算法步骤

图 3-3 中，$f(x)$表示后验概率分布，$q(x)$为建议分布，可看出两分布差异性较大。采样粒子以竖线表示，其高度表示重要性权重。首先从建议分布 $q(x)$中采样得到 N 个粒子[图 3-3(a)]，根据重要性采样算法求解粒子归一化重要性权重[图 3-3(b)]。此时粒子重要性权重已符合后验概率分布 $f(x)$的特点，但有效粒子数量不足。根据重采样方法，按比例调整粒子分布[图 3-3(c)]。并统一调整粒子重要性权重为 $1/N$[图 3-3(d)]。经过重采样的滤波结果较符合后验概率分布，具有较好的精度和稳定性。

3.1.1.5 粒子滤波算法流程

粒子滤波算法流程见图 3-4。

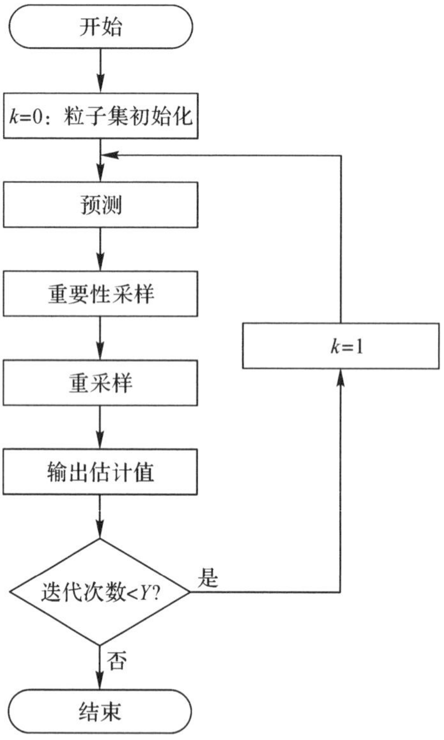

图 3-4 粒子滤波算法流程图

(1)粒子集初始化。系统初始化，当 $k=0$ 时，由先验概率 $p(x_0)$初始化粒子集 $\{x_0^{(i)}\}_{i=1}^{N}$，并将粒子重要性权重调整为 $1/N$；算法迭代开始，当 $k=1,2,\cdots,N$ 时，执行以下步骤。

(2)预测。根据系统状态转移方程和 $k-1$ 时刻系统后验概率 $p(x_{k-1}|y_{1:k-1})$预测 k 时刻系统先验概率 $p(x_k|y_{1:k-1})$。

(3)重要性采样。在建议分布 $q(x)$ 中采样 N 个粒子，计算粒子归一化重要性权重 $\hat{W}_k(x_k^{(i)})$，计算函数期望 $E[f(x_k)]$，代替积分近似表示后验概率。

(4)重采样。针对粒子存在的退化问题，根据重采样原理调整粒子分布，并将粒子权重调整为 $1/N$。

(5)输出估计值。根据系统观测方程和观测值更新 k 时刻系统先验概率，得到 k 时刻系统后验概率估计值 $\tilde{p}(x_k \mid y_{1:k})$。

(6)判断是否结束迭代，否则开始下一次迭代。

3.1.2　Gmapping 地图构建算法

Gmapping 是基于改进的 RBPF 的二维激光建图算法，可实时构建二维栅格地图。Gmapping 算法根据二维激光扫描数据和里程数据解算机器人位姿，同时构建室内栅格地图，算法运行效率较高，在小型室内场景中建图精度高，是目前主流的室内建图算法之一。图 3-5 显示了以 NVIDIA Jetson Nano 为核心主控平台，搭载 RPLIDAR-A2 激光雷达的室内移动机器人，在室内定位建图的效果。

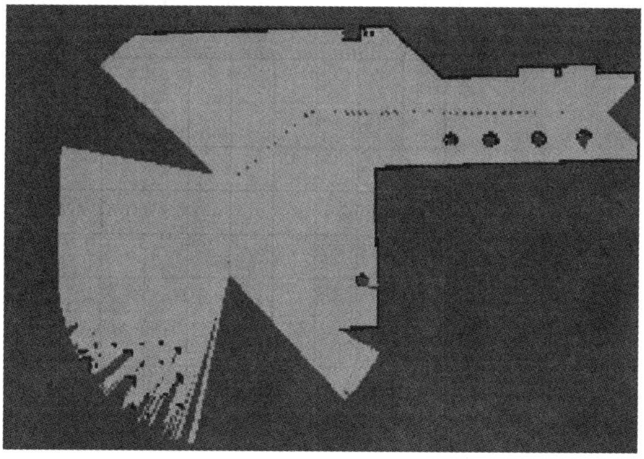

图 3-5　Gmapping **算法建图效果**

定位和建图是相互依赖的，构建地图依靠定位信息，机器人定位依靠完整地图。Gmapping 算法的核心在于求解机器人位姿与地图的联合分布 $p(x_{1:k}, m \mid y_{1:k}, u_{1:k})$，可表示为：

$$p(x_{1:k}, m \mid y_{1:k}, u_{1:k-1}) = p(m \mid x_{1:k}, y_{1:k}) \cdot p(x_{1:k} \mid y_{1:k}, u_{1:k-1}) \tag{3-11}$$

式中，$p(m \mid x_{1:k}, y_{1:k})$ 表示地图后验概率，$p(x_{1:k} \mid y_{1:k}, u_{1:k-1})$ 表示位姿后验概率。Gmapping 将问题转换为先基于 RBPF 算法求解机器人位姿，后建

图的过程。传统 RBPF 算法存在粒子数量多和频繁重采样的问题，导致建图精度与运行效率下降。因此，Gmapping 算法基于 RBPF 提出了两个改进方案。

3.1.2.1 改进建议分布

RBPF 算法根据建议分布 $q(x)$ 采样粒子近似估计目标概率分布 $f(x)$，且建议分布与目标概率分布相似度越高，所采样粒子数越少。因此，改进建议分布以减少粒子数量，降低算法计算量。传统基于 RBPF 的 SLAM 算法仅依靠机器人运动学模型和里程数据采样粒子，由于里程数据存在增量误差及其不确定性，导致建议分布与目标概率分布相差较大，使得采样粒子数较多，增加系统计算量。而依靠激光雷达数据采样粒子更接近目标概率分布，则改进建议分布可表示为：

$$p(x_k \mid m_{k-1}^{(i)}, x_{k-1}^{(i)}, y_k, u_{k-1}) = \frac{p(y_k \mid m_{k-1}^{(i)}, x_k) p(x_k \mid x_{k-1}^{(i)}, u_{k-1})}{p(y_k \mid m_{k-1}^{(i)}, x_{k-1}^{(i)}, u_{k-1})} \tag{3-12}$$

3.1.2.2 选择性重采样

在传统 RBPF 算法中，采样粒子频繁执行重采样以更接近后验概率分布，但频繁重采样造成粒子多样性降低，导致粒子出现退化问题。因此，采用选择性重采样减少重采样次数。假设以有效粒子数表示粒子退化程度，则粒子退化程度 N_{eff} 可表示为：

$$N_{\text{eff}} = \frac{N}{1 + var(w_k^{*(i)})} \approx \frac{1}{\sum_{i=1}^{N} (w_k^{*(i)})^2} \tag{3-13}$$

$$w_k^{*(i)} = \frac{p(x_k^{(i)} \mid y_{1:k})}{q(x_k^{(i)} \mid x_{k-1}^{(i)}, y_{1:k})} \tag{3-14}$$

若粒子退化程度 N_{eff} 小于重采样阈值 θ_r，根据选择性重采样调整粒子分布和重要性权重；若 N_{eff} 大于重采样阈值 θ_r，则认为粒子分布良好，可有效表示后验概率分布。

Gmapping 算法已融入 ROS 生态中，可直接调用功能包实现算法功能，但 Gmapping 算法仍存在只适用于小范围场景、无回环检测等问题。

3.2 多传感器融合的 SLAM 地图构建模块设计

自主导航系统能否在室内未知环境下完成精度高的导航任务，前提条件是构建出精确的环境地图，同时地图的精确性也会影响移动机器人的定位性能。以人为操作自主导航系统探索未知环境，通过搭载的传感器感知环境信息并通过实时估计自身位姿从而生成地图，但此过程中 2D 激光雷达无论是在感知环境还是在定位估计方面都有很大的局限性，对于利用 2D 激光雷达无法检测到别的平面上的障碍物依旧是一个难题，所构建的障碍物地图信息不完整，从而无法应用于之后的导航任务。因此，本节基于 Cartographer 算法，在其基础上搭建 2D 激光雷达和深度相机融合的 SLAM 方案。

内容上，首先是 SLAM 数学模型，然后是本书所基于的建图算法 Cartographer 算法。其次着是对激光雷达数据和深度相机的处理，处理完数据后通过联合标定确定两者的相对位置。最后是用贝叶斯推理公式将两个传感器的点云数据进行融合。

3.2.1 同时定位与建图问题

3.2.1.1 SLAM 数学模型

移动机器人的 SLAM 问题可以分为建图问题和定位问题。移动机器人在未知环境中的运动过程，通过自身所携带的传感器检测环境中的障碍物，从而获得自身的位姿信息，通过覆盖式构建地图，实现机器人对环境的建模，其问题描述如图 3-6 所示。

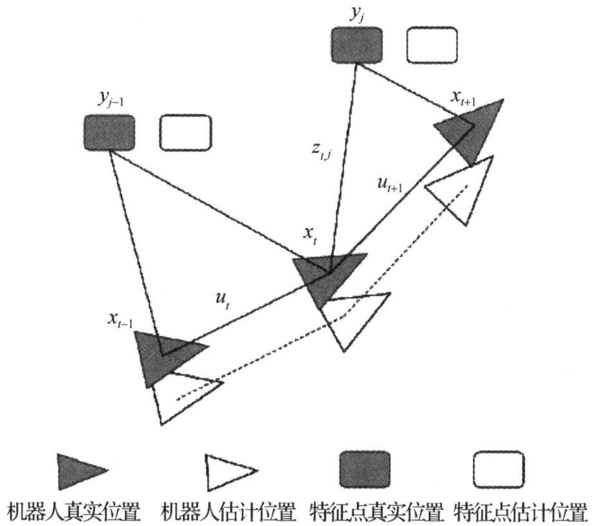

图 3-6　SLAM 问题描述图

移动机器人在室内环境下一段时间的运动可以离散为在 $k(k=1,2,\cdots,t)$ 时刻的位姿和地图。若移动机器人在室内一般所处环境为 2D 平面，设机器人在 t 时刻的位姿为 $x_t=(x_t,y_t,\theta_t)^{\mathrm{T}}$，则 $t-1$ 到 t 时刻的运动过程，可以用函数 f 来表示 x_t：

$$x_t=f(x_{t-1},u_t,\omega_t) \tag{3-15}$$

式中，u_t 表示传感器的输入量，ω_t 表示传感器的噪声。实际的地图则是用图 3-6 的灰色矩形框表示，设特征点个数为 N 个，实际的地图表示为 $m=(m_0,m_1,\cdots,m_N)$。设 m_i 为移动机器人在位姿 x_t 时的观测特征点，则产生的观测值为 $z_{t,i}$。同式(3-15)一样，也可以用一个函数 h 来表示 $z_{t,i}$：

$$z_{t,i}=h(x_t,m_i,v_{t,i}) \tag{3-16}$$

式中，$v_{t,i}$ 表示 t 时刻的传感器观测噪声。式(3-16)表示观测方式。

上述两式使得 SLAM 问题变成了相应的数学模型，即移动机器人每一时刻的位姿情况都只和上一时刻的位姿情况有关系，通过传感器观测到的值和上一时刻的位姿来更新下一时刻的位姿，再由位姿情况结合环境信息更新地图。

在正常生活中，传感器使用过程中的测量值都具有不确定性，因此通常都是以概率估计的方式来处理机器人运动估计问题。如式(3-17)所示，便是根据已知的传感器观测数据 z 和传感器运动输入数据 u，求移动机器人状态 x 的条件概率分布：

$$P(x\mid z,u) \tag{3-17}$$

当只有激光雷达传感器数据时，没有编码器和 IMU 这些测量运动的传感器时，根据贝叶斯定理，可得：

$$P(x\mid z)=\frac{P(z\mid x)P(x)}{P(z)}\propto P(z\mid x)P(x) \tag{3-18}$$

式(3-18)中所求的 $P(x|z)$ 为后验概率，$P(z|x)$ 为似然概率，$P(x)$ 为先验估计概率。该式求不出后验概率准确的值，但可以求解在某个状态下的最优估计值，即可以认为该状态便为该机器人最有可能的真实位姿：

$$x_{\mathrm{MAP}}^{*}=\mathrm{argmax}P(x\mid z)=\mathrm{argmax}P(z\mid x)P(x) \tag{3-19}$$

在没有先验估计的情况下，最大后验概率估计的值即为最大似然估计：

$$x_{\mathrm{MLE}}^{*}=\mathrm{argmax}P(z\mid x) \tag{3-20}$$

该最大似然估计的值其实就是描述移动机器人在什么位姿下最有可能观测到这个观测值。因此，从概率学的角度来说，SLAM 问题实质便是贝叶斯定理求最大后验概率。

3.2.1.2 Cartographer 建图算法

Cartographer 算法是谷歌于 2016 年提出的一种基于图优化的开源 SLAM 算法。该算法的主要贡献在于减少了利用激光雷达进行回环检测时的计算量，使得该 SLAM 算法可以绘制大场景的地图，并实现了构建 5 cm 分辨率的地图。由于该算法的突出贡献在于回环检测方面，因此本小节会主要介绍回环检测所用的分支定界算法。

Cartographer 算法分为前端和后端。前端包括帧间匹配和回环检测过程；后端包括回环优化，即对子图所构建的全局地图进行优化的过程。其算法结构框图如图 3-7 所示。

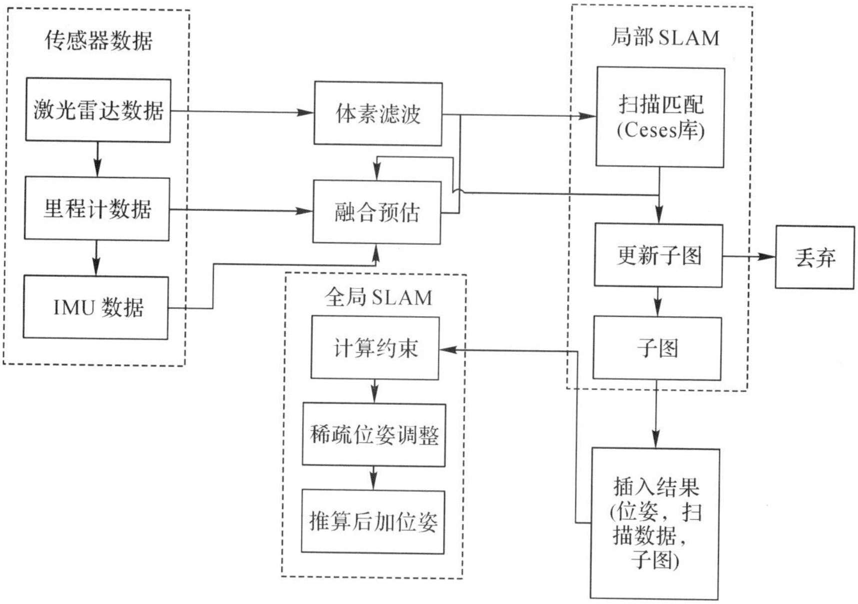

图 3-7　Cartographer **算法结构框图**

1. 扫描匹配

在扫描匹配过程中，一般的做法是让两帧点云对齐，通过 ICP 或者 PI－ICP 等匹配方法求出对齐过程中的旋转和平移，就是两帧点云的相对位姿。在该算法中，为了提高扫描匹配的鲁棒性，首先利用相关性匹配（Correlative Scan Matching，CSM）在前端扫描匹配过程时得到估计的最优位姿，并将每一帧数据插入最近的 Submap 中。设定激光雷达在二维平面上的位姿为 $\xi=(\xi_x,\xi_y,\xi_\theta)$，其中，$\xi_x$ 和 ξ_y 为激光雷达在二维平面上 x 方向和 y 方向上的平移量，ξ_θ 为其旋转量。激光雷达扫描一次记为一帧，每一帧数据定义为 $H=\{\boldsymbol{h}_k\},k=1,2,\cdots,N$。其中 H 表示扫描一帧获得的所有数据，$\boldsymbol{h}_k$ 为返回的一个二维数据，N 表示扫描一次获得的数据点个数。每当完成一次扫描(Laser Scan)，便会寻找到当前最近的 Submap 去匹配。每当获得一帧数据以后，扫描(Laser Scan)便会与当前最近建立的 Submap 去匹配。扫描一帧的数据转换到子图中则可用式(3-21)表示：

$$\boldsymbol{T}_{\xi}\boldsymbol{p}=\begin{pmatrix}\cos\xi_{\theta} & -\sin\xi_{\theta}\\ \sin\xi_{\theta} & \cos\xi_{\theta}\end{pmatrix}\boldsymbol{p}+\begin{pmatrix}\xi_x\\ \xi_y\end{pmatrix} \tag{3-21}$$

式中，$\boldsymbol{T}_{\xi}$ 代表将一次扫描中的 N 个数据经过该变化映射到子图。激光雷达每一帧的数据都要插入子图中的最优位置，这里的最优位置指的是在什么位姿情况下最有可能得到这样的观测数据，即求解 $\text{argmax}_{x_t}\{p(z_t|x_t,m)\}$ 。在完成 CSM 匹配之后，会进行 Ceres 优化，该优化步骤使用的文件是开源的最优化库 Ceres Solver，该库可以完成扫描匹配优化的任务。

当不再有新的数据插入 Submap 中时，则代表该子图创建完成，紧接着创建新的 Submap，而创建完成的子图便会被保存起来，用于之后的回环检测。其中子图的表示方式是占据栅格地图形式，每一个栅格的大小是由设定的分辨率大小 r 所决定的。每一个栅格都存在两个状态，分别为被占有的概率和空白的概率，对于未知的栅格这两个值均为 0.5。这里判断栅格是否被占据依据概率估计相关的知识。通过设定一个概率区间$[p_{\min},p_{\max}]$，当栅格占据率低于 $p_{\min}$ 时，认为该栅格不存在障碍物；当栅格占据率高于 $p_{\max}$ 时，则认为该栅格存在障碍物。当栅格占据率处于这个概率区间$[p_{\min},p_{\max}]$时，则认为该栅格状态未知。

当有新的一帧扫描数据插入子图中时，便会根据该扫描的数据去更新栅格地图中是否有障碍物。如图 3-8 所示，有两种栅格集，一种为击中的栅格集，另一种为未击中的栅格集，其中有阴影和叉号的为击中栅格，只有阴影的为未击中栅格。分别给上述两种栅格集分配概率，击中的栅格为 p_{hit}，值为 1；未击中的栅格为 p_{miss}，值为 0。最后根据式(3-22)来更新栅格的概率值 $M_{\text{new}(x)}$。

$$\begin{cases}odds(p)=\dfrac{p}{1-p}\\ M_{\text{new}(x)}=clamps(odds^{-1}(odds(M_{\text{old}(x)})\cdot odds(p_{\text{hit}})))\end{cases} \tag{3-22}$$

式中，$clamp$ 是一个区间限定函数，括号内的值大于区间限度函数最大值时，则返回设定的最大值；小于区间限定函数最小值时，则返回设定的最小值，其余值就返回当前值。M_{old} 表示该栅格中的原概率值。

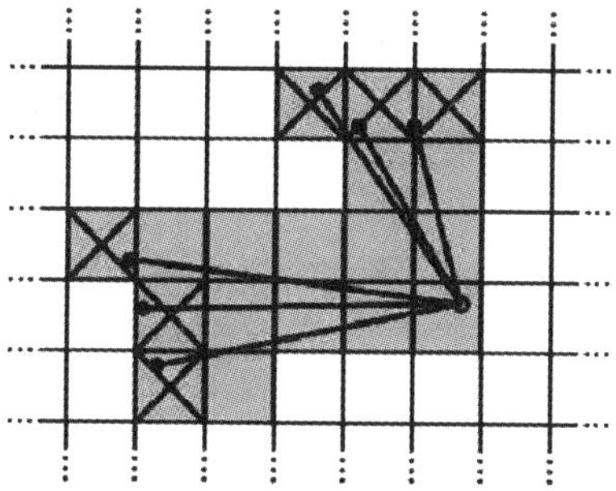

图 3-8 占据栅格地图更新图

2. 回环检测

回环检测是指通过传感器观测的数据来判断曾经是否来过这个地方，用来检测当前的观测数据与已经构建好的地图之间的关系。若检测到当前位姿下存在回环关系，则建立相关约束，通过该方法便可以将估计过程中产生的累计误差校正，保证位姿估计的准确性。在 Cartographer 算法中，是通过创建大量子图来进行回环检测的。回环检测是一种匹配过程，匹配公式如下所示：

$$\boldsymbol{\xi}^{*}=\underset{\xi\in W}{\arg\max}\sum_{k=1}^{N}M_{\text{nearest}}(\boldsymbol{T}_{\xi}\boldsymbol{h}_{k}) \tag{3-23}$$

式中，W 为固定范围，即为搜索扫描匹配子图的搜索空间，该点对应栅格点的值，即对于每一次扫描，将扫描中的每个点插入子图上的可信度，其实就是在 W 空间中寻找到可信度值最高的匹配帧。最简单的方法就是传统的暴力搜索法，将 W 空间可以分解成(x,y,θ)三层循环，然后针对每一个位姿，都会有一个具体的得分，最终会返回一个最高得分的位姿。

为了提高回环检测的效率，Cartographer 算法中利用分支定界算法进行回环的搜索。该算法是一种比较常用的树形搜索剪枝算法，核心思想就是分支和定界。分支就是把所有的可行解分成各个子集，一直分解到最小的子集，称之为叶子节点，叶子节点是最底层的值，只有叶子节点的值代表真实值，别的分支节点值都是上下界，在 SLAM 问题中，就是求上界，然后再从各个子集中去寻找最优解。定界就是对各个子集最高层的节点设置一个上界，即该节点的上界的值都要大于该节点下的子集的所有的值的大小。

算法过程步骤为：先选定最先检测的最高层的节点下的所有子集的值，选取最大值与之后最高层的分支节点的上界相比较。若最大值大于上界，则直接剪掉该分支节点下的所有子集的解，即不需要计算相关节点的得分；若最大值小于上界，则继续计算分支节点的下一层，若循环到叶节点，则将该叶节点的得分作为之后与分支节点比较的得分。该算法通过比较上界值的方法剔除了大量不必计算的值，提高了算法的效率。Cartographer 算法利用了一个正方形的函数来进行搜索。其中 c_x，c_y 表示在 X、Y 轴上的平移量，c_θ 表示旋转量，c_h 表示该节点的高度。

$$\overline{\overline{w}}_c = \left(\left\{ (j_x, j_y) : \begin{matrix} c_x \leqslant j_x \leqslant c_x + 2^{c_h} \\ c_y \leqslant j_y \leqslant c_y + 2^{c_h} \end{matrix} \right\} \times \{c_\theta\} \right) \tag{3-24}$$

由于地图形状是不规则的，通过正方形的搜索范围进行搜索，则需要将真实地图范围与搜索范围融合求并集即为真实搜索到的地图范围。

$$\overline{w}_c = \overline{\overline{w}}_c \cap \overline{w} \tag{3-25}$$

分支定界分为分支与定界，分支部分完成后，还剩关键的一步是定界，即计算上下界。

$$score(c) = \sum_{k=1}^{N} \max_{j \in \overline{\overline{w}}_c} M_{\text{nearest}}(\boldsymbol{T}_{\xi_j} \boldsymbol{h}_k) \tag{3-26}$$

$$score(c) = \max_{j \in \overline{w}_c} \sum_{k=1}^{N} M_{\text{nearest}}(\boldsymbol{T}_{\xi_j} \boldsymbol{h}_k) \tag{3-27}$$

在式(3-26)、式(3-27)中，式(3-26)代表的是各个父节点的值的和，父节点表示粗分辨率下的各个栅格的得分总和。式(3-27)表示的是各个子节点的值的和，子节点在这表示细分辨率下各个栅格的得分和。父节点的得分必须高于其底下所有子节点得分的最高值，故式(3-26)的值大于等于(3-27)的值，即上界的得分为式(3-26)的计算结果。

当检测到回环检测后，便对其进行优化，优化其实就是非线性最小二乘法问题，在 Cartographer 算法中，使用 Ceres Solver 优化库进行解算。

3.2.2 融合建图方案

目前常用于室内建图的单线激光雷达，精度很高，建图速度也很快，但 2D 激光雷达只能在某一水平面上进行扫描，会错过许多别的高度的障碍物，存在一些局限性。而用深度相机建图时，其具有比较广的垂直视角，可以检测到 2D 激光雷达所检测不到的障碍物，但由于视角优先，只能检测到前方的一些障碍物，因此要把四周所有的障碍物扫描到则需要花费更多的时间，而且所构建的地图精度不够，也无法直接用于导航。如果能将激光雷达与深度相机结合起来融合建图，就能结合两个传感器各自的优势，建立精度更高的二维栅格地图。

从表 3-1 和图 3-9、图 3-10 可以看出激光雷达检测的范围广，但其只能检测二维空间信息；而深度相机检测的是三维空间信息，但检测的信息范围比较小。两者的结合所获得的信息更加全面，相比于使用激光雷达，获得了更加全面的垂直视角信息；相比于深度相机，获得了更加全面的水平视角信息。

表 3-1 RPLIDAR A1 **与** Astra Pro **参数对比**

—	水平视角(°)	垂直视角(°)	感知范围(m)
RPLIDAR A1	360	0	0.15～12
Astra Pro	58.4	45.5	0.8～4

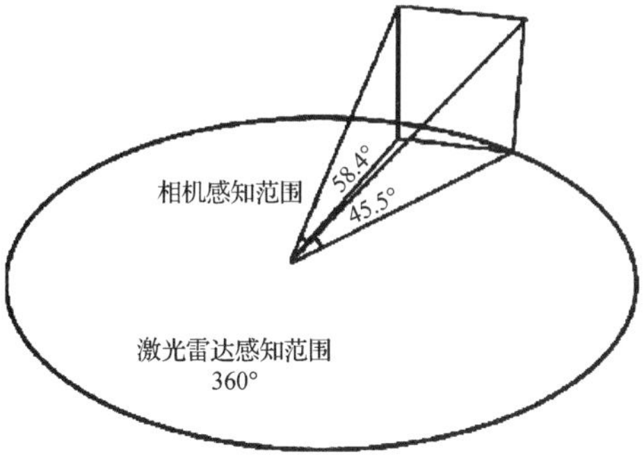

图 3-9 **融合感知视角**

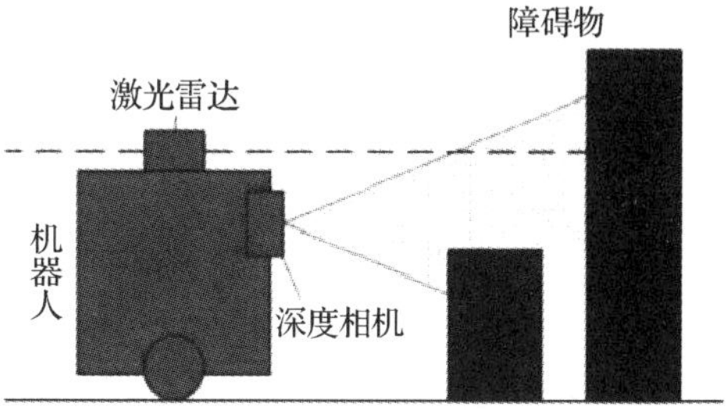

图 3-10 **融合感知环境**

融合步骤如下：

(1)由于激光雷达的信息数据是极坐标格式，所以首先将激光雷达极坐标格式的数据转换成点云数据格式，相机产生的点云数据格式为 pointcloud2。

(2)将深度相机生成的三维点云进行滤波处理。

(3)通过联合标定获得激光雷达以及深度相机之间的坐标系转换关系，把它们统一到同一个坐标系下，这里是将激光雷达点云转移到深度相机的坐标系下。

(4)利用贝叶斯推理公式融合激光雷达点云和深度相机点云，从而过滤掉深度相机产生的误差点和激光雷达点云的重合点。

(5)将点云数据的 pointcloud2 极坐标数据格式转成雷达极坐标数据格式，再将该数据传入建图算法中进行建图。

激光雷达与相机融合流程图如图 3-11 所示。

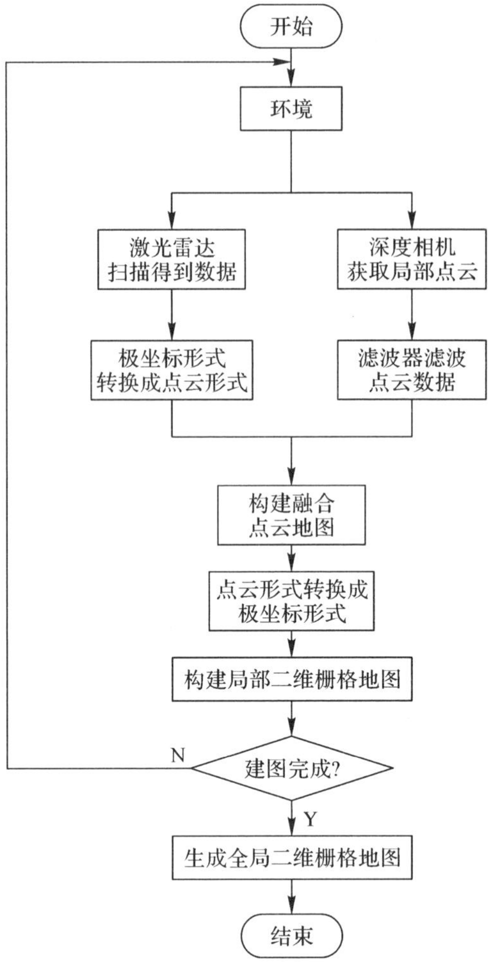

图 3-11　激光雷达与相机融合流程图

制订完上述方案之后，首先便在该 Jetson nano 的工作空间 wheeltec_robot 功能包下的 src 代码空间下创建 sensor_fusion 功能包。该 wheeltec_robot 工作空间下已经能够实现最基本的激光 SLAM 建图以及导航功能的实现。在此基础上，通过所创建的 sensor_fusion 功能包接受雷达信息和深度相机点云信息，实现两个传感器的融合。

3.2.2.1　数据处理

1. 激光雷达数据转换

激光雷达所传输的数据格式是 laserscan 的，传输的数据是距离和角度形式。在激光雷达信息发布中，每一组数据代表每个对应角度下的扫到障碍物的距离值，如数据 0.0 值代表该值无效，47.0 则代表该值有效。

然而，data 中的数据为序列化后的数据，不能直接获得数据信息。对数据融合处理是将 pointcloud2 数据解析，然后进行融合处理。故第一步是将激光雷达数据的极坐标形式转换成 ponitchoud2 数据的形式，此步骤利用开源功能包 laserscan_to_pointcloud 实现。

2.深度相机数据处理

因为融合的深度相机的点云数量过于庞大，所以需要对其进行处理；否则，处理时间过长，会导致最后融合转化后的极坐标信息的发布频率过慢，定位频率与融合的极坐标信息发布频率相差过大，构建出误差巨大的地图。因此，将对直通滤波器、体素滤波器、统计滤波器的滤波效果进行测试，然后进行选择。

首先是直通滤波器，就是在点云图像上选择一个维度并设置一个阈值。这里是在 z 轴上设置个高度阈值，即把阈值以上的高度点云过滤。从图 3-12 中的过滤效果就可以看出，是直接把一定高度以上的点云直接过滤了，从点云个数中也可也看出该滤波算法的有效性。本次使用的移动机器人的最高高度为 0.42 m，所以可以直接将 0.5 m 以上的障碍物直接过滤掉，给后面的融合计算降低点云数量，提高算法的运行速度。

(a)滤波前(4915200 个)

(b)直通滤波器后(416352 个)

图 3-12　直通滤波器前后效果图

其次是体素滤波器，其主要是对点云进行降采样。由于生成三维点云的过程中多个视角存在视野重叠，因此会导致点云比较密集，在重叠区域内，不仅影响建图效率，而且还会加大计算量。体素滤波器做的相当于设置了相关大小的体素中就只有一个点，进行降采样。从滤波效果中可以看出，原本密集的点云变稀疏,点云个数也大量减少,该滤波方法可以不破坏点云的外观结构而且有效地大幅降低点云个数。具体滤波效果如图 3-13 所示。

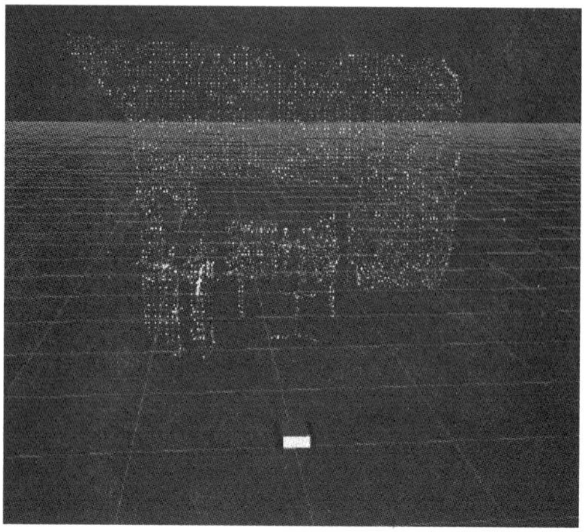

图 3-13　体素滤波器(125200 个)

最后是统计滤波器,其主要是对孤立的点云进行过滤。通过统计每个点与距离它最近点的距离,然后根据分布,可以去除掉距离值过大的点,能够保留成团的点,去除掉孤立的点,因为孤立的点很有可能是噪声点。统计滤波器的滤波效果如图 3-14 所示。

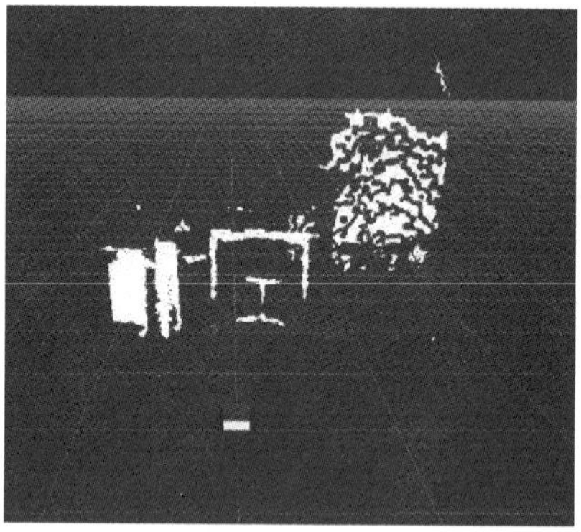

图 3-14　统计滤波器(3418784 个)

根据对以上滤波器的测试,最终决定选用两个直通滤波器(分别对 z 轴高度和 y 轴前方距离进行滤波)、一个体素滤波器和一个统计滤波器。

将以上滤波器的相关系数写在 launch 文件中,通过调整相关系数,使得滤波算法之后的点云信息既不过滤掉激光雷达扫描不到的障碍物信息,又将点云个数删减到一定个数。融合的点云个数过多会导致融合话题的频率过慢,若频率过慢,则会导致地图信息与定位信息发布频率相差过大。在融合前,激光雷达话题信息向 Cartographer 算法传输数据的频率为 10 Hz，以该频率为基准，需要将融合话题的频率通过调整相关系数保持在 10 Hz 左右。各自处理完两个传感器的数据之后，要在融合激光雷达点云和深度相机点云之前，将两者的话题发布频率基本同步才能获得理想的建图效果。最终所调整的系数如图 3-15 所示。

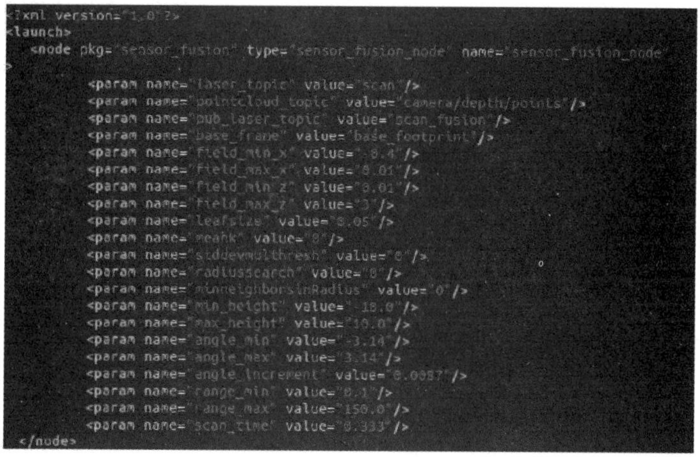

```
<?xml version="1.0"?>
<launch>
  <node pkg="sensor_fusion" type="sensor_fusion_node" name="sensor_fusion_node"
>
        <param name="laser_topic" value="scan"/>
        <param name="pointcloud_topic" value="camera/depth/points"/>
        <param name="pub_laser_topic" value="scan_fusion"/>
        <param name="base_frame" value="base_footprint"/>
        <param name="field_min_x" value="-0.4"/>
        <param name="field_max_x" value="0.01"/>
        <param name="field_min_z" value="0.01"/>
        <param name="field_max_z" value="3"/>
        <param name="leafsize" value="0.05"/>
        <param name="meank" value="8"/>
        <param name="stddevmulthresh" value="0"/>
        <param name="radiussearch" value="0"/>
        <param name="minneighborsinRadius" value="0"/>
        <param name="min_height" value="-10.0"/>
        <param name="max_height" value="10.0"/>
        <param name="angle_min" value="-3.14"/>
        <param name="angle_max" value="3.14"/>
        <param name="angle_increment" value="0.0087"/>
        <param name="range_min" value="0.1"/>
        <param name="range_max" value="150.0"/>
        <param name="scan_time" value="0.333"/>
</node>
```

图 3-15 **滤波处理系数图**

图 3-15 中的系数，比较重要的是 field_min_x、field_max_x，两个值代表的是直通滤波中对高度的过滤。该相机坐标系的坐标系不是一般相机的(x,y,z)，而是$(z,y,-x)$，即向前是 z 轴正方向，向上是 x 轴负方向，还有体素滤波器的 leafsize 系数，该值过小的话，会导致计算量过大，最终导致融合话题的输出频率过慢，无法正常建图，该值最终设定为 0.05。

3.2.2.2 外参联合标定

在处理激光雷达数据与深度相机数据时，需要知道两者之间的三维坐标转换关系，从而将深度相机的点云信息通过旋转和平移变换转化到激光雷达坐标系下进行融合，或者将激光雷达的点云信息转换到深度相机的坐标系下。因此，需要将深度相机与激光雷达进行外参标定。其标定过程为：深度相机和激光雷达对环境中的障碍物有不同的表示形式，图 3-16 就是目标点 P 处于激光雷达坐标系和深度相机坐标系下的示意图。

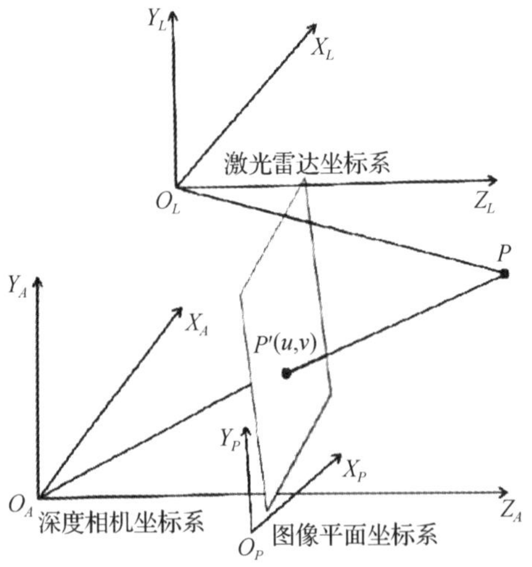

图 3-16　激光雷达坐标系和深度相机坐标系

点 P 在激光雷达和深度相机坐标系下的坐标分别为(x_L, y_L, z_L)和(x_A, y_A, z_A)。两个坐标系的几何关系可以表示为：

$$\begin{bmatrix} x_A \\ y_A \\ z_A \end{bmatrix} = \begin{bmatrix} \boldsymbol{R} & \boldsymbol{T} \\ \boldsymbol{0}^{\mathrm{T}} & 1 \end{bmatrix} \begin{bmatrix} x_L \\ x_L \\ z_L \end{bmatrix} \tag{3-28}$$

式中，$\boldsymbol{R}$ 是旋转矩阵，$\boldsymbol{T}$ 是平移矩阵。激光雷达采集到的数据不是点 P 的坐标(x_L, y_L, z_L)，而是距离 r_L 和角度 θ_L；同样地，深度相机采集到的数据也不是点 P 在其坐标系中的坐标(x_A, y_A, z_A)，而是点 P' 在像素坐标系中的坐标(u, v)和该点所测得的深度值 z_A。因此，需要先将各自采集到的数据转换后再通过坐标变换统一到同一个坐标系下。

根据经典相机模型，深度相机采集到的障碍物信息如式(3-29)所示：

$$z_A \begin{bmatrix} u \\ v \\ 1 \end{bmatrix} = \begin{bmatrix} f_x & 0 & c_x & 0 \\ 0 & f_y & c_y & 0 \\ 0 & 0 & 1 & 0 \end{bmatrix} \begin{bmatrix} x_A \\ y_A \\ z_A \end{bmatrix} \tag{3-29}$$

式中，f_x, f_y, c_x, c_y 为相机内参，一般都是由厂家提供的，也可由深度相机内参标定得到。根据式(3-28)和式(3-29)可以将障碍物信息从深度相机坐标系转换到激光雷达坐标系下，具体转化关系如式(3-30)所示：

$$z_A \begin{bmatrix} u \\ v \\ 1 \end{bmatrix} = \begin{bmatrix} f_x & 0 & c_x & 0 \\ 0 & f_y & c_y & 0 \\ 0 & 0 & 1 & 0 \end{bmatrix} \begin{bmatrix} \boldsymbol{R} & \boldsymbol{T} \\ \boldsymbol{0}^{\mathrm{T}} & 1 \end{bmatrix} \begin{bmatrix} x_L \\ y_L \\ z_L \end{bmatrix} \tag{3-30}$$

激光雷达扫描障碍物时保持极坐标系与坐标系(O_L,X_L,Y_L,Z_L)在同一个平面内,所扫描的信息是极坐标形式(r_L,θ_L),r_L 为原点 O_L 到障碍物的距离,θ_L 表示障碍物和轴的夹角。激光雷达所获得的极坐标形式(r_L,θ_L)与激光雷达直角坐标系之间的关系为:

$$\begin{cases} z_L = r_L \cos\theta_L \\ x_L = r_L \sin\theta_L \end{cases} \tag{3-31}$$

为了便于计算,式(3-30)中 y_L 的值是可以确定的,只需保持激光雷达坐标原点和深度相机坐标原点在一个 Y 轴上,则 y_L 的值便为两个传感器垂直高度差 h,确定了 y_L 的值,则两个坐标系的转换关系变为:

$$z_A \begin{bmatrix} u \\ v \\ 1 \end{bmatrix} = \begin{bmatrix} f_x & 0 & c_x & 0 \\ 0 & f_y & c_y & 0 \\ 0 & 0 & 1 & 0 \end{bmatrix} \begin{bmatrix} \boldsymbol{R} & \boldsymbol{T} \\ \boldsymbol{0}^{\mathrm{T}} & 1 \end{bmatrix} \begin{bmatrix} r_L \cos\theta_L \\ h \\ r_L \sin\theta_L \end{bmatrix} \tag{3-32}$$

因此,只需要确定内部参数 f_x,f_y,c_x,c_y 的值后,联合标定问题便简化为:把多组深度相机数据 u,v,z_A 和激光雷达数据 r_L,θ_L 代入式中,通过多组线性方程组求解得到 $\boldsymbol{R}$、$\boldsymbol{T}$ 矩阵,进而确定两个坐标系之间的转换关系,最后完成联合标定。

3.2.2.3 融合建图策略

贝叶斯推理公式是基于贝叶斯定理的后验概率的统计数据融合的算法。可以通过观测向量 $\boldsymbol{Z}$,然后来估计状态向量 $\boldsymbol{X}$。假设在一个状态空间下,k 时刻的概率为 x_k,则此时的测量值为 $z_k=\{z_1,z_2,\cdots,z_k\}$,计算后验分布如下:

$$p(z_k \mid Z^k) = \frac{p(z_k \mid x_k)\, p(x_k \mid Z^{k-1})}{p(Z^k \mid Z^{k-1})} \tag{3-33}$$

式中,$p(z_k|x_k)$为似然函数;$p(x_k|Z^{k-1})$为先验分布函数;$p(Z^k|Z^{k-1})$是为了保证归一化,是归一化概率密度函数。设 O 表示观测到相机点云信息真实存在,$\bar{O}$ 表示观测到相机点云信息不存在;设 E 为表示相机的点云信息真实存在,$\bar{E}$ 为相机的点云信息不存在,可以得到后验概率的公式为:

$$P(E \mid O) = \frac{P(O \mid E)P(E)}{P(O \mid E)P(E) + P(O \mid \bar{E})P(\bar{E})} \tag{3-34}$$

$$P(E \mid \bar{O}) = \frac{P(\bar{O} \mid E)P(E)}{P(\bar{O} \mid E)P(E) + P(\bar{O} \mid \bar{E})P(\bar{E})} \tag{3-35}$$

式中，$P(E)$表示先验概率，$P(O|E)$表示观测模型，同时 $P(O|\bar{E})=1-P(\bar{O}|\bar{E})P(O|E)=1-P(\bar{O}|E)$。则可以将式(3-34)、式(3-35)更新点云真实存在的概率公式更新为：

$$P=\frac{P_s P_m}{P_s P_m+(1-P_s)(1-P_m)} \tag{3-36}$$

式中，P_m 和 $1-P_m$ 分别代表该点云真实存在的先验概率，P_s 代表点云真实存在的似然估计；P 代表激光雷达测量该点云真实存在的更新概率值。由于我们需要的是雷达所检测不到的点云信息，因此以激光雷达的点云数据为主，距离激光雷达越近的相机点云信息则给予越低的似然估计值，这样就可以通过贝叶斯推理融合方式去掉一些重复的点云信息和一些误差点云。

先验估计值设为 0.5。似然估计值根据相机点云距离激光雷达点云的距离来决定似然估计值的大小。设激光雷达的某一点云坐标为$(x_{\mathrm{Rplidar}},y_{\mathrm{Rplidar}})$，由于融合生成的点云都需要投影到二维平面中，因此不需要考虑 z 轴上的距离，只需要考虑 x，y 轴上的距离差，设相机生成的某一点云坐标为$(x_{\mathrm{Astra}},y_{\mathrm{Astra}})$，则可得距离 $dist_{\mathrm{last}}$ 为：

$$dist_{\mathrm{last}}=\sqrt{(x_{\mathrm{Rplidar}}-x_{\mathrm{Astra}})^2+(y_{\mathrm{Rplidar}}-y_{\mathrm{Astra}})^2} \tag{3-37}$$

这里，我们设定的最大距离为 $dist_{\max}=0.05\ \mathrm{m}$，最大距离是与两个点云之间的距离相比较，然后得出相信的似然估计值，具体为：

$$P_s=\begin{cases}1,\mathrm{if}\quad dist_{\mathrm{last}}\geqslant dist_{\max}\\ \dfrac{1}{1+\mathrm{e}^{-0.75\times dist_{\mathrm{last}}\times 10\div dist_{\max}}},\mathrm{if}\quad dist_{\mathrm{last}}\leqslant dist_{\max}\end{cases} \tag{3-38}$$

式(3-38)中，计算似然估计值的函数由 sigmoid 函数转变而来，两个公式所对应的 Sigmod 函数图形如图 3-17 所示。

似然估计值的大小与激光雷达点云和深度相机点云的距离呈图 3-17(b)所示的关系。该函数保证了在距离很小的情况下，对应的似然估计值接近于 0。一开始使用的是正比例函数，即 $P_s=\dfrac{dist_{\mathrm{last}}}{dist_{\max}}$，在相互比较融合点云效果后，最终选择了图 3-17(b)所示的关系。

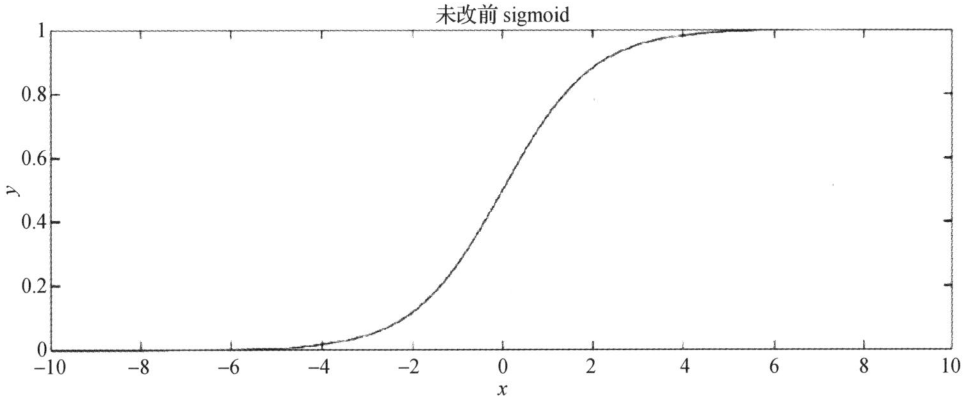

(a)sigmoid 函数图形

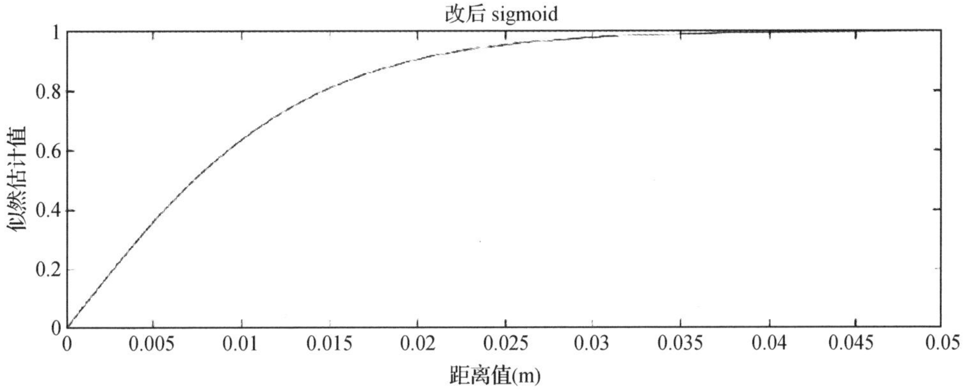

(b)修改后 sigmoid 函数图形

图 3-17 sigmoid **函数图形修改前与修改后对比图**

点云真实存在的概率由式(3-38)进行更新,一般真实存在的概率阈值设定为 0.5。最后直接使用 pointcloud_to_laserscan 功能包,将融合生成的三维点云转化成数据格式为 laserscan 的二维点云。将该话题 scan_fusion 写入 Cartographer 建图算法中的 launch 文件中,取代原有的 scan 话题,并将 sensor_fusion. launch 文件写入启动建图的 launch 文件中即可。

3.2.2.4 雷达扫描角度调整

在建图过程中,相机能扫到障碍物,也会在地图上显示障碍物,一旦相机没扫到障碍物,障碍物便会逐渐消失。针对此现象,考虑到建图算法式(3-22)中的栅格更新公式,可知是由于相机扫到障碍物,数据更新提高,高于栅格阈值后,便会在地图上显示;但是一旦相机扫不到障碍物,激光雷达仍旧可以扫到该栅格,只是在该栅格上检测不到障碍物,则该栅格的数据便会降低,会导致一开始扫出来的障碍物在相机未扫到之后会消失的现象。针对此问题，可通过调整激光雷达的扫描视角来避免。

3.3 移动机器人导航基础

移动机器人依靠 SLAM 算法感知环境并定位，保存栅格地图用于路径规划及导航。当机器人再次经过已知环境后，可加载地图并重定位，为机器人路径规划及导航提供良好基础。因此，学者们开发出多种地图重定位及路径规划算法，实现室内轮式机器人自主移动。

3.3.1 基于 AMCL 的地图重定位算法

自适应蒙特卡罗定位（Adaptive Monte Carlo Localization，AMCL）算法是一种基于粒子滤波器的概率估计算法，可应用于移动机器人重定位领域。传统的蒙特卡罗定位（Monte Carlo Localization，MCL）算法以粒子滤波算法为基础，根据机器人运动学模型及传感数据预测粒子群位姿；匹配激光雷达观测数据与栅格地图数据，解算最大匹配概率得到移动机器人在全局地图中的位姿；结合重要性采样、重采样等方法更新机器人位姿。蒙特卡罗定位算法的主要流程分为 4 部分：

（1）初始化粒子集。定义大小为 N 的粒子集，若已知机器人初始位姿，则复制粒子位姿为机器人初始位姿；若未知机器人位姿，则在栅格地图中随机生成 N 个位姿。

（2）预测。根据运动模型，预测 k 时刻粒子群位姿，并按比例添加随机采样粒子，增加位姿多样性。

（3）粒子权重计算。将当前时刻激光雷达观测数据应用至每个粒子的位姿上，匹配激光数据与栅格地图数据，计算粒子权重，经归一化处理得到最优位姿估计。

（4）重采样。根据选择性重采样算法调整粒子分布，将高权重粒子按比例复制，删除低权重粒子，以此保持粒子数量一致，使粒子逐渐靠拢。

蒙特卡罗定位算法理论上解决了机器人无需初始化位姿便可定位的问题，但存在机器人绑架问题，即通过人工干预的方式将机器人搬动到地图其他位置时，大量高权重粒子突然变低并被算法删除，造成粒子群位姿分布差异性增多，导致机器人定位失效。因此，AMCL 算法提出粒子权重长期变化均值 ω_{slow} 和短期变化均值 ω_{fast}，根据设定的长期变化率 α_{slow} 和短期变化率 α_{fast}，调整机器人状态，调整策略可表示为：

$$\begin{cases}\omega_{slow}=\omega_{slow}+\alpha_{slow}(\omega_{avg}-\omega_{slow})\\ \omega_{fast}=\omega_{fast}+\alpha_{fast}(\omega_{avg}-\omega_{fast})\end{cases} \tag{3-39}$$

当机器人定位较精准时，粒子集会聚拢在小车真实位置周围，若仍保持相同数量的粒子数，则会造成大量资源的浪费。因此，AMCL 算法加入 KLD 采样，动态维持定位所需的粒子数量，使动态粒子数量 N_{KLD} 满足：

$$N_{KLD}=\frac{K-1}{2\alpha}\left(1-\frac{2}{9(K-1)}+\sqrt{\frac{2}{9(K-1)}}\beta\right)^3 \tag{3-40}$$

式中，K 表示粒子集对栅格地图的覆盖程度，α 表示误差最大值，β 表示标准正态分布的分位数。图 3-18(a)表示 AMCL 算法初始化粒子分布，箭头表示粒子位姿，此时定位不清晰；随着传感器数据的获取和粒子滤波迭代更新估计值，粒子位姿逐渐聚拢，移动机器人精确定位，如图 3-18(b)所示。

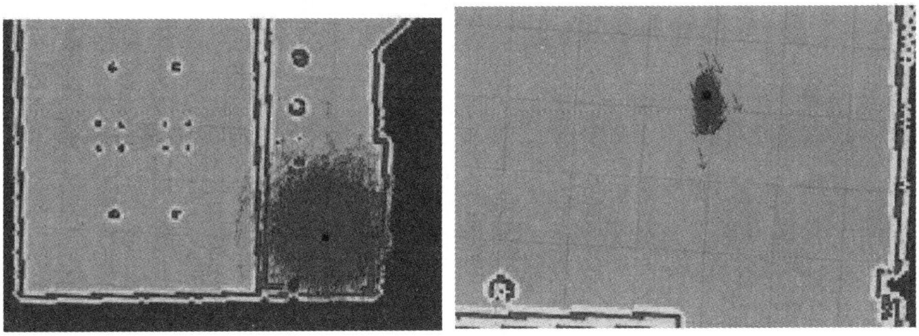

(a)AMCL 算法初始化粒子分布　　(b)AMCL 算法定位效果

图 3-18　AMCL 地图重定位算法效果

3.3.2　基于 A* 算法的路径规划

路径规划是机器人导航的重要环节，获取环境地图和机器人位姿后，路径规划算法根据当前点和目标点规划路径并驱动机器人导航。常见的全局路径规划算法有 Dijkstra 算法、广度优先搜索算法、最佳优先搜索算法和 A* 算法等，其本质是最短路径问题。A* 算法是一种启发式搜索(Heuristic Approaches)和常规搜索相结合的路径规划算法，适用于静态地图的路径规划问题。A* 算法的评估代价函数为：

$$f(n)=g(n)+h(n) \tag{3-41}$$

式中，$f(n)$表示全局代价，$g(n)$表示正向代价，$h(n)$表示启发式评估代价(Heuristic Estimated Cost)。A* 算法将机器人初始位姿作为起始节点，计算邻域内所有节点的全局评估代价 $f(n)$，确定 $f(n)$最小的节点为下一次循环的起始节点，并储存节点链接关系。重复循环直至搜索到目标节点，追溯各节点关系得到机器人最优路径，A* 算法路径规划效果如图 3-19 所示：

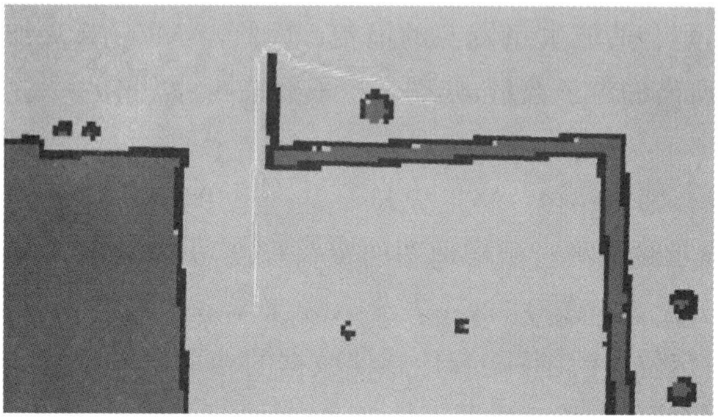

图 3-19　A* 算法路径规划效果

3.3.3　导航算法改进

在 ROS 提供的导航框架的基础上实现自动发布目标点的功能在移动机器人应用中有一定意义。本书实现了一种在 move_base 功能包的基础上开发的多点导航算法，其算法流程如图 3-20 所示，该算法实现通过脚本语言向移动机器人自动发布多个目标点位置的功能。通过该算法机器人可以自主发布目标点位置以及在目标点停留的时间，省去了人为手动发布目标点的工作，从而实现了完全自主导航。该算法的实现是通过 move_base 的 action 机制实现的。首先，创建一个节点，在节点中订阅 move_base 服务器的消息；其次，设置好目标点，等待 move_base 服务器的响应；最后，当 move_base 服务器响应时，移动机器人就可以接收到发布的目标点。

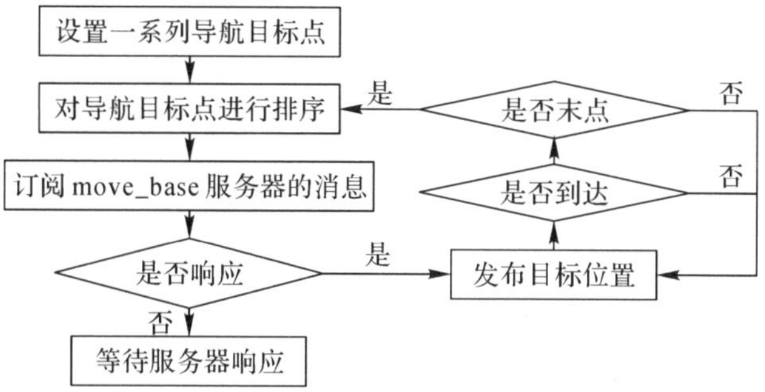

图 3-20 多点导航算法流程

3.3.4 移动机器人自主导航系统方案设计

测试该自主导航系统的可行性，需要合适的机器人平台、硬件以及软件平台，本节主要介绍所选用的移动机器人平台，并介绍所用到的传感器，最后叙述软件结构组成部分，为验证该自主导航系统的可行性提供基础。

3.3.4.1 系统目标功能

该多传感器融合的室内自主导航系统的目标功能是能在室内环境下（如商场、办公大楼和家庭等）稳定地工作，能够实现环境地图构建、自主定位以及路径规划与避障等功能。根据系统需求，该系统需要具备以下的具体功能。

1. 环境地图构建功能

在室内环境下，控制机器人移动，通过搭载的 2D 激光雷达和深度相机，绘制出比单一 2D 激光雷达地图信息更加完整的二维栅格地图，接着通过 EKF 算法融合里程计、IMU 和 UWB 模块，在建图过程中提供更加精确的定位信息，给之后的导航提供信息更加全面的先验地图。

2. 室内自主定位功能

基于已知地图，在指定目标点前需要完成全局定位，针对传统的全局定位需要人为干预才能完成的不足，通过结合 UWB 模块以及两种改进方式实现不需要人为干预的全局定位。在导航过程中，在 EKF 算法得到定位信息的基础上，通过自适应蒙特卡罗算法融合里程计、IMU、UWB 和激光雷达，进一步提升定位精度，以满足复杂室内环境下对定位精度高的要求。

3.路径规划与避障功能

通过在上位机系统指定目标点,然后将指令传输到机器人系统中,系统根据全局路径规划规划出一条最优路径,然后沿着该路径运动。在运动过程中可能会遇到新增的障碍物,通过局部路径规划检测到该障碍物,然后重新规划出局部路径,躲避障碍物后再由全局路径规划规划路径,最终达到目标点。

3.3.4.2 系统总体设计方案

为测试该系统的可行性,需要搭建一个移动机器人平台,搭建的机器人平台上搭载了一个装有 Ubuntu 18.04 的 Nano 计算机平台,整个系统的算法实现都由这个计算平台完成,激光雷达 RPLIDAR A1、Astra Pro 相机和 UWB 定位模块都是通过 USB2.0 接口与计算单元通信,如图 3-21 所示。

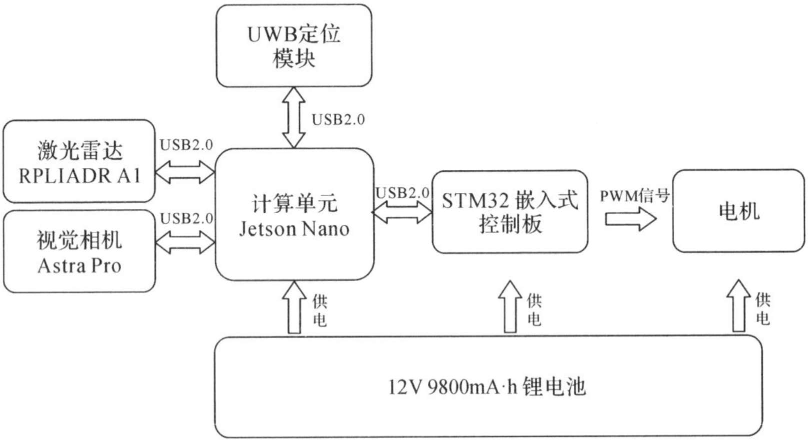

图 3-21 硬件结构图

系统设计图框架如图 3-22 所示。

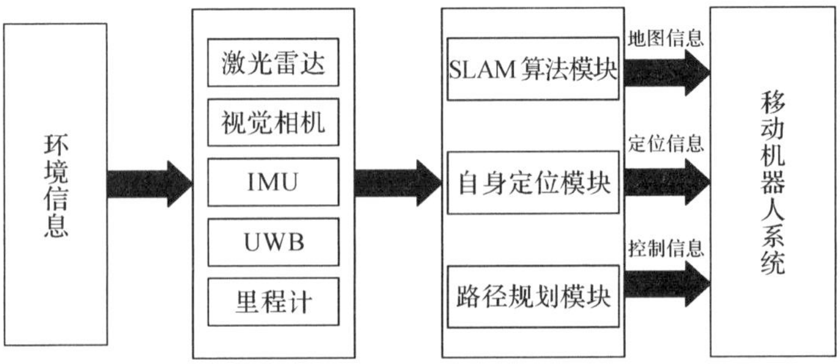

图 3-22 系统设计图框架

3.3.4.3　机器人硬件设备

1. 移动机器人平台

该移动机器人平台选择的是专门研发的四轮驱动移动机器人，四轮驱动结构能够保证车体的稳定性，获得较好的建图效果，非常适合用于 SLAM 技术的开发。表 3-2 为该移动机器人平台性能参数。

表 3-2　移动机器人平台性能参数表

参数	规格
最大速度	1.2 m/s
尺寸	270 mm×220 mm×187 mm
质量	2.68 kg
负载能力	6 kg

该移动机器人平台主要包括三部分，分别为计算单元、STM32 嵌入式控制板以及车轮电池电机等其他部件。计算单元为 Jetson Nano 微型计算机，最后通过 ssh 指令远程登录该微型计算机进行相关控制。STM32 控制板通过串口通信协议与计算单元做数据传输，接受上位机所下发的小车控制指令以及上传该移动机器人的里程计信息，这个嵌入式控制板上有一颗 MPU9250 高精度九轴 IMU。

2. 激光雷达

激光雷达作为移动机器人的核心设备之一，是目前室内移动机器人应用最广泛的传感器之一，主要的作用是用来检测障碍物环境和构建地图。根据测量维度可以分为 2D 激光雷达和 3D 激光雷达，但在室内环境下，由于 3D 激光雷达成本过高几乎不使用，因此应用广泛的还是 2D 激光雷达。

这里选择的激光雷达是定制版思岚 A1 激光雷达，扫描频率超过普通版的 5.5 Hz，达到了 10 Hz，各项参数见表 3-3。

表 3-3　激光雷达性能参数表

类型	单位	最小值	典型值	最大值
测距	米	—	0.1512	—
扫描范围	度	—	0～360	—

续表

类型	单位	最小值	典型值	最大值
测距分辨率	毫米	—	<0.5	—
角度分辨率	度	0.45	0.9	1.35
单次测距时间	毫秒	—	0.25	—
测量频率	赫兹	2000	4000	8000
扫描频率	赫兹	5	10	15

思岚 A1 激光雷达的扫描范围为 360°,可以通过修改启动雷达的 launch 文件里的起始角度和终止角度来更改扫描范围。为了融合建图算法的实施效果,牺牲了激光雷达的扫描角度,将扫描范围修改成 180°。

思岚 A1 激光雷达采用的是激光三角测距技术,工作原理为利用红外激光光束获得相应的环境信息。利用 2D 激光雷达扫描可得到 360 个极坐标点,设为 $a_k(r_k,\theta_k)$,$k=1,2,\cdots,360$,其中 r_k 和 θ_k 分别是扫描所得到的距离值和角度值。可通过式(3-42)将极坐标下的数据转换得到障碍物在该激光雷达坐标系下的坐标。

$$\begin{cases} x_k = r_k\cos\theta_k \\ y_k = r_k\sin\theta_k \end{cases} \tag{3-42}$$

3. 深度相机

Astra Pro 相机是奥比中光公司研制的一款深度(RGB—D)相机,该款相机集成了 RGB 相机和结构光相机,能够实时提供 RGB 图像以及深度信息。结构光的测距主要依靠相机上的红外激光器,当结构光照射到物体上时,会采集到相关结构光特征,呈现出不同的相位信息,距离信息主要就是由这些相位信息计算而得到的。Astra Pro 相机的测距原理也与其类似,主要是通过散斑来确定空间中的每一个物体的位置,散斑即相干光从粗糙表面反射或散射或透射形成的随机分布的斑点。相机上的 COMS 感应器感知到散斑,再由 Orbbec 芯片完成这一系列的计算,计算出每个散斑所对应的距离,从而生成一张深度图像。结构光相机相较于双目立体视觉测距的相机和 TOF 测距的相机,从其综合表现来看,结构光相机是这三种 3D 传感器技术中最优的。表 2-3 是 Astra Pro 深度相机的参数指标。

表 2-3 Astra Pro 深度相机的参数指标

参数	值
分辨率	640×480
帧率	30 fps
检测角度(水平)	58.4°
检测角度(垂直)	45.5°

4. 超宽带

UWB 技术是一种无线载波通信技术，具有抗多径能力强、系统复杂性低等特点，相较于传统的无线定位技术定位精度更高，可实现厘米级别的高精度定位，满足室内环境下对定位精度的高要求。由于在室内环境下会有较多障碍物，因此会使 UWB 模块造成非视距误差，且 UWB 本身就有很大噪声，所以 UWB 无法单独用于机器人室内定位，须结合别的传感器才能降低噪声，提高定位的精度。这里采用 LinkPG 型号的 UWB 定位模块，包含三个基站、一个标签，其中基站 A 为主机站，与笔记本端的上位机相连，标签 0 则负责和机器人上的微型计算机 Jetson nano 通信，负责将位置数据传输给机器人端的微型计算机。该定位系统的定位精度可达 10 cm，测距范围为 600 m。

该 UWB 模块的测距原理是基于到达时间(Time of Arrival，TOA)的定位方法。该方法在测量定位时的基本原理为：至少需要使用三个固定节点，这个三个固定节点在使用中就是三个基站，在图 3-23 中为 AN_1、AN_2、AN_3 三个接入点，然后计算出三个点到达 TN 的时间，TN 便为标签，将该时间与传播速度相乘就可以得到三个基站与标签的距离。最后以各基站为圆心，各个基站到标签的距离作为半径，就可以作三个圆，在理想情况下，三个圆会交于同一点，该点变为待估计位置的标签。

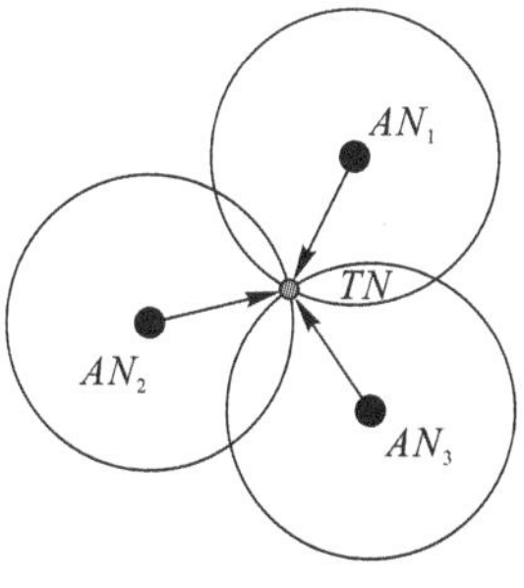

图 3-23 TOA 定位算法图

在图 3-24 中 TN 为标签，即为待估计位置的点，它的坐标设为(X_{TN},Y_{TN})，另外三个基站的坐标分别为(X_{AN_1},Y_{AN_1})、(X_{AN_2},Y_{AN_2})、(X_{AN_3},Y_{AN_3})，根据几何关系，可得式：

$$\begin{cases}\sqrt{(X_{TN}-X_{AN_1})^2+(Y_{TN}-Y_{AN_1})^2}=c\times t_{AN_1}\\ \sqrt{(X_{TN}-X_{AN_2})^2+(Y_{TN}-Y_{AN_2})^2}=c\times t_{AN_2}\\ \sqrt{(X_{TN}-X_{AN_3})^2+(Y_{TN}-Y_{AN_3})^2}=c\times t_{AN_3}\end{cases} \tag{3-43}$$

式中，c 为光速，t_{AN_1}、t_{AN_2}、t_{AN_3} 为标签点到三个基站 AN_1、AN_2、AN_3 的传播时间，通过上述方程组可以求解出标签点的坐标。

3.3.4.4 系统软件结构设计

该系统的软件部分是基于 ROS 系统进行开发的，主要包括基于 Cartographer 算法的激光雷达和深度相机融合的建图算法，基于扩展卡尔曼滤波算法融合里程计、IMU 和 UWB 的 SLAM 过程中的定位算法，基于自适应蒙特卡罗算法融合的导航过程中的定位算法，融合 UWB 模块的自主全局定位算法。

1. 软件的运行环境

软件的运行环境为 ROS 系统，是在 Linux 上的一种操作系统，随着近些年机器人技术的发展，该系统已经包含大量的代码程序库和可视化工具，比如，我们在机器人设计中常用的可视化工具 Rviz 和三维仿真软件 Gazeboo ROS。

节点与节点之间交互数据的方式是通过话题来转发的，ROS 最大的核心便是通信机制，通过节点、订阅、发布、消息和话题等机制组成。两个节点之间的通信方式最常见的有话题和服务。如图 3-24 为 ROS 的通信机制示意图。

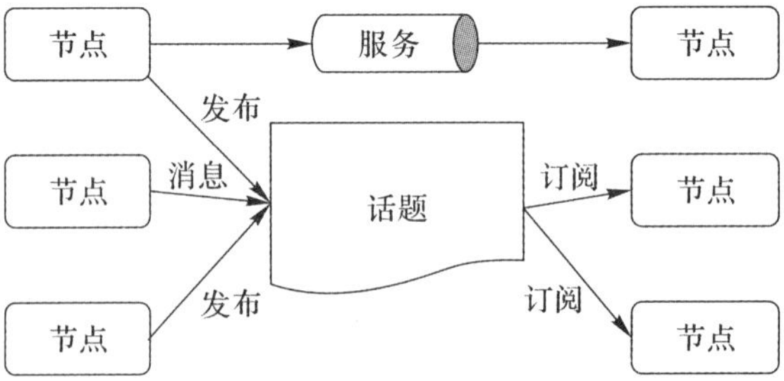

图 3-24 ROS 通信机制图

在开发过程中开发者们通过使用开源功能包，极大地简化了开发任务，在本书中，便使用 laserscan_to_pointcloud 以及 pointcloud_to_laserscan 两个功能来开发激光雷达和深度相机融合。在定位模块中，使用 robot_pose_ekf 功能包进行开发，加入 UWB 模块的相关数据传入以及数据处理，然后在 amcl 功能包基础上开发全局定位模块以及轨迹跟踪模块。

2. 基于多传感器融合的 SLAM 模块设计

机器人在未知环境下进行建图，首要的任务就是通过搭载的传感器采集环境信息。但 2D 激光雷达只能扫描一个平面上的障碍物，别的高度的障碍物信息都无法被采集到，同时 3D 激光雷达成本又过高，基本不采用。另外，在室内复杂环境下，对机器人的定位要求比较高，定位的准确性直接影响了建图效果以及之后的导航功能，仅依靠里程计信息以及 IMU 信息定位会存在较大偏差和定位不准确的问题。

针对以上的不足，本模块采用 2D 激光雷达与深度相机融合建图，以及利用扩展卡尔曼滤波算法融合里程计、IMU 以及 UWB 模块，修正里程计位置信息偏差较大的不足，然后基于 Cartographer 算法设计了如图 3-25 所示的 SLAM 模块。

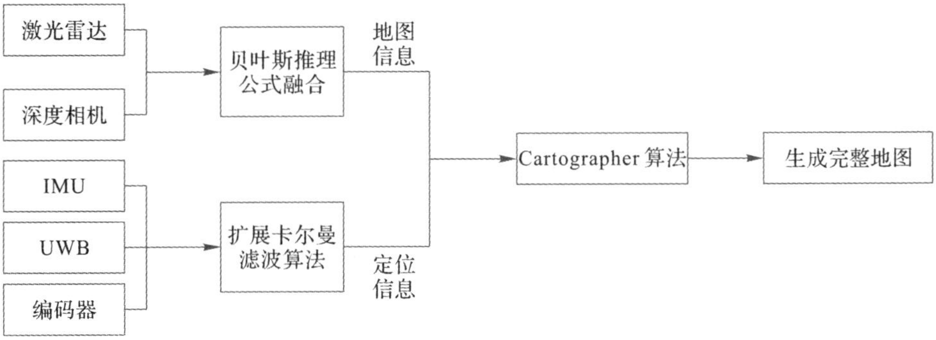

图 3-25　SLAM 模块结构图

3. 基于多传感器融合的导航模块设计

导航模块是该自主导航系统能够实现室内定位和路径规划的核心模块，在路径规划前，需要先进行全局定位，在路径规划过程中，则需要进行轨迹跟踪，即局部定位，全局定位和局部定位在导航过程中起着至关重要的作用。本书针对导航过程中局部定位精度不够和全局定位需要人为干预的不足，设计了如图 3-26 所示模块。

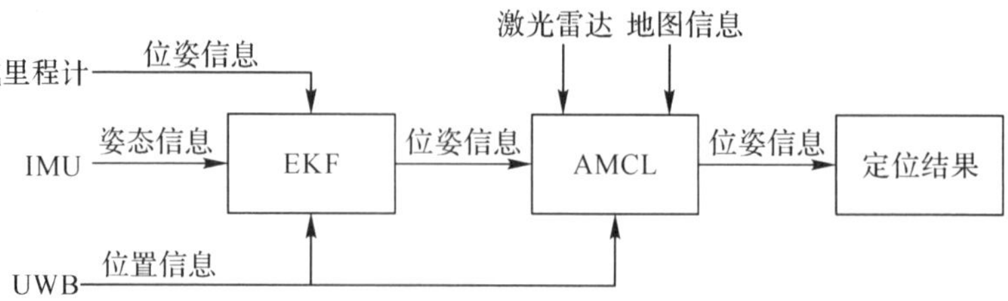

图 3-26　导航过程中的定位模块结构图

首先把 UWB 模块的位置信息提供给自适应蒙特卡罗算法进行导航开始前的全局定位，将通过自适应蒙特卡罗算法融合扩展卡尔曼滤波算法的定位结果与激光雷达扫描匹配的定位结果用于轨迹跟踪。

在解决了定位问题以后，接下来就是路径规划问题。路径规划流程如图 3-27 所示。首先通过全局定位确定准确的初始位姿，然后指定目标地点，进行全局路径规划，若遇到动态障碍物，则通过局部路径规划避障。避障完成后，再通过全局路径规划规划出路径，最终达到目标地点。

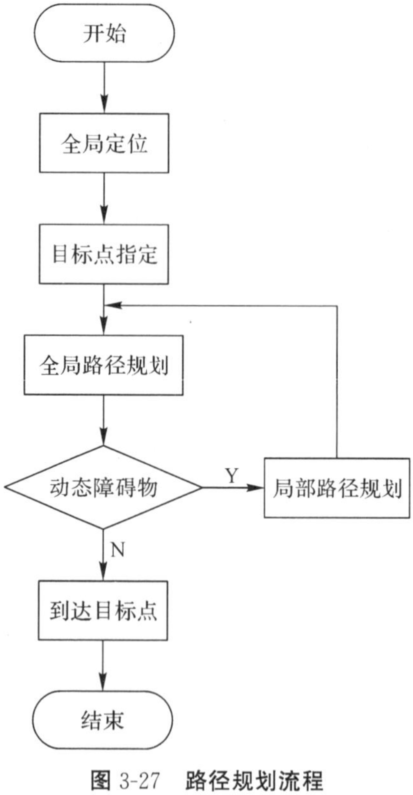

图 3-27　路径规划流程

前面主要介绍了基于多传感器融合的室内自主导航设计的方案。首先介绍了系统目标功能和总体方案设计。其次介绍了硬件平台和软件结构，其中硬件部分分别讲述了移动机器人平台、激光雷达、深度相机几种硬件设备，软件部分介绍了软件平台 ROS 的基本框架。最后给出基于多传感器融合的 SLAM 模块、定位模块与导航模块，为后续进行自主导航系统的设计与实现提供基础。

4　移动机器人避障路径规划算法

4.1　路径规划算法及建模方法

4.1.1　路径规划基本概念

从路径的角度分析，路径规划是对路径如何生成的一种理论指导；从路径点的角度分析，路径规划是寻找并连接路径中重要节点的方法。路径规划通俗来讲是对路径轨迹的决策，即规划出从起点到终点之间的无碰撞可通行路径。路径规划只有几何属性，与时间无关，只关心位置，可以在平面层次以及立体层次方面进行运动。路径规划常规来讲多指任务层级的规划或者平面移动机器人的运动规划。移动机器人路径规划的输入是给定环境的机器人起点与终点，其输出是行进的路径。

移动机器人路径规划的性能指标如图 4-1 所示，包括五个主要部分。合理性：机器人可以执行的且符合约束条件的路径。完备性：客观存在的无碰撞路径必然可被寻得。最优性：时间最少，距离最短，能耗最低。实时性：移动机器人可以实时获取周围环境信息并执行相应调整命令。适应性：适应动态环境改变的能力。路径规划的目标是使路径与障碍物之间的距离尽量远且路径的长度尽量短，即在安全抵达终点的前提下，实现移动机器人实时避障，快速寻优。

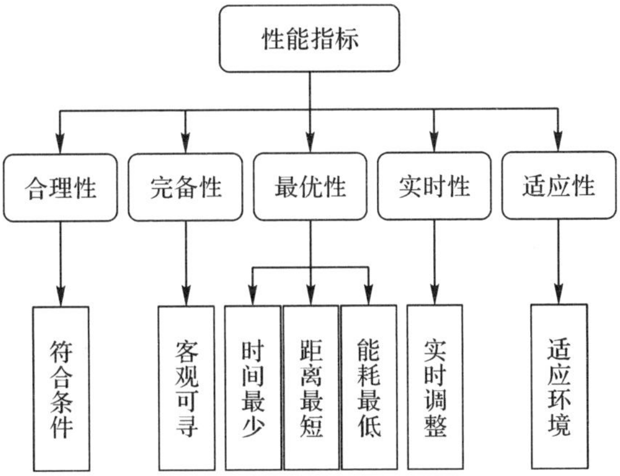

图 4-1 **路径规划的性能指标**

移动机器人路径规划过程可以概括为以下几个方面:一是获取环境信息,即通过各类传感器的数据来感知周围环境;二是获取起点和终点位置,即确定移动机器人在地图环境中的初始点及目标点;三是障碍物的环境表示,即确定移动机器人在地图环境中的不可通行区域;四是使用算法规划路径,即把整体路径区域划分为若干局部离散区域,在离散区域规划子路径,连接不同子路径形成完整路径,从规划好的众多完整路径中选取性能指标最优的路径;五是平滑路径,即对选取的最优路径中弯曲部分进行平滑处理。

4.1.2 路径规划分类

移动机器人路径规划类型多种多样,根据不同的分类标准,可以划分出不同的类型,如图 4-2 所示。路径规划最常见的分类标准有三种,分别是空间描述方式、环境认知程度、规划目标。其中,最常见且最主要的分类标准是环境认知程度,若移动机器人在运动前对所有环境信息不清楚或只知晓一部分,则是局部路径规划;反之,则是全局路径规划。这两种规划方式根据环境中障碍物的运动情况,可细分为静态和动态两种类型。同样地,全局路径规划和局部路径规划都有自身的特点,它们不仅优化的方向和标准是不同的,并且环境模型以及路径搜寻模式也是不同的。

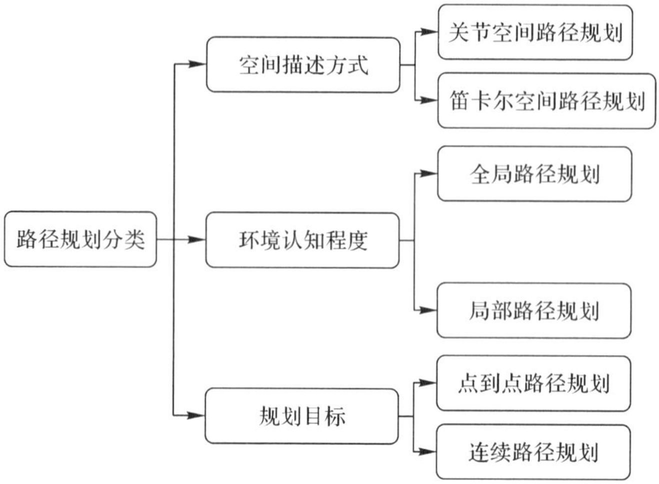

图 4-2 路径规划分类

4.1.3 路径规划算法分类

路径规划算法主要是针对优化移动机器人路径而提出，并以之为基础进行研究的。路径规划算法按照研究的时代性主要分为传统算法和启发式算法。传统算法是算法研究前期所提出的算法，是一种基础算法，可以寻得最优解，但计算量大；启发式算法是近年来提出的算法，可以解决复杂的路径问题，生成快速寻优策略，总体效率远高于传统算法；采用混合思想将两种算法融合在一起是一种新的算法思路。现阶段，路径规划算法主要为局部路径规划算法和全局路径规划算法。局部路径规划算法获取最优路径时灵活性强，可以实现实时避障，应对复杂多变环境。全局路径规划算法可以有效避免陷入局部最优。

路径规划算法分类如图 4-3 所示，从图中可以看出各种算法的归属类型；可以看出仿生算法及启发式算法渐成主流；不难以看出在解决复杂多变路径规划问题时，局部路径规划算法和全局路径规划算法相结合的混合算法是未来的主要研究方向。

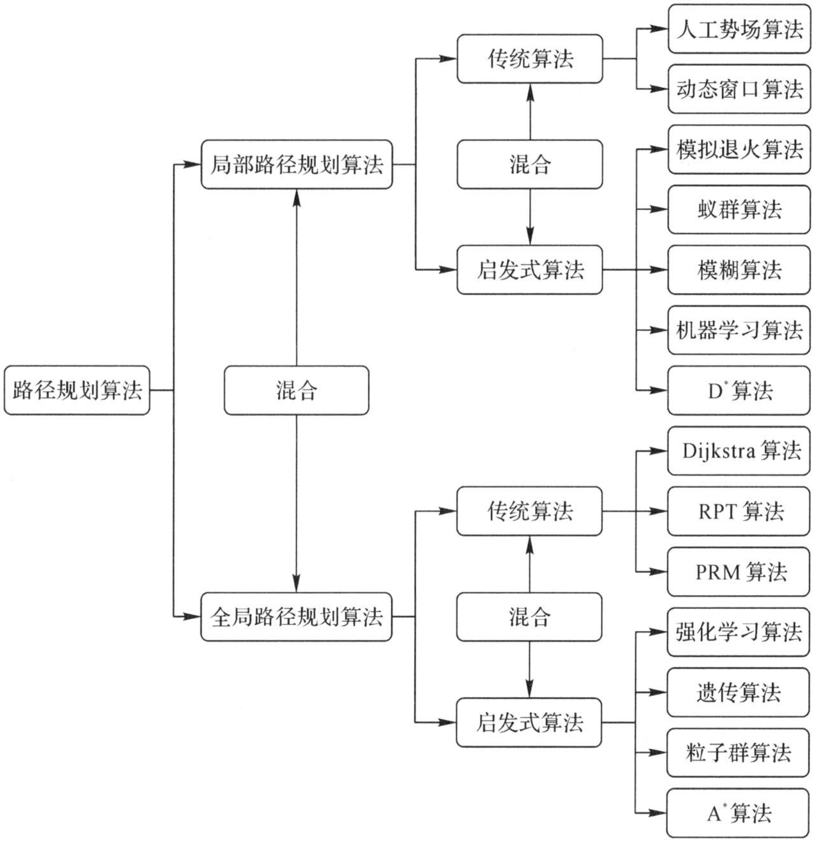

图 4-3 **路径规划算法分类**

路径规划技术在机器人研究中有着重要的地位,由以下两类组成:信息全部掌握,根据已经掌握的信息如障碍物的数量和大小进行环境建模,进而规划路径,这是全局路径规划;已知信息较少,机器人行进时需要实时感应并不断做出调整,这是局部路径规划。

利用摄像头等设备扫描整个工作环境后便可生成全局地图进行全局路径规划,根据要求搜索到合适的路径;利用摄像头等设备扫描当前位置的实时环境信息生成实时局部地图,帮助机器人躲避未知障碍物。如何将全局路径规划算法和局部路径规划算法结合替机器人规划安全可行的路径是路径规划领域研究的核心问题。

4.1.3.1 全局路径规划算法

全局规划算法是一种离线规划方法,由以下两步组成:环境建模和路径搜索。

环境建模常用的方法有以下几种。

第一,几何表示法。使用几何元素模拟障碍物。与其他环境地图相比,几何地图表示的障碍物信息更为准确,有利于机器人的识别。缺点是几何图形的特征较难提取。几何表示法适用于障碍物的几何特征较为简单的室内环境。

第二,栅格法。将环境地图划分为类似栅格的多个单元格。当栅格单元内为障碍物时,则机器人不可通过;反之,机器人可自由行走。若栅格划分得越多,则障碍物信息便更为准确,有利于机器人的识别避障,但是计算量会大大提高;反之,计算量减少,但会浪费大量空间,使规划的路径不够细致,增加机器人行走的距离。因此,栅格的划分需要依据不同的情况具体确定。

第三,拓扑法。将障碍物进行拓扑划分为多个空间,建模时间和存储空间均较少。拓扑法具有结构简单、鲁棒性强等优点,适用于障碍物分布稀疏、空间较大的地图环境,当障碍物几何特征不明显时拓扑法具有一定的局限性,不利于规划控制。

环境建模完成后便可进行路径搜索。常用的全局规划算法有以下几种。

1. 粒子群算法

粒子群算法(Particle Swarm Optimization,PSO)模拟鸟群觅食行为,通过一个矢量速度调整自己的位置,矢量速度由个体极值和全局极值来控制,通过迭代不断更新位置最终找到最短路径。该算法于 1995 年被提出,它是一种并行算法。该算法的优缺点:有易实现、计算简单等优点,也存在易陷入局部最优解、早熟收敛等缺点。敖永才等[①]提出了一种惯性权重置零的改进方法,淘汰适应度值较差的粒子,减少了无效迭代,提升了算法的收敛性。姜建国等[②]提出了一种自适应加速因子的改进方法,通过这一方法使路径更优,收敛速度更快。颜雪松等[③]在算法中引入精英选择机制,保留适应度更好的粒子,使算法得到了优化。

2. A* 算法

A* 算法利用启发式搜索的思想,是一种根据对在状态空间中搜索得出的解

---

① 敖永才,师奕兵,张伟.自适应惯性权重的改进粒子群算法[J].电子科技大学学报,2014,43(6):874—880.

② 姜建国,田旻,王向前,等,采用扰动加速因子的自适应粒子群优化算法[J].西安电子科技大学学报,2012,39(4):74—80.

③ 颜雪松,胡成玉,姚宏,等.精英粒子群优化算法及其在机器人路径规划中的应用[J].光学精密工程,2013,21(12):3160—3168.

采用评价函数来计算代价从而寻找最优的搜索结果的算法，依次寻找起始节点与终止节点之间的满足优化条件即代价函数最小化的中间节点的位置。代价评估函数可以写成以下形式：

$$f(n)=g(n)+h(n) \tag{4-1}$$

式中，$f(n)$为中间节点 n 的代价估计函数；$g(n)$为起始节点→中间节点 n 的路径代价函数；$h(n)$为启发函数，中间节点 n→终止节点的路径代价函数。

由于启发函数 $h(n)$可以给算法提供任一中间节点到终止节点的最小代价，因此 $h(n)$的选择可以决定算法的行为：

(1)$h(n)=0$：极端现象，A^*→Dijkstra 算法，只能寻找最短路径；

(2)$h(n)<$真实代价：寻找最短路径，取值越小，算法拓展节点越多，运行越慢；

(3)$h(n)=$真实代价：寻找最佳路径，但只有特定情景可以精确相等；

(4)$h(n)>$真实代价：不能保证路径最短，但运行速度会随取值增大而加快；

(5)$h(n)\gg$真实代价：极端现象，A^*→BFS 算法，快速导向目标，运行较快。

传统 A^* 算法由于使用 8 邻域搜索原则，容易造成路径较长且拐点较多的情况即形成锯齿状路径，考虑到在现实情况下这种路径容易造成运行过程中的跳变现象，因此需要使用平滑处理对路径进行优化。一般的平滑优化只是在转弯时进行拐点的优化，优化结果仍然可能会有多余拐角。针对这种情况本节使用了一种改进的平滑优化算法，即寻找在直线范围内可连通并直接运行达到的最远节点，且将与最远节点之间的节点判定为无效，从而在地图中寻找拐角最少的路径。

传统 A^* 算法和改进的 A^* 算法效果如图 4-4 所示。

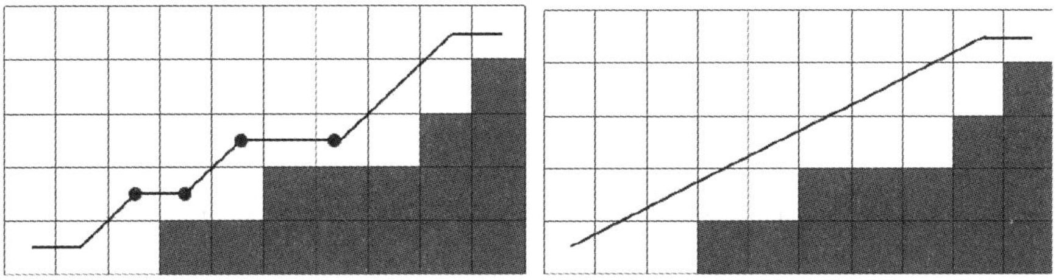

图 4-4 传统 A^* 算法(左)和改进的 A^* 算法(右)

平滑优化算法策略如下：

(1)判断起点与当前节点的下一节点可否直接通行，如果可以则舍弃当前节点，连接起点与下一节点；

(2)重复(1)直至寻找到必须保留的拐点;

(3)将此拐点设为起点,重复前两步寻找下一个拐点,直至到达终点。

3. 遗传算法

遗传算法(Genetic Algorithm,GA)模拟生物进化对空间进行路径搜索。它将路径规划中的可行路径看作生物种群中的个体或染色体,对染色体进行编码,根据生物遗传、交叉、变异的原理不断进化,通过设计个体的适应度函数并对其进行评价,优胜劣汰直至搜索到最短路径。遗传算法由美国学者 J. Holland 于 1975 年提出。为了将遗传算法更好地应用于实际问题,近年来,多种改进遗传算法被研究者们提出。Cheng 等①将路径规划问题视为一个多目标优化问题,并基于 4 个自定义适应度目标函数对结果进行评价。Hao 等②将一个大种群随机分成几个种群数目相同的小种群,种群间的迁移机制取代了选择算子的筛选机制,改进了交叉算子和变异算子等操作,不仅适用于各种比例尺和各种障碍物分布的仿真地图,而且具有优越的性能,有效地解决了基本遗传算法的问题。Lamini 等③不仅提出了一种改进的交叉算子,算法的早熟收敛得到明显改善,还提出了一种考虑距离、安全性和能量的新的适应度函数,有助于算法找到最优路径。Qu 等④提出了一种新的遗传修正算子,增强了改进的遗传算法逃出局部最优路径的能力。孙波等⑤提出一种自适应遗传算法,使收敛速度加快的同时保证了机器人行驶的安全性。

4.1.3.2 局部路径规划算法

局部路径规划是一种在线规划方法。常用的局部路径规划算法主要有以下几种。

---

① Cheng K P, Rajesh E M, Nguyen H K N, et al. Multi－Objective Genetic Algorithm－Based Autonomous Path Planning for Hinged－Tetro R econ figurable Tiling Robot[J]. IEEE Access, 2020(8): 121267－121284.

② Hao K, ZhaoJ L, Yu K C, et al. Path Planning of Mobile Robots Based on a Multi－Population Migration Genetic Algorithm[J]. Sensors, 2020, 20(20) : 5873－5873.

③ Lamini C, Benhlima S, Elbekri A. Genetic Algorithm Based Approach for Autonomous Mobile Robot Path Planning[J]. Procedia Computer Science, 2018, 127: 180－189.

④ Qu H, Xing K, Alexander T. An improved genetic algorithm with co－evolutionary strategy for global path planning of multiple mobile robots[J]. Neurocomputing, 2013, 120: 509－517.

⑤ 孙波,姜平,周根荣,等.改进遗传算法在移动机器人路径规划中的应用[J].计算机工程与应用,2019,55(17):162－168.

1. 蚁群算法

蚁群算法（Ant Colony Optimization，ACO）模拟蚂蚁觅食行为，蚂蚁在行走的路径上留下信息素，短路径上的信息素越聚越多，吸引蚂蚁往长度更短的路径上移动，直至找到最短路径。蚁群算法的规划性能相对较好，理论上能够发现最优解，但是在应用于机器人路径规划时仍然存在一定的缺点，缩短运算时间、加快收敛速度和全局搜索以跳出局部最优解是它要解决的问题。为了解决蚁群算法的不足，各种改进的蚁群算法被研究人员提出。游晓明等[①]提出了动态搜索诱导算子，使阈值动态地变化，通过这一方法，算法解的质量和收敛速度都得到了提高。杜鹏桢等[②]在 TSP 问题中对城市进行了分类，并将蚁群算法分为多个种类执行不同的搜索策略，提高了蚁群算法的多样性和求解质量，引入赏罚因子提高算法的搜索速度。王晓燕等[③]将人工势场法与蚁群算法结合，利用人工势场法对蚁群算法启发函数进行改进，同时在算法尚未运行时，合理分配信息素及改进挥发系数使得算法找到最优路径。

2. 人工势场法

机器人的行进空间可以视作一个引力场。机器人从起点向目标点移动，目标点吸引机器人向其移动，而障碍物阻碍机器人向其移动，机器人的移动由其所受合力控制。人工势场法（Artificial Potential Field，APF）简单易实现，但有陷入局部最优的缺点。当机器人所受合力为 0 时，便会陷入停滞或震荡，王迪等[④]提出了虚拟目标点的方法，忽略机器人所受合力，利用目标点的引力使机器人离开当前点，随后撤掉该目标点再计算合力，以此帮助机器人向下一步前进，再加入环境判断参数，判断机器人有无不能达到目标点的可能。当目标点的引力过大时机器人可能碰到障碍物，有时机器人在目标点附近仍然无法达到，胡杰等[⑤]

---

① 游晓明，刘升，吕金秋. 一种动态搜索策略的蚁群算法及其在机器人路径规划中的应用[J]. 控制与决策，2017，32(3)：552－556.

② 杜鹏桢，唐振民，孙研. 一种面向对象的多角色蚁群算法及其 TSP 问题求解[J]. 控制与决策，2014，29(10)：1729－1736.

③ 王晓燕，杨乐，张宇，等. 基于改进势场蚁群算法的机器人路径规划[J]. 控制与决策，2018，33(10)：1775－1781.

④ 王迪，李彩虹，郭娜，等. 改进人工势场法的移动机器人局部路径规划[J]. 山东理工大学学报（自然科学版），2021，35(3)：1－6.

⑤ 胡杰，张华，傅海涛，等. 改进人工势场法在移动机器人路径规划中的应用[J]. 机床与液压，2021，49(3)：6－10.

对引力函数进行了改进，距离阈值的引入削弱了目标点对机器人的引力，避免碰撞的可能，将距离引进斥力势场函数，确保机器人接近目标点时引力仍大于斥力，构造虚拟牵引力帮助机器人逃离局部最优。为了解决机器人陷入局部最优的问题，赵明等①提出了自适应域人工势场法，该方法引入了一种新的引力，当机器人陷入局部稳定时，新引力对机器人的吸力大于原引力，助其向目标点移动，加入了域引导势场解决复杂障碍下的局部稳定。

机器人在已知地图上基于改进的 A^* 算法可以获得最优路径，但是移动过程中偶尔会出现地图上原本不存在的障碍物，此时需要根据所搭载的传感器运行途中实时获取的信息完善局部的路径规划，对移动路径上的障碍物进行避障，即基于全局规划所获得的节点之间的路径进行局部规划。当前比较常用的方法就是人工势场法和动态窗口法（Dynamic Window Approach，DWA）。

人工势场法是通过设置障碍物的斥力场与目标节点的引力场，与障碍物越远斥力越小，与目标节点越近引力越大，通过叠加获得一个抽象的引力势场，这个叠加引力场与机器人和障碍物与目标节点的相对距离有关，从而根据机器人在势场中所受到的力调节运动轨迹。但是常用的人工势场方法由于势场的特性容易跌入局部最小，以及在目标点附近震荡无法达到目标点的情况，因此，本节使用另外一种方法——DWA。

DWA 的基本思想就是机器人检测到障碍物并运行到障碍物附近时，再根据机器人特性所能达到的速度区间限制内模拟多组速度的运行轨迹，并对运行轨迹进行代价估计，选择代价最小的最优路径进行局部的路径规划。根据建立的差动模型计算局部路径。

速度采样原则以及评估函数如下：

(1)根据机器人速度限制得到速度采样区间：

$$\begin{cases} v \in [v_{\min}, v_{\max}] \\ \omega \in [\omega_{\min}, \omega_{\max}] \end{cases} \tag{4-2}$$

(2)根据机器人电机加减速限制得到动态窗口内速度采样限制：

$$\begin{cases} v \in [v_c - \dot{v}_{\max}\Delta t, v_c + \dot{v}_{\max}\Delta t] \\ \omega \in [\omega_c - \dot{\omega}_{\max}\Delta t, \omega_c + \dot{\omega}_{\max}\Delta t] \end{cases} \tag{4-3}$$

式中，(v_c, ω_c)是当前速度。

---

① 赵明，郑泽宇，么庆丰，等. 基于改进人工势场法的移动机器人路径规划方法[J]. 计算机应用研究，2020，37(S2)：66－68＋72.

(3)根据机器人安全性即防碰撞限制:

$$v \leqslant \sqrt{2\dot{v}_{\max} dist(v,\omega)}\ ,\omega \leqslant \sqrt{2\dot{\omega}_{\max} dist(v,\omega)} \tag{4-4}$$

式中,$dist(v,\omega)$是机器人在对应采样(v,ω)的运行轨迹上与障碍物最小距离。

(4)根据以上限制设计评估函数:

$$G(v,\omega)=\sigma\cdot(\alpha\cdot heading(v,\omega)+\beta\cdot dist(v,\omega)+\gamma\cdot velocity(v,\omega)) \tag{4-5}$$

式中,$heading(v,\omega)$为到达轨迹末端时朝向与目标角度差,夹角越小评估函数评分越高;$dist(v,\omega)$为评价当前轨迹与最近障碍物距离,无障碍时设为常数;$velocity(v,\omega)$为评价当前采样速度的大小;σ、α、β、γ 为增益系数。

(5)为保证评估指标的合理性对三个评估函数归一化:

$$\begin{cases} normal\_heading(v,\omega)=\dfrac{heading(v,\omega)}{\sum\limits_{i=1}^{n} heading_i(v,\omega)} \\ normal\_dist(v,\omega)=\dfrac{dist(v,\omega)}{\sum\limits_{i=1}^{n} dist_i(v,\omega)} \\ normal\_velocity(v,\omega)=\dfrac{velocity(v,\omega)}{\sum\limits_{i=1}^{n} velocity_i(v,\omega)} \end{cases} \tag{4-6}$$

根据以上的评估函数选择分数最高的采样速度,即可计算出一条满足避障需求的机器人朝目标快速靠近的局部最优路径。

3. 模糊逻辑算法

模糊逻辑(Fuzzy Logic,FL)算法是一种模拟驾驶员驾驶实现避障的算法。它依靠传感器获取环境信息,无需建立环境模型,机器人移动由模糊规则控制。该算法下机器人在工作时命令与模糊量的对应关系见表 4-1。

表 4-1 FL 算法的模糊规则

命令	模糊量	命令	模糊量
停止	$0\in[-0.5,0.5]$	立刻右转	$6\in[5.5,6.5]$
直行	$1\in[-0.5,1.5]$	向前运行	$7\in[6.5,7.5]$
下个路口左转	$2\in[1.5,2.5]$	转向	$8\in[7.5,8.5]$

续表

命令	模糊量	命令	模糊量
下个路口右转	3∈[2.5,3.5]	上个路口左转	9∈[8.5,9.5]
后退	4∈[3.5,4.5]	上个路口左转	10∈[9.5,10.5]
立刻左转	5∈[4.5,5.5]	—	—

FL 算法具有计算简单的优点，缺点也很明显：它的计算能力不强，当路径上的障碍物增多时，算法计算量加大，无法规划出较好的路径。传统 FL 算法中机器人易出现死锁现象，郭娜等[①]提出了障碍逃脱策略，机器人根据模糊规则无法离开障碍区，此时让机器人偏转一定角度依据循环累加的角度设定方向，机器人沿障碍物边缘行走，直至判定前方无障碍物再沿目标点方向前进。针对传统 FL 算法有时在转弯处无法成功避障的问题，刘祖兵等[②]给路径上的障碍物赋予了不同的权值，并给机器人添加有效障碍物搜索框，判断机器人是否可以直接转弯，大大增加了机器人的避障能力。郭娜等[③]为了解决机器人出现的局部死锁问题，设置变量累加为 w_c，判断 w_c 的绝对值是否超过 180°，若是则判定未走出陷阱，重新设置角度继续沿墙行走，避免其陷入局部死锁，加入陷阱预测机制预测下一步是否可行，避免冗余。

4. 动态窗口算法

动态窗口算法（Dynamic Window Approach，DWA）是基于速度的局部规划算法。它有两个主要步骤：计算搜索空间，选择最佳速度。机器人依据一定速度生成路径轨迹构成搜索空间，为了向目标点靠近需要选择最佳速度来控制机器人行驶。DWA 具有计算量小、易实现的优点，将 A^* 算法与动态窗口算法结合，对于传统的 A^* 算法的启发式函数，添加了路面的权重信息，可以获得一个最优路径，避免大量的颠簸路面。由于路径中存在大量的冗余拐点，首先，采用拐点提取策略，删除路径中的冗余点，最终得到崎岖不平、长度较短、拐点较少的最优路径。其次，为了使机器人获得基于全局最优路径的局部避障能力。将优化后的 A^* 算法与动态窗口法相结合，得到全局路径规划与局部路径规划相结合的

① 郭娜，李彩虹，王迪，等. 基于模糊控制的移动机器人局部路径规划[J]. 山东理工大学学报（自然科学版），2020，34(4)：24—29.

② 刘祖兵，袁亮，蒋伟. 基于模糊逻辑的移动机器人避障研究[J]. 机械设计与制造，2017(3)：101—104.

③ 郭娜，李彩虹，王迪，等. 结合预测和模糊控制的移动机器人路径规划[J]. 计算机工程与应用，2020，56(8)：104—109.

融合算法，有效避免不必要的路面颠簸，去除多余的转弯点，改善路径平整度，增加路径平整度，实现了路径长度与路面起伏之间的折中，同时，提高了基于最优路径的局部实时避障能力。最后，为了解决传统 DWA 路径冗余、评估函数失灵的问题，卞永明等[①]提出关键路径点的概念，与待评价轨迹的距离组成转点评估子函数，得到新的 DWA 评估函数，使机器人能够绕开“C”形障碍物，避免了路径冗余，减少了运行时间。针对机器人行进时加速度过大、路径偏离等问题，张瑜等[②]对 DWA 的速度空间进行约束，避免较大的加速度使机器人的垂直荷载过小，对轨迹推算进行误差补偿，有效解决机器人的路径偏离。

4.1.4 路径规划相关技术分析

在存在障碍物的空间中，移动机器人利用地图等先验信息和传感器所感知的数据，通过设计好的策略寻找到一条连接起始节点和目标节点的符合某种评价指标的最优路径，并且能够确保当移动机器人沿着该路径行驶时不会遇到障碍物。路径规划可分为环境建模、搜索路径和引导机器人运动三部分。

(1)环境建模。将真实工作空间转化成地图模型以便于计算机能够对其进行分析处理，在这个过程中要保证真实工作空间的物体特征能与构建的模型一一对应。

(2)搜索路径。在环境模型中运用某种寻路策略寻找到一条可通行路径，该路径应该在符合某种评价指标的情况下尽可能地达到最优。

(3)引导机器人运动。利用规划算法将环境模型中搜寻的路径对应到现实空间中，使移动机器人沿着这条路径前进，直到抵达目标点。

4.1.4.1 路径规划环境建模方法

在移动机器人路径规划领域中，构建环境模型是不可缺少的一步，其主要目的是将传感器所感知的信息进行分析处理，将真实环境中的移动机器人、障碍物、起始节点以及目标节点的位置信息一一映射到构建的抽象空间，以便于计算机能够对其进行数学分析和算法处理，这是做路径规划最基本的工作。一个较好的环境模型能够使路径规划算法在较短的时间内搜索到满足要求的路径。

---

① 卞永明，季鹏成，周怡和，等. 基于改进型 DWA 的移动机器人避障路径规划[J]. 中国工程机械学报，2021，19(1)：44－49.

② 张瑜，宋荆洲，张琪祁. 基于改进动态窗口法的户外清扫机器人局部路径规划[J]. 机器人，2020，42(5)：617－625.

假设(x,y)是工作空间中的一个节点，x_{max} 和 y_{max} 分别表示工作空间中横坐标和纵坐标的最大值，则空间中可规划的区域如式(4-7)所示：

$$\{(x,y) \mid 0 \leqslant x \leqslant x_{max}, 0 \leqslant y \leqslant y_{max}\} \tag{4-7}$$

式(4-7)表示工作空间中可规划区域的范围，路径规划算法在这个范围搜索路径。为了能够满足实际应用的要求，需要将这个范围离散化。离散的精细度对路径规划有着巨大的影响：如果离散得过于精细，会带给计算机巨大的计算负担，导致规划速度下降；如果离散得过于粗糙，尽管规划效率会提升，但是不能准确地表达环境信息，不利于算法进行路径规划。

对移动机器人所在的工作环境进行建模，常用的环境地图建模方法有拓扑图法、线路图法、可视图法和单元分解法，以下是对这几种建模方法的介绍。

1. 拓扑图法

拓扑图法是一种常见的建模算法，主要分为空间划分、特征网络的搭建和路径搜索三部分。拓扑图法建立的地图模型是通过一些节点或者圆弧表示真实环境信息。在将真实环境信息抽象为节点或圆弧时，需要添加一些约束条件，避免移动机器人在沿着规划路径行驶时遇到障碍物。拓扑地图模型只表示节点之间的位置连通关系，而将环境的一些具体信息忽略掉，这种方法的优点是通过缩小搜寻区域，能够节省存储资源，提升规划的效率；但是当空间中障碍物的数目变多时，很难把旧节点与新节点进行配对。另外，拓扑图法构建的地图相对简易，不包含具体数值信息，相似的节点有可能会被误判。基于拓扑图法的环境建模问题已经被许多学者进行了研究，也获得了大量的研究成果。

2. 线路图法

线路图法的核心要点是划分空间范围，继而得到网状的格子。线路图法的缺点是约束了空间的自由度，必须规划完路线才能通行。通过该算法进行规划时，算法只需要计算网格节点，大大简化了寻路过程。该算法在划分空间范围时，需要确保整个空间是完整的，这样才不会漏掉解。线路图法有两个优点：第一，因为规划过程较为简单，所以耗费的时间较短；第二，由于该算法只需要计算网格节点，因此规划速度较高。线路图法的应用范围较广，如 Voronoi 图就属于线路图法的范畴。Voronoi 图由一组连接两个相邻点直线的垂直平分线组成的连续多边形构成。平面上 N 个不同的点，按照最邻近原则对平面进行划分，每个点只与它的最邻近区域存在关系。Voronoi 图可以直接应用于路径规划，但是传统的 Voronoi 图法获得的路径长度较长，精确度较低且不平滑。针对规划的路径不平滑这一问题，Candeloro 等①提出了一种基于 Voronoi 图的改进算法。该算法利用费马螺旋段使路径变得平滑，最终生成一条仅由直线和螺旋线组成的安全路径。Dong 等②提出了一种基于 Voronoi 图的新型路径规划算法。该算法在 Voronoi 图中标出每一个障碍物，然后规划出一条近似路径来连接起始节点和目标节点，最后通过极限学习机法平滑路径。该算法能够较为快速地规划出安全性高的平滑路径。Zhang 等③通过分析 Voronoi 图的创建时间、Dijkstras 算法的规划时间，然后根据路径平滑之间的时间分布，给出了 Voronoi 图搜索算法的评估方法和优化建议。

3. 可视图法

可视图法是将机器人视为一个节点，同时也将起始节点、目标节点及环境障碍物的每一个顶点视为一个节点，然后用直线将这些节点连接起来构建网络视图。在进行规划时只需要从网络视图中找出能够达到目标点的一组直线，并确保其长度最短即可。可视图法的优势是视觉上看起来简单直观，且能够获得最优路径；劣势是当周围障碍物较多时，环境复杂度增加，障碍物的顶点数量也会增多，此时将各个障碍物相连需要花费大量的时间，进而导致路径规划的时间增加。另外，由于机器人具有一定的体积，因此规划的路径在实际行驶时不一定可行。针对以上缺点，有许多国内外学者提出了不同的改进方式。

张琦等④借助现实空间中障碍物对移动机器人路径规划的影响程度来减少可视图中可视线段的数目，以便于对可视图模型进行简化，仿真实验证明简化后的可视图一定程度上能够使路径规划算法变得更加高效。但是在障碍物较多的复杂环境中可视图法的规划时间会增加，为了解决该问题，Toan 等⑤提出了将

---

① Candeloro M，Lekkas A M，Rensen A J，et al. Continuous Curvature Path Planning using Voronoi diagrams and Fermat's spirals[J]. IFAC Proceedings Volumes，2013，46(33)：132－137.

② Dong D，Bo H，Yang L ，et al. A novel path planning method based on extreme learning machine for autonomous underwater vehicle[C]// Proceedings of the OCEANS 2015，Washington，Oct 19－22，2015. Piscataway：IEEE，2015：1－7.

③ Zhang C，Liu H，Tang Y. Quantitative Evaluation of Voronoi Graph Search Algorithm in UAV Path Planning[C]// 2018 IEEE 9th International Conference on Software Engineering and Service Science (ICSESS). IEEE，2018.

④ 张琦，马家辰，马立勇. 基于简化可视图的环境建模方法[J]. 东北大学学报(自然科学版)，2013(10)：1383－1386.

⑤ Toan T Q，Sorokin A A，Trang V. Using modification of visibility－ graph in solving the problem of finding shortest path for robot [C]// 2017 International Siberian Conference on Control and Communications (SIBCON). IEEE，2017.

活动区域分开平行处理和障碍物分组预处理两种方法。第一种处理方法能够将区域划分得更小,并且可视图截面都是彼此平行的。第二种处理方法是将小障碍物进行分组,形成大一号的障碍物。这两种方法能够应用到移动机器人的全局路径规划当中,大大减少了计算时间。Huang 等①提出了一种快速动态可见度图法,这种方法能够在具有凸起的不规则障碍物中绘制出一个简易路径图,利用基础的几何规则,从周围环境中提取动态可见度图,并将动态可见度图转化为多目标的规划问题。

4.单元分解法

单元分解法是一种在机器人自由空间中提取出可以简单确定路径的所有集合行动规划的方法。其中单元是指可以简单确定路径的所有集合。单元分解法分为栅格法和四叉树法这两种类型。栅格法是对空间进行平均划分,这样划分出的所有网格都是相同的。四叉树法是对边界进行划分,这样划分出的网格各不相同,在障碍物附近的网格尺寸小,远离障碍物边界的网格尺寸大,通过网格的尺寸就能知道与障碍物边界之间的间隙宽度。

在单元分解法中,应用最广的平均划分方法是栅格法。栅格法是在 1968 年由 Howden 提出的,其采用了二维栅格数组矩阵来表示环境。栅格法具体可分为三个步骤。第一步是划分栅格,在划分栅格时需要选定栅格尺寸,即机器人的最小移动步长。栅格的尺寸一般参照移动机器人的体积大小,将空间均分为尺寸一样的小正方形,再利用栅格尺寸对工作区域进行划分,得到若干个等大的栅格。合理的选取栅格尺寸是保证规划算法性能的关键,如果栅格尺寸较小,则栅格地图的分辨率提升,能够更加清晰地表达现实空间的环境信息,但是由于存储的信息剧增,因此会降低规划算法的运行速度。反之,如果栅格尺寸过大,那么存储的信息会变少,规划算法的运行速度会提升,但是由于栅格地图的分辨率降低,只能表达现实空间环境的模糊信息,不利于规划出高效的路径。第二步是对障碍物进行膨胀处理,目的是确保规划的路径不会遇到障碍物,在对障碍物进行膨胀时也会参考机器人的体积,一般设膨胀半径与机器人实际半径一致。对障碍物完成膨胀后,在规划路径时可将移动机器人看作一个质点。第三步是建立二维栅格矩阵,根据工作区域中障碍物的信息,将工作区域分为障碍物集合和自由集合。在二维栅格矩阵中对应障碍物的元素值为 1,表示不可通行;矩阵中对

① Huang H P, Chung S Y. Dynamic visibility graph for path planning[C]//IEEE/RSJ International Conference on Intelli gent Robots & Systems. IEEE, 2004.

应自由空间的元素值为 0，表示可以通行。栅格法建模有许多好处：第一，栅格地图比较简单直观，计算机能够快速对其进行计算，节省了时间；第二，相邻栅格的关系较为简单，便于处理；第三，可通过设定栅格尺寸来改变地图的分辨率，具有表达不规则障碍物的能力。因此，栅格地图被许多规划算法用来建模。

四叉树法是一种对搜索区域不均等划分的方法，包括障碍栅格、空闲栅格和混合栅格。障碍栅格表示栅格已经被障碍物占据，不能通行；空闲栅格表示该栅格没有被物体占据，移动机器人可以正常行走；混合栅格表示障碍物没有将该区域占满。混合栅格会被继续划分，直至达到预先设置的上限后才能结束。四叉树法的好处在于可以通过较少数量的栅格实现对真实环境特征的精确体现；但是该算法的坏处是难以处理紧挨的栅格之间的关系，不利于计算机进行分析处理。

移动机器人的路径规划算法需要比较精确的障碍物位置和距离等环境信息，而栅格法能够通过设置栅格尺寸来改变地图的分辨率，具有表达不规则障碍物的能力。此外，栅格地图简单直观，便于计算。因此，本节选择该方法进行环境模型搭建。

4.1.4.2 环境地图

环境地图是对实体环境的虚拟映射，可以按照一定比例将实体环境信息在地图上再现出来。环境地图是路径规划的基础，只有在环境地图中才能显示出来路径的轨迹。环境建模就是使用降维方法将外界真实的高维环境信息通过一系列的操作转化为特定的低维数字信息，进而完成对实际环境的模拟，然后就可以在模拟环境中进行路径规划。

对于移动机器人来说，有效的环境地图应该包括以下要素：适用性，即移动机器人能够利用环境地图执行各种任务，而不仅仅是特定的任务；准确性，即环境地图能准确描述环境相关状况，并为移动机器人提供正确信息；可扩展性，即环境地图需要适应环境大小，并逐步扩展所表达环境的大小；可用性，即环境地图应易于使用，且可实现人机交互。本节着重介绍现阶段主要的几种环境建模方法。

1. 几何特征地图

几何特征地图如图 4-5 所示，是将周围环境信息转化为点、线、面等简单几何特征的环境建模方法。首先通过激光器扫描获取周围环境的原始数据；其次通过滤波，去除杂质点；再次对采集的环境数据进行阈值分割；然后进行角特征提取;最后采用K均值拟合法、最小二乘法、增量式直线拟合法、霍夫变换法等方法实现点的直线拟合。该方法的优点是步骤简单,环境信息紧凑;灵活度高,能实现精确定位;适用于简单静态环境。缺点是不能处理复杂环境信息且易受干扰;无法适用于复杂大环境,实用性较差。

2. 拓扑地图

拓扑地图又称路线图,如图4-6所示,是对环境拓扑特征的稀疏表示。首先获取周围环境信息构造环境度量图;其次将工作环境分割成几个局部小空间,并判断小空间之间的连通关系;再次从小空间选择一些位置作为节点,并将位置坐标存储为节点特征;最后建立有拓扑架构的连通图。拓扑地图由拓扑节点和拓扑边组成,拓扑节点表示位置,拓扑边用来表示实际环境中的可行路径。创建拓扑地图时,需确定环境中的每个区域属于哪个拓扑节点,同一区域的拓扑节点会附有相同的区域标签。拓扑地图的优点是建模简单,图形直观,与实际环境联系性强,适用于简单环境,可满足大部分任务需求;缺点是仅含有简单的节点序列,地图上位置显示不够精确,不能解决人机交互任务,无法适用于复杂环境。

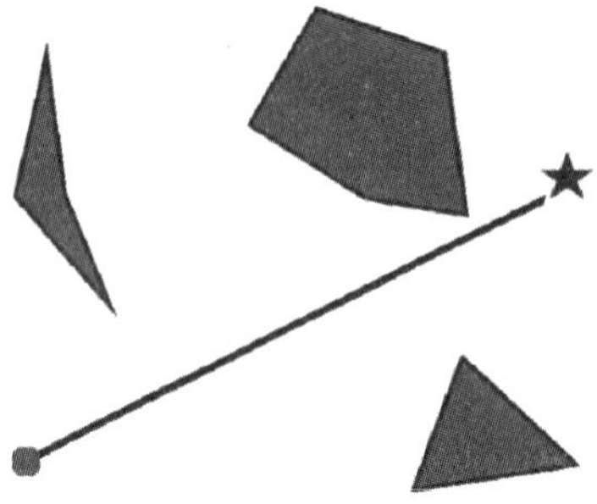

图4-5　几何特征地图

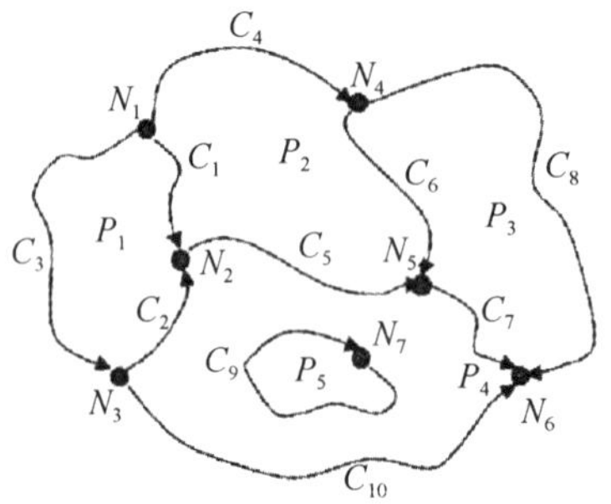

图4-6　拓扑地图

3. 栅格地图

栅格法是将周围环境信息离散化并等比例转化为相同大小网格的环境建模方法。栅格地图(图4-7)本质上是将环境信息单元分割后存放在地图中的一种信息分布方式,它的信息存储精度取决于分割后单元的大小。单元越小,信息越详细,物体的位置越精确;单元越大,信息越粗略,物体位置略有出入。栅格地图中常使用数字矩阵规划地图,采用黑色单元表示障碍物,数字矩阵中用1表示;采用白色单元表示可行域,数字矩阵中用0表示;采用直角坐标法和序号法来标记栅格的位置。栅格地图的优点是操作简易、信息存储方便、精确性高、路径整体展示效果好,已经成为路径规划算法存储环境信息的常用建模方式。

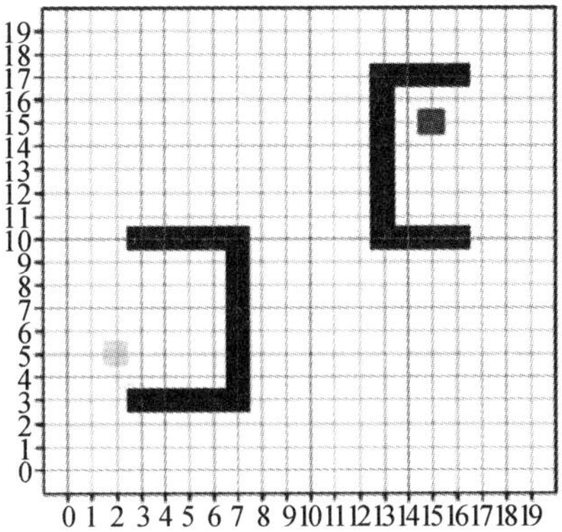

图 4-7　栅格地图

4. 可视图

可视图如图 4-8 所示，是用多边形表示障碍物，用点表示机器人，将每个端点与其所有可见顶点相连后最终形成的地图。在多边形的范围内，移动机器人可以沿着多边形的边缘进行移动，搜索移动后线的集合，可获取从起点到终点的最佳路径。可视图能成功解决二维平面的小尺寸问题，但在三维及更高维度空间下，可视图的效率将大大降低。同时，由于移动机器人具有一定的尺寸和形状，而可视图中所有路径都经过障碍物的末端，因此得到的路径规划很可能会发生碰撞。

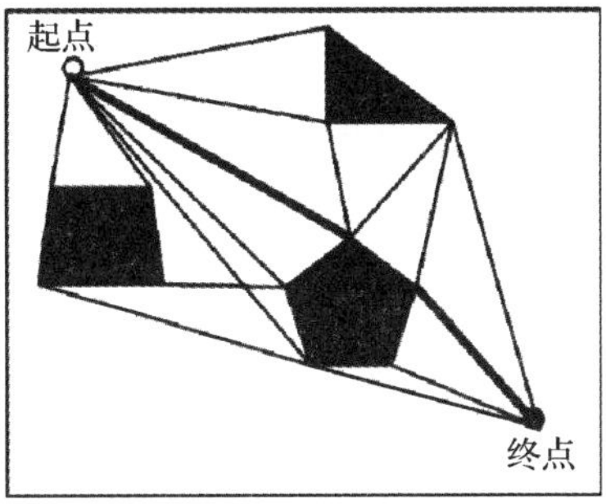

图 4-8　可视图

随着科研水平的不断提高，仿生学得到了进一步发展，自然界中生物的生物特征受到了学者们的广泛关注，比如，由蚂蚁觅食现象发明的蚁群算法、由生物遗传现象发明的遗传算法和由鸟群觅食现象发明的粒子群算法等，这些智能仿生算法被相继提出并广泛应用于路径规划问题当中。

机器人逐渐应用于生活中的方方面面，人们对机器人的智能要求越来越高，众多学者对机器人的路径规划研究热情颇高。规划出的路径越优秀，机器人便能更平滑地抵达目标位置。通常所说的路径规划是指在一个场地中存在多个障碍物，移动机器人通过各类传感器实现实时感应，避开障碍物并在较短时间内到达指定地点。路径规划有多个要素：确保机器人能够达到目标点，路径平滑且尽可能短，耗时少，无碰撞。

4.2 移动机器人全局路径规划和局部路径规划算法

4.2.1 基于改进遗传算法的移动机器人路径规划

路径规划在很多方面有着重要的应用。在替机器人进行路径规划时需先进行环境建模，然后与多种智能仿生算法结合使用，如蚁群算法、遗传算法、人工鱼群算法等，但每种基本方法都存在一定的缺陷。因此，国内外学者均进行了大量研究，一直在探索新的路径规划方法或改进已有算法。遗传算法是一种有效可行的优化方法，它优秀的搜索能力使其被大量研究。

在进行路径规划时基本遗传算法有以下不足：收敛速度慢，易陷入局部最优。在实际应用时机器人转弯次数不宜过多，当转弯次数过多，损耗的能量也会相应增加，安全性也会有所降低。因此，本节提出了一种改进的遗传算法，提出的改进算法具有以下优点：

(1)改进算法在适应度函数中考虑了长度因子和平滑度因子，并根据机器人行走时转弯角度的大小对平滑度因子加上了不同程度的惩罚，转弯角度越小，惩罚越大，在进行轮盘赌选择时被选择的概率越小，有效地减少了机器人转弯次数。

(2)在进行轮盘赌选择时加入精英选择策略，能够提高种群适应度，同时使交叉变异概率自适应改变，大大提高了算法逃离局部最优路径的能力，加快了算法的收敛速度。

4.2.1.1 遗传算法路径规划的实现原理

“物竞天择，适者生存”，这一残酷的现实阐述了生存的真理，遗传算法遵循这一规则。初始时期种群进行随机搜索，然后依据搜索的结果评定解的适应度，适应度越高表明越强大，在轮盘中更易被选中，适应度低的解不易生存，被选出的两个解像生物中的细胞一样进行交叉和变异，得到的新个体继续迭代直至最后。基本遗传算法存在陷入局部最优解的问题，无法保证最后搜索到的结果为最优值，但其搜索过程较为简单，只需将迭代过程中适应度较差的个体舍弃即可。

1. 参数对算法性能的影响

经众多学者研究发现，算法中参数的大小对搜索结果有一定影响。

(1)种群大小 M 对算法性能的影响。

初始设置的 M 决定了初始解的个数，对算法的收敛速度和运行时间都有一定影响。当设置的 M 较大时，算法耗时较长，但为了增加初始解的多样性，M 也不能太小，否则算法收敛速度会降低。

(2)交叉概率 P_c 和 P_m 对算法性能的影响。

通常情况下 P_c 和 P_m 固定不变。对于交叉操作，若 P_c 较大，则适应度高的个体被破坏的概率也会增大；若 P_c 较小，则搜索的速度将会变慢。对于变异操作，若 P_m 较大，则随机变异个体增多，不利于搜索；若 P_m 较小，则存在个体不变异的可能，算法的搜索能力降低。

2. 模型建立

利用栅格地图表示移动机器人实际工作环境，路径上的障碍物用一定比例由黑色方块替代，不足部分仍然填满栅格，白色方块为可行走空间，如图 4-9 所示。

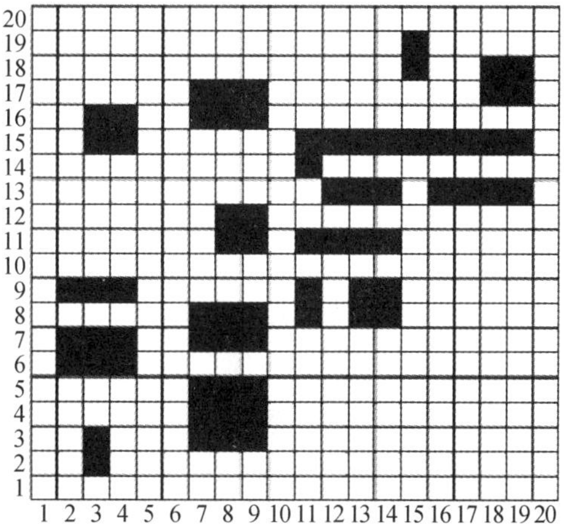

图 4-9　栅格地图

初始化种群的具体过程：

步骤 1：设定算法所需各项参数。

步骤 2:判断栅格是否连续。其判断方法为:

$$\Delta = \max\{\mathrm{abs}(x_{i+1} - x_i), \mathrm{abs}(y_{i+1} - y_i)\} \tag{4-8}$$

式(4-8)中,$(x_{i+1}-x_i)$、$(y_{i+1}-y_i)$为两个栅格对应的坐标之差。当 $\Delta=1$ 时,表示两栅格连续,否则利用平均值法插入栅格,其计算方法为:

$$\begin{cases} x'_i = \mathrm{int}\left[\dfrac{1}{2}(x_i + x_{i+1})\right] \\ y'_i = \mathrm{int}\left[\dfrac{1}{2}(y_i + y_{i+1})\right] \\ P'_i = x'_i + y'_i \end{cases} \tag{4-9}$$

步骤 3:若 P'_i 序号栅格附近均为障碍物栅格,则淘汰此条路径,重复上述步骤直至生成一条可行路径。

3. 适应度函数建立

适应度的高低决定了个体适应能力的大小,当适应度较高时,则易于生存;反之,则会被淘汰。它可以用来判断个体的优劣程度。基本遗传算法中只考虑了路径长度,适应度函数公式如下:

$$fit = \frac{1}{length} \tag{4-10}$$

式中,$length$ 为路径长度。

4.2.1.2 改进的遗传算法路径规划

1. 适应度函数改进

在机器人的路径规划中,长度是首要考虑因素,且机器人在行进时存在一定的转弯角度。因此,本节在适应度函数中考虑了长度因子和平滑度因子,新的适应度函数如下:

$$fit = a \times fit_1 + b \times fit_2 \tag{4-11}$$

$$fit_1 = \frac{1}{length} \tag{4-12}$$

$$fit_2 = \sum_{i=1}^{\mathrm{end}} \frac{1}{\theta} \tag{4-13}$$

式中,a、b 为二者权重,fit_1 为长度因子,fit_2 为平滑度因子。

$$\theta = \sum_{i=1}^{\mathrm{end}-1} \left| \arctan'\left|\frac{x_i - x_{i+1}}{y_i - y_{i+1}}\right| - \arctan'\left|\frac{x_{i+2} - x_{i+1}}{y_{i+2} - y_{i+1}}\right| \right| \tag{4-14}$$

式中，(x_{i+1}, y_{i+1})为机器人当前时刻所在位置，(x_i, y_i)为其前一时刻所在位置，(x_{i+2}, y_{i+2})为其下一时刻所在位置，θ 为机器人在行进过程中转弯角度的大小。由于在机器人进行转弯动作时，转弯角度不宜过大，因此当机器人转弯时给予适当的惩罚，减小其转弯的概率。利用余弦函数判断转弯角度的大小，分别对钝角、直角、锐角给予 5、30、1000 的惩罚。

路径平滑度伪代码：

```
path_smooth=cal_path_smooth(new_pop1,x);
fit_value=a. * path_value.^-1+b. *  path_smooth.^-1;
Mean_path_value(1,i)=mean(path_value);
[~,m] =max(fit_value);
min_path_value(1,i)=path_value(1,m);
```

角度惩罚伪代码：

```
Path_smooth(1,i)=path_smooth(1,i)+abs(atan(x_now-x_next1)/abs
(y_now - y_next1)) - atan(abs((x_next2 - x_next1)/abs(y_next2 - y_
nex1));
a2=(x_now-x_next1)^2+(y_now-y_next1)^2;
b2=(x_next2-x_next1)^2+(y_next2-y_next1)^2;
c2=(x_now-x_next2)^2+(y_now-y_next2)^2;
angle=(a2+c2-b2)/(2 * sqrt(a2) * sqrt(c2));
如果 angle 角度为钝角，则给予 5 的惩罚：
path_smooth(1,i)=path_smooth(1,i)+5;
如果 angle 角度为直角，则给予 30 的惩罚：
path_smooth(1,i)=path_smooth(1,i)+30;
如果 angle 角度为锐角，则给予 1000 的惩罚：
path_smooth(1,i)=path_smooth(1,i)+1000;
```

2. 选择操作

遗传算法中的个体通过计算得到适应度值，其大小决定被选择的概率，而随机性会使适应度高的个体存在未被选中的可能。为了避免此事的发生，引入精英保留策略，即在进行轮盘赌选择前，计算所有个体适应度，将适应度最优个体保留至下一代，不参与轮盘赌选择，剩余个体通过轮盘赌法选出较优个体，之后与精英个体进行交叉变异操作，以提升算法寻找最优解的能力，有效地防止算法陷入局部最优解。

精英保留策略伪代码：

```
选择复制
function[newpop]=selection(pop,fit_value)
求适应值之和
total_fit=sum(fit_value);
求出适应度最大个体
b=best(pop,fit_value);
算出单个个体被选择的概率
fit_value=fit_value/total_fit;
进行轮盘赌法
fit_value=cumsum(fit_value);
适应度值从小到大排列开始精英选择
ms=sort(rand(px,1));
fitin=1;
newin=1;
while newin<=px
if(ms(newin))<fit_value(fitin)
newpop(newin;:)=pop(fitin,:);
newin=newin+1;
fitin=1;
else
fitin=fitin+1;
end
end
newpop(newin;)=b;
```

3. 交叉、变异概率自适应改变

交叉概率(crossover probability)以 P_c 表示，交叉操作在路径规划中指将已搜索到的两条父代路径在相交的点(随机确定)进行交换，交换后保留较短路径，摒弃较长路径，与基因的分裂与重组类似。在进行交叉操作后，子代路径的适应度可能高于父代路径，达到寻优的目的。

变异概率(mutation probability)以 P_m 表示，变异操作在路径规划中指将已搜索到的父代路径以概率 P_m 进行翻转，结合交叉操作可能得到适应度更高的子代路径。遗传算法所拥有的变异行为能使其尽可能多地搜索到可行路径，有利于其逃离局部最优解，搜索到全局最优路径。考虑到 P_c 和 P_m 对算法性能的影响，对它们采取自适应操作：

$$P_c(i)=\cos\left(\frac{\pi}{2}\times\frac{i}{M_g+i}\right) \tag{4-15}$$

$$P_m(i)=\begin{cases}\cos\left(\frac{\pi}{2}\times\frac{M_g-i}{M_g+i}\right) & \text{if } P_m(i)\,P_{m\_max}\\ P_{m\_max} & \text{else}\end{cases} \tag{4-16}$$

式中，i 为当前进化次数；M_g 为最大进化次数；为了避免算法陷入随机搜索，对变异概率设置上限 P_{m_max}。

交叉变异概率自适应改变伪代码：

pc=cos(pi. /2. * i. /(max_gen+i))；

若变异概率小于 0. 3

则使 pm=cos(pi. /2. * (max_gen−i). /(max_gen+i))；

否则

pm=0. 3；

end

4. 遗传算法路径规划的步骤

改进遗传算法的流程如图 4-10 所示。

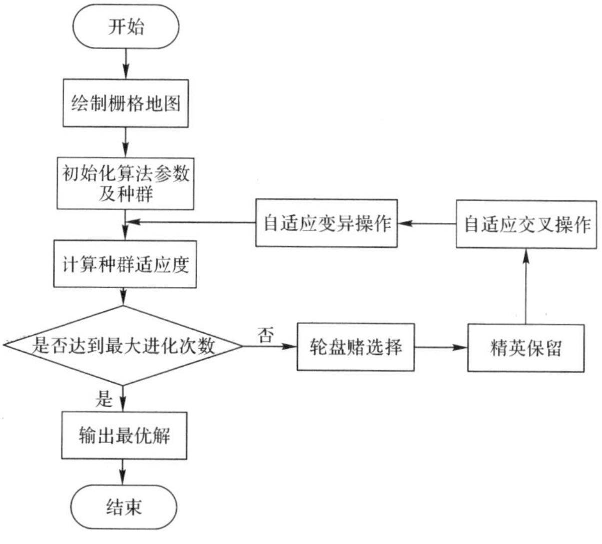

图 4-10　改进遗传算法的流程

(1)根据障碍物的实际大小,利用栅格法进行环境建模。

(2)设置算法参数,生成初始种群。

(3)计算种群适应度并判断是否达到最大进化次数,若达到了最大进化次数,则进入步骤(5);否则,进入步骤(4)。

(4)根据轮盘赌选择路径,并进行精英保留、自适应交叉变异等操作,回到步骤(3)。

(5)输出最优路径。

4.2.2 基于自适应改进蚁群算法的局部路径规划

服务机器人利用路径规划算法可以成功在障碍物环境下搜索出一条从起始位置至目标位置的安全无碰撞的最优路径,从而成功解决上述问题。本节通过研究和分析群智能算法中的蚁群优化算法,提出一种自适应改进的蚁群优化算法,应用此算法进行服务机器人的路径规划,实现室内自主导航功能。

4.2.2.1 传统蚁群算法的路径规划

1. 环境建模

为了将机器人进行路径规划的环境信息转化为可被识别的数学模型,就需要对环境进行地图建模。常用的三种环境建模方法有拓扑图法、几何法和栅格法。由于栅格法更方便保存数据,故本节建立了基于栅格法的二维环境地图模型。栅格环境地图模型如图 4-11 所示。

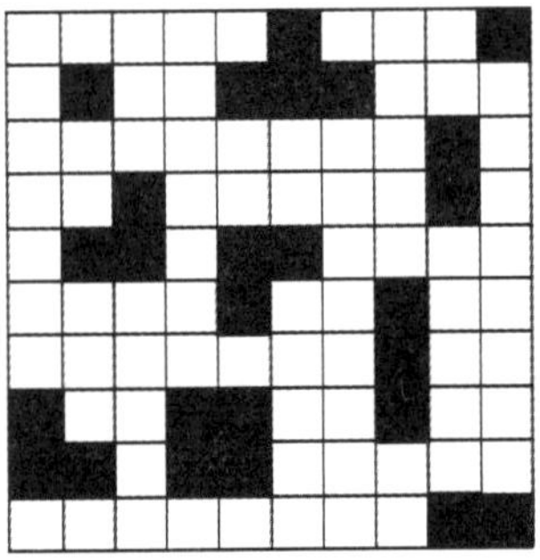

图 4-11 栅格环境地图模型

根据服务机器人的工作环境,将工作区域划分为大小相等且固定的二维栅格单元,从而将其建立在二维直角坐标系中。将每个栅格单元进行编号,栅格的坐标定义为每个栅格单元的中心点坐标，使得栅格坐标和序号能够相互转化。由于机器人本体尺寸影响，需要对障碍物边界进行扩展，扩展机器人自身尺寸在宽或长方向上最大尺度的一半，从而将机器人看作一个可忽略不计的质点。在栅格地图模型中，将障碍栅格用黑色栅格表示，自由栅格用白色栅格表示。可建立栅格坐标(x,y)与序号N对应关系的数学表达式为：

$$\begin{cases} x = M(N, 10) + 0.5 \\ y = F(N/10) + 0.5 \end{cases} \tag{4-17}$$

式中，$M(\cdot)$为求余运算，$F(\cdot)$为取整运算。

由式(4-18)来判断栅格中是否含有障碍物：

$$map(x,y) = \begin{cases} 0, \text{无障碍物} \\ 1, \text{坐标}(x,y)\text{处有障碍物} \end{cases} \tag{4-18}$$

2. 蚁群算法基本原理

蚁群算法是一种求解优化问题的群体智能启发式搜索算法。该算法是根据蚂蚁的觅食行为发展而来的，在其寻找食物的过程中对环境进行随机探索，每只蚂蚁在经过的路径上释放出一定量的信息素，一旦找到食物，蚂蚁倾向于向信息素浓度高的路径行进，因为它们能感知到信息素的强度。当蚂蚁继续向信息素浓度高的路径行进时，信息素浓度会增加，从而使更多的蚂蚁被吸引到该路径上，路径上的信息素浓度就会进一步增加。此外，信息素浓度随着时间的增加而降低，信息素的浓度还与路径的长短有关，路径的长度越短，该路径上的信息素浓度就越高。因此，蚂蚁根据信息素浓度就可以找到了一条距离较短的最优或次优路径。

3. 状态转移概率

蚁群在觅食过程中可根据路径上的启发信息和信息素浓度确定行走路径，蚂蚁A在t时刻从当前节点i转移到下一节点j的转移概率由式(4-19)表示。

$$P_{ij}^{A}(t) = \begin{cases} \dfrac{[\gamma_{ij}(t)]^{\alpha} \cdot [\lambda_{ij}(t)]^{\beta}}{\sum\limits_{s \in allowed_A} [\gamma_{is}(t)]^{\alpha} \cdot [\lambda_{is}(t)]^{\beta}}, j \in allowed_A \\ 0, \text{其他} \end{cases} \tag{4-19}$$

式中，$allowed_A$为蚂蚁A向下一个节点行进时所有可选节点的集合，但不包含障碍物节点和已走过的节点；α为信息素浓度启发因子，代表信息素浓度的相对影响程度，其取值与信息素浓度在蚂蚁转移过程中所起到的作用成正比；β表示启发函数因子，可在全局先验路径中对蚂蚁的路径选择起指导作用，若其值过大会导致算法陷入局部最优；$\gamma_{ij}(t)$为 t 时刻蚂蚁由路径上的节点 i 到节点 j 所留下的信息素浓度，在起始时刻各个路径上的信息素浓度相等；$\lambda_{ij}(t)$为启发函数，其值由节点 i 到节点 j 的欧氏距离 d_{ij} 的倒数求得，即 $\lambda_{ij}(t)=1/d_{ij}$，其中欧氏距离定义为：

$$d_{ij}=\sqrt{(x_i-x_j)^2+(y_i-y_j)^2} \tag{4-20}$$

4. 信息素更新规则

所有的蚂蚁从起始点至目标点对路径进行搜索，每一轮搜索完成后所有路径上的信息素浓度将通过挥发旧的信息素和添加每只蚂蚁新散发的信息素进行更新，同时，记录各个蚂蚁的行进长度，将最小行进长度进行保存，信息素更新公式由式(4-21)所示。

$$\gamma_{ij}(t+1)=(1-\mu)\gamma_{ij}(t)+\sum_{A=1}^{N}\Delta\gamma_{ij}^{A} \tag{4-21}$$

式中，信息素挥发因子为 μ，其值与信息素浓度挥发速率成正比，$\mu\in(0,1)$；蚂蚁数量为 N；由节点 i 到节点 j 路径上的当前信息素浓度为 $\gamma_{ij}(t)$，更新后该路径上的信息素浓度为 $\gamma_{ij}(t+1)$；蚂蚁 A 在当前迭代中所散发的信息素浓度值为 $\Delta\gamma^{A}$，其表达式如下：

$$\Delta\gamma_{ij}^{A}=\begin{cases}\dfrac{I}{L_A},\text{蚂蚁 } A \text{ 从节点 } i \text{ 到节点 } j \text{ 经过的路径}\\ 0,\text{其他}\end{cases} \tag{4-22}$$

式中，蚂蚁散发的信息素浓度因子为 I，蚂蚁 A 完成一轮路径搜索后所行进的路径总长度为 L_A。从式(4-22)中可以看出，蚂蚁行进路径长度与散发在路径上的信息素浓度成反比，路径越短信息素浓度越高，从而根据以上路径选择规则与信息素更新规则找到一条最优路径。

4.2.2.2 自适应改进蚁群算法

在传统的蚁群算法中，通过转移概率进行路径选择并不总能保证最优解，有时在优化的前期阶段，算法容易陷入局部最优，出现停滞不前现象；同时，由于启发式搜索的局限性，导致算法的收敛速度较差。因此，为了提高传统蚁群算法的性能、克服其缺陷，提出了以下改进措施。

1. 改进转移策略

蚁群算法在初始搜索过程中，通过多次迭代的方式求取全局最优解，若在初期可以获取质量好且数量更多的解，则算法的收敛速度就会更快，也可较大概率地求得全局最优解。但是在传统蚁群算法中，蚂蚁在复杂环境下遇到障碍物会选择绕行，但通过一些已经过的节点时会出现停滞和死锁现象，导致蚂蚁没有达到目标点就终止搜索，使得算法收敛速度很慢且易陷入局部最优。因此，在算法搜索路径初期采用避障策略，引入了安全因子 Q：

$$Q = 1 - \frac{L_j}{M_j} \tag{4-23}$$

式中，M_j 是与节点 j 相邻的栅格总数，L_j 是与节点 j 相邻且有障碍物的栅格数。同时，为了避免算法陷入停滞，提高全局搜索能力，采取了参数自适应随机转移策略，从而实现转移概率动态调整。改进后的转移策略表达式为：

$$j = \begin{cases} \operatorname{argmax}(\gamma_{ij}^{\alpha}\lambda_{ij}^{\beta}Q^{\omega}), h \leqslant h_0 \\ P_{ij}^{A}, \text{其他} \end{cases} \tag{4-24}$$

$$h_0 = \varepsilon \frac{n_{\max} - n}{n_{\max}} \tag{4-25}$$

式中，$h_0 \in [0,1]$，h_0 为随机搜索策略中的参数，设置其目的是避免算法陷入停滞，在算法前期为使蚁群通过全局路径信息选取较优路径，h_0 取较大值，后期取较小值，使得蚁群进行随机搜索；$h \in [0,1]$，h 为服从均匀分布的随机值。$n_{\max}$ 为设定的总迭代次数；n 为目前迭代次数；$\varepsilon \in (0.5,1)$，ε 为调整系数。

为了增加解的多样性，防止算法陷入局部最优，在转移概率中引入一种启发因子 W，改进后的转移概率公式为：

$$P_{ij}^{A}(t) = \begin{cases} \dfrac{[\gamma_{ij}(t)]^{\alpha} \cdot [\lambda_{ij}(t)]^{\beta} \cdot W_j^{-1}}{\sum\limits_{s \in allowed_A} [\gamma_{is}(t)]^{\alpha} \cdot [\lambda_{is}(t)]^{\beta} \cdot W_s^{-1}}, j \in allowed_A \\ 0, \text{其他} \end{cases} \tag{4-26}$$

式中，W_j 为蚂蚁经过节点 j 的次数，每经过一次则自动加 1，其值与转移概率成反比。

2. 改进信息素更新规则

信息素浓度是影响蚁群选取最佳路径的主要因素之一，对于一些行进在较差路径上的“劣质”蚂蚁所产生的信息素，其很容易影响后续其他蚂蚁的路径搜索效率，使得算法出现早熟收敛现象。为了提高算法的寻优性能，在每次迭代中，对信息素更新规则作出调整，即在最佳局部路径中增加信息素浓度，在最差局部路径中减少信息素浓度。改进的信息素更新公式如下：

$$\gamma_{ij}(t+1)=(1-\mu)\gamma_{ij}(t)+\sum_{A=1}^{N}\Delta\gamma_{ij}^{A}(t)+\Delta\gamma_{ij}^{b}-\Delta\gamma_{ij}^{W} \tag{4-27}$$

式中，

$$\Delta\gamma_{ij}^{b}=\begin{cases}N_b\cdot\dfrac{Q}{L_b},\text{路径}(i,j)\text{为局部最佳路径}\\0,\text{其他}\end{cases} \tag{4-28}$$

$$\Delta\gamma_{ij}^{W}=\begin{cases}N_b\cdot\dfrac{Q}{L_b},\text{路径}(i,j)\text{为局部最差路径}\\0,\text{其他}\end{cases} \tag{4-29}$$

式中，N_b 和 N_W 分别“优质”蚂蚁和“劣质”蚂蚁的数量，L_b 和 L_W 分别为局部最佳路径和局部最差路径的长度。

3.信息挥发因子自适应改进

在传统的蚁群算法中，信息素挥发因子 μ 是[0,1]内的一个常数，它直接影响算法的全局搜索能力和收敛速度。如果 μ 取值太小，则信息素挥发得慢，会降低全局搜索能力，使算法陷入局部收敛；如果 μ 取值太大，则会导致信息素引导作用过强，限制搜索空间，从而陷入局部最优。为了在扩展搜索空间和加快收敛速度之间保持良好的平衡，本节对信息素挥发因子进行自适应调整：

$$\mu(t)=\frac{n\cdot n_{\max}\cdot\dfrac{1}{N}\sum\limits_{A=1}^{N}(\gamma_{\max}-\gamma_{\min})}{n_{\max}-1}+\frac{\dfrac{1}{N}\sum\limits_{A=1}^{N}(n_{\max}\cdot\gamma_{\min}-\gamma_{\max})}{n_{\max}-1} \tag{4-30}$$

式中，n 和 $n_{\max}$ 分别是当前迭代次数和最大迭代次数，N 为蚂蚁的数量，$\gamma_{\min}$ 和 $\gamma_{\max}$ 分别为信息素浓度最小值和信息素浓度最大值。

4.改进算法实现流程

基于社会互动蚁群优化(Social Interaetion Ant Colony Optimization)的路径规划算法流程如图 4-12 所示。

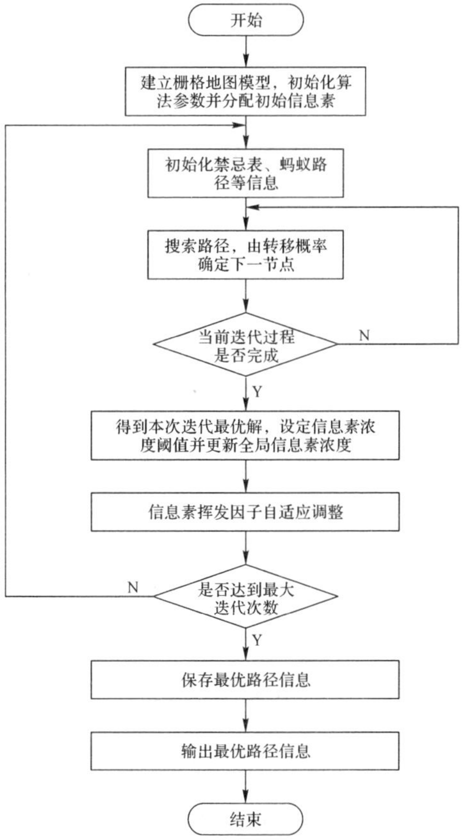

图 4-12 基于 SIACO 的路径规划算法流程

服务机器人利用改进的蚁群优化算法实现路径规划的步骤如下：

(1)利用栅格法对服务机器人所处的室内环境进行地图模型建立，设定服务机器人任务的起始点与目标点。

(2)设定改进蚁群优化算法公式中的蚂蚁数目 N、信息素浓度启发因子 α、启发函数因子 β、信息素挥发因子 μ、最大迭代次数 n_{max} 等参数。

(3)把 N 只蚂蚁放置于起始点，对蚂蚁禁忌表及路径长度进行初始化，同时将起始点放入禁忌表中。

(4)由改进的转移概率公式(4-24)确定蚂蚁下一个可以到达的节点，同时将可达节点添加到禁忌表中，当所有蚂蚁有效避障且到达终点或没有可选节点终止搜索时，对路径长度进行更新，进而完成此次迭代。

(5)当完成一次迭代后，计算各个蚂蚁行进的路径长度，比较得出本次迭代最优解，设定信息素浓度阈值，并根据公式(4-27)更新全局信息素浓度。

(6)确定迭代阈值，即连续 X 次求得最优解且最优解不发生改变时，根据公式(4-30)对信息素挥发因子进行自适应调整；否则，根据公式(4-27)加强更新历史“优质”蚂蚁的信息素浓度。

(7)判断是否达到最大迭代次数，若没有，继续执行算法；当达到最大迭代次数时，保存并输出最优路径信息，终止算法。

4.3 移动机器人稀疏 D^* 动态路径规划算法

为提高机器人自主避障功能，提出一种基于文化算法框架下的动态路径规划算法。该算法使用稀疏 D^* 算法与粒子群优化算法结合共同构成种群空间，其中使用稀疏 D^* 算法产生的离线路径作为初始路径，通过对节点的筛选，去除掉不满足要求的节点，保留下来的节点作为特征节点，以特征节点位置信息为形势知识，以特征节点可变化范围为规范知识，在两种知识的影响下，保留下来的初始路径节点作为粒子群算法的初始解，并进化寻优。

4.3.1 文化算法框架下动态路径规划算法

稀疏 D^* 算法进行路径规划时，由机器人向着目标所在方向一定范围产生拓展节点，保留最优节点，再由其向着目标所在方向继续产生拓展节点，逐步达到目标点。因此，使用稀疏 D^* 算法进行规划时，节点都是向着目标所在位置而产生，在保证规划速度的同时，确保规划所得路径为较短路径。且稀疏 D^* 算法基于路径代价函数，能较好吻合进化算法所需的适应度评估函数。

文化算法是基于人类社会进化原理的算法，可以利用领域的先验知识以及在进化过程中获得的知识来指导搜索过程。文化能使种群以一定的速度进化和适应环境，而这个速度是超越单纯依靠基因遗传生物进化速度的。文化算法是一种用于解决复杂计算的新型全局优化搜索算法，该算法模拟人类社会演化过程。区别于其他进化算法，文化算法是基于知识的双层进化系统，其包含两个进化空间：一个进化空间是由在进化过程中获取的经验和知识组成的信仰空间；另一个进化空间是由具体个体组成的种群空间，通过进化操作和性能评价进行自身的迭代。

图 4-13 是文化算法的基本框架。

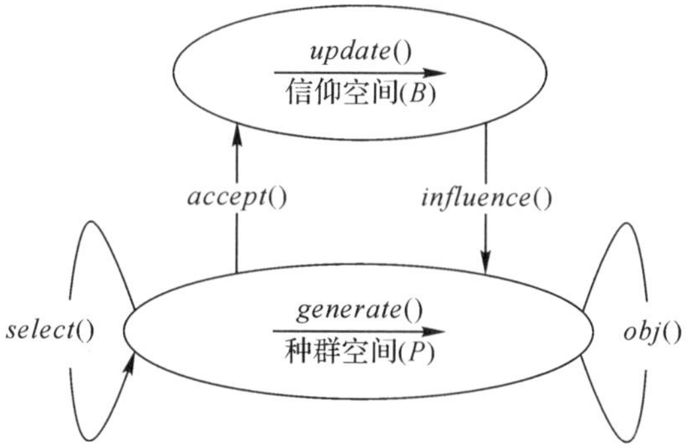

图 4-13 文化算法框架示意图

种群空间与信仰空间是两个相对独立的进化过程,两个空间通过一组由接收函数 *accept*()和影响函数 *influence*()组成的通信协议联系在一起。种群空间的个体在进化过程中,形成个体经验,通过 *accept*()函数将个体经验传递到信仰空间。信仰空间将个体经验,根据一定行为规则进行比较优化,形成种群经验,信仰空间根据现有的种群经验和新个体经验用 *update*()函数进行更新;而 *influence*()函数能够利用信仰空间中待解决的问题的经验知识来指导种群空间的进化,以使种群空间得到更高的进化效率。*objective*()函数是目标函数(适应度函数),其是用来评价种群空间中个体的适应值的。*generate*()函数根据个体行为规则和父辈个体参数生成下一代个体,*select*()函数根据规则从新生成个体中选择一部分个体作为下代个体的父辈。

文化算法的突出特点是包含两层空间:底层空间和顶层空间。底层空间由具体的个体组成,顶层空间由归纳总结出的经验和指导底层空间演化的信息构成。文化算法的另一个典型特点是能够使底层空间和顶层空间并行地进化、相互地影响。该算法能够同时将两种优秀的算法进行结合,充分发挥各个算法的优点,最大限度发挥出两种算法的优越性。对于在线路径规划而言,最为困难的就是算法的实时性难以达到要求。因为算法的计算复杂度低,相对应得到的优化解的质量也就低,而要想提高算法的解的质量,则势必会增加算法的复杂度,所以,优秀的在线路径规划算法需要解决这一对矛盾,而文化算法结构特点能够使我们取两种算法之长,相互优化。

4.3.2 应用文化算法解决路径规划问题

在路径规划算法的顶层算法中采用 D^* 算法对初始路径进行寻优规划,并对路径的特征点进行整理,以构成文化算法的信仰空间;而在文化算法的底层算法中,则应用信仰空间中的知识作为指导,来引导粒子群算法进行底层的算法优化。

下面将详细地对算法的具体过程进行阐述。

若在顶层算法中采取 D^* 算法进行初始路径的规划,则还需要建立针对 D^* 算法的代价函数。因为 D^* 算法是针对路径节点的搜索和计算进行寻优的,所以 D^* 算法寻找到的路径是由许多个不同的节点组成的,而对于每一个路径节点的取舍,需要建立一个代价函数对该节点进行评估,采用式(4-31)对路径节点进行评估。

$$F(a_i)=\omega_1 dis\_all(a_i)+\omega_2 dis(a_i,a_n)+\omega_3 J(a_i) \tag{4-31}$$

式中,用 a_1 来表示算法搜索的起始节点,用 a_i 来表示算法当前正在搜索的节点,最后的目标点用 a_n 来表示。首先,从路径的起始点,到算法现在搜索到的实时的路径节点的航程用 $dis\_all(a_i)$ 来进行表示;其次,从算法目前实时搜索到的当前节点到最后的目标终点的航程用 $dis(a_i,a_n)$ 来表示;最后,$J(a_i)$ 表示从起始点到达当面节点的总威胁带价值。该代价函数同样需要在每一项代价值前增加一个系数,系数 ω 的值可根据具体任务需要进行设定。

在文化算法的机构特性中,如何更新信仰空间,直接影响低层算法的质量,因为信仰空间也就是文化算法的顶层算法,该算法直接指导着低层算法。文化算法通常将信仰空间分为形势知识和规范知识,一般情况下将低层算法中得到的最优个体保存在形势知识中,而规范知识则保存一些约束解的规则。在路径规划的问题中,底层算法采用的是 D^* 算法,因为该 D^* 算法寻找的是代价函数值最小的节点坐标的集合,所以在底层算法中,种群空间个体就是一条可行路径的节点坐标的集合。而在顶层算法中,对形势知识保留的就是当前的一组最优路径的节点坐标,而规范知识则规范着路径节点可以变化的范围,当移动空域的环境发生变化时,则路径势必发生相应的变化,而信仰空间中的知识就会得到更新,并反过来影响底层的算法。

在信仰空降的更新过程中,首先底层空间中当前规划出的最优路径保存在顶层算法中的信仰空间中,若信仰空间用 S 表示,则当前保存的最优路径可用 s^t 来表示,即 $S=\{s^t\}$,其中 s^t 包含着底层算法算出的所有 m 个路径节点信息,这些信息组成了一条完整的路径。当移动空域的环境发生变化时,则移动路径受到影响而发生了变化,并随即更新形势知识,如式(4-32)所示。

$$s^{t+1}=\begin{cases} x'_{\text{new}}, \text{当前航迹受环境改变影响} \\ s^t, \text{当前航迹未收环境改变影响} \end{cases} \tag{4-32}$$

式中,x'_{new} 表示当移动环境发生变化时,规划出来的新的路径节点的坐标信息，s^t 表示当前存储的路径节点的坐标信息。由式(4-32)可知，当前移动空域的环境没有发生变化时，S 中保存的信息不发生变化，依然维持之前保存的最优环境的节点坐标信息；当移动环境发生改变，当前路径无法满足移动要求时，则由 D* 算法依据当前条件，重新规划出一条最优路径，并通过对路径中的一些冗余的路径节点依据规范知识的限制进行删除，保留下来的节点即为特征节点，将这些特征节点的信息保留并更新形势知识的内容。

如上文所述，规范知识是规范节点的可变化范围的，针对移动机器人的路径规划问题，节点的可变化范围可看作移动机器人在其性能允许的范围内，若规范知识用 N 来表示，则规范知识可由式(4-33)表示。

$$N=\{u_{j,i}^t,l_{j,i}^t\} \tag{4-33}$$

假设当前节点为第 j 个节点，则可用 $u_{j,i}^t$ 来表示 j 节点的第 i 个维度可变化范围的上限和下限；而第 j 个节点在形势知识中的第 i 个维度的可变化范围的上限和下限可用 $a_{j,i}^t$ 来表示，具体形势如式(4-34)所示。

$$u_{j,i}^t=a_{j,i}^t+L\ ,\ l_{j,i}^t=a_{j,i}^t-L \tag{4-34}$$

式中，L 为一个节点与另一个节点之间的最大距离。在形势知识中保存的路径节点的坐标信息中，用相邻两个节点的连线作为对角线矩形组成一个集合，设该集合为 M_i ，与规范知识的集合 N 组成一个空间集合 K，集合 K 称为信仰空间中寻优集合，$K=M_i\cup N$ 。在信仰空间中进行路径节点的优化时，空间中的点 P 应满足式(4-35)。

$$P=\{p_i\mid l_{j,i}^i\leqslant p_i\leqslant u_{j,i}^t \text{ or } \min(a_{j,i}^t,a_{j+1,i}^t)\leqslant p_i\leqslant \max(a_{j,i}^t,a_{j+1,i}^t)\} \tag{4-35}$$

式中，$j=1,2,\cdots,m-1$。空间 K 的示意图如图 4-14 所示。

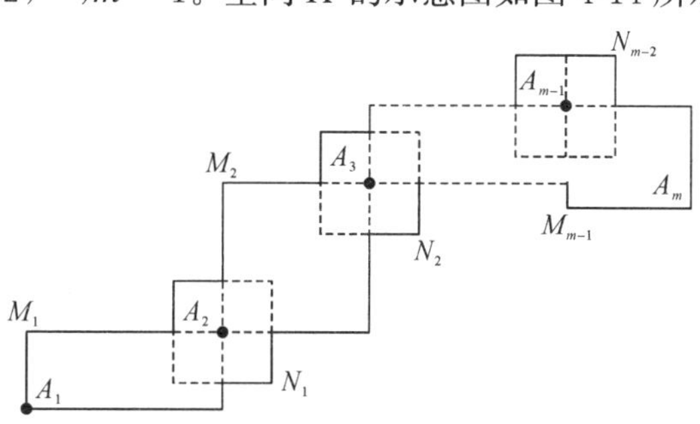

图 4-14 空间 K 示意图

对于文化算法的顶层算法，使用的是粒子群优化算法，使用该优化算法在寻优空间 K 中进行路径的优化，该优化过程可以和顶层的算法并行进行，并且可用于指导底层的路径优化。

4.4.3 动态路径规划算法设计

机器人在行进过程中，因受到一些突发的威胁、障碍物等影响，需要动态实时改变行驶路径。动态路径规划问题是指在动态环境下进行路径规划，动态环境分为目标移动与威胁移动。在机器人行驶过程中，通过探测器探测发现环境发生改变，需要由当前机器人所在位置达到目标点位置重新进行路径规划。目前，针对动态路径规划问题，使用得较为成熟的算法是 D^* 算法，但使用 D^* 算法在动态环境下进行路径规划的过程中，当检测到环境发生改变时，算法需要对整个未知区域重新进行搜索，因此，在每次环境发生改变时，要重新生成完整路径，耗时较长。

采用原始的 D^* 算法在环境发生变化时对移动机器人的路径路线进行规划，当移动环境突然发生变化，该算法将移动机器人实时所在位置变为重新规划的路径起点，若目标点没有发生变化则不变，以此重新进行路径规划。该算法虽然可行，但可以发现一旦环境发生变化就需要重新规划整条路径，比较耗费时间，无法满足移动机器人路径规划的实时性要求。

采用文化算法的结构框架，在移动环境发生变化时，对移动机器人进行路径规划，信仰空间保存当前最优路径的节点信息。当环境发生改变时，需要考虑两种情况：

(1)当目标移动时，以移动前目标点位置作为起始点，以移动后目标点位置作为终止点，使用 D^* 算法产生一条可行路径，并将该路径中节点信息添加至原路径中生成一条新的完整路径，对新路径使用进化算法优化，更新最优路径，继续移动。

(2)当威胁发生移动并影响原始路径时，找到威胁移动影响的子路径段，以该段子路径两端最近未受影响的节点分别为起始点和终止点，使用 D^* 算法重新规划一条可行路径，并将该路径中节点替换原始路径中受影响的节点，生成一条新的完整路径，对新路径使用进化算法进行优化，更新最优路径，继续移动。

该算法的具体流程如图 4-15 所示。

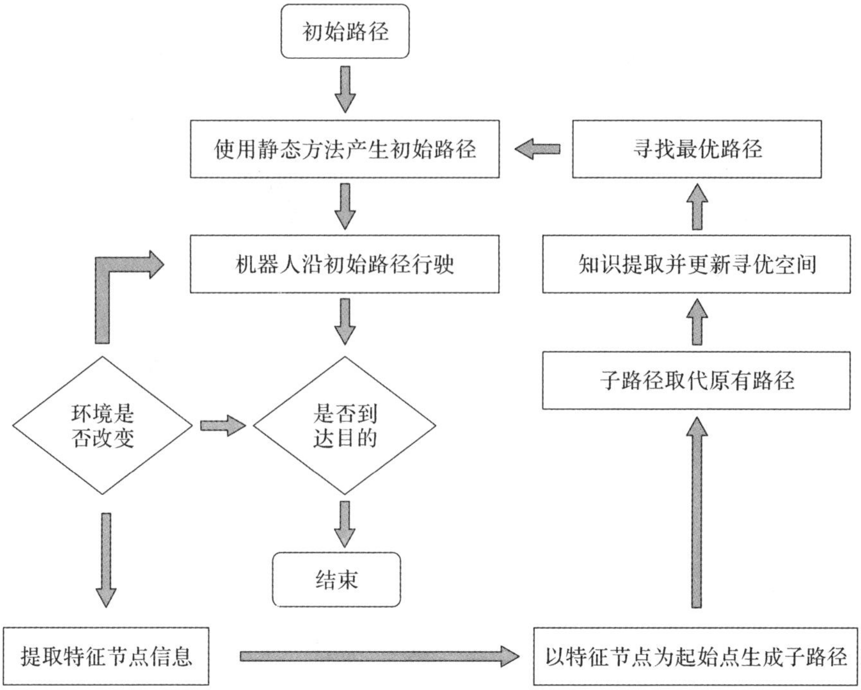

图 4-15 D* **算法流程图**

算法步骤如下：

(1)在机器人行驶前，路径规划算法获得一条离线最优路径。

(2)探测环境改变是否影响到原路径。否，机器人按原路径行驶，直至达到目标处，终止行驶或环境改变影响路径；是，进入(3)。

(3)以受影响的子路径的两端节点为起始点与终止点，使用稀疏 D* 算法规划最优的子路径，将子路径替换原路径中相应部分，得到一条新路径。

(4)提取新路径中特征节点信息为知识。

(5)在新知识影响下，使用遗传算法优化所得路径。

(6)机器人沿优化后路径行驶。

(7)判断机器人是否移动至目标处。否，返回(2)；是，结束行驶。

该算法与已有的动态路径规划算法，如 D* 算法，在处理动态环境下路径规划问题时有所不同。在使用文化算法进行路径规划的过程中，当环境改变时，只需规划一小段新的受影响部分子路径并替换原路径中受影响部分，得到新的完整路径，并对该路径进行知识提取等操作，规划最优路径。该算法可由图 4-16(a)～(d)进行具体步骤的演示。其中，不同颜色的圆形及方形代表了威胁区域(如工作人员或运输车辆等)，机器人暂时禁止驶入。

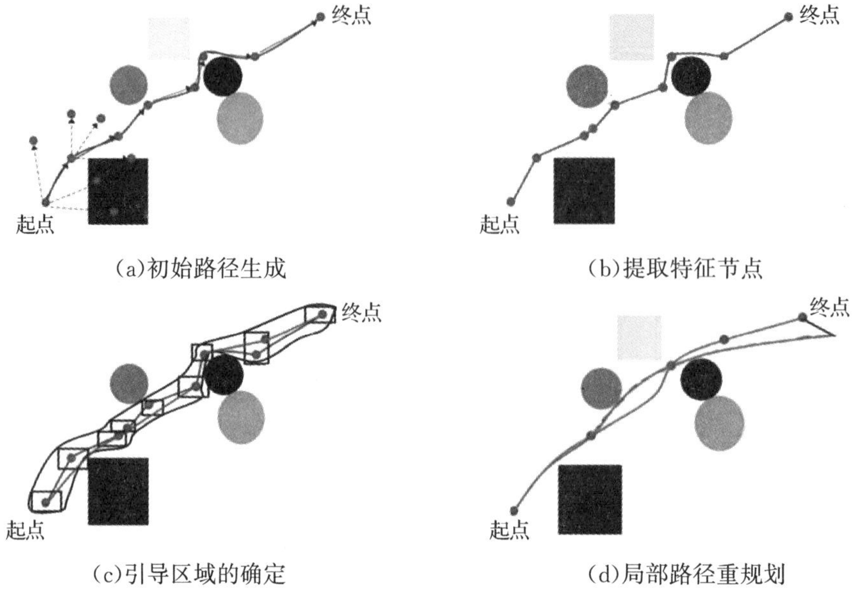

图 4-16　文化算法框架下的改进稀疏 D* 算法设计

(1)使用稀疏 D* 算法生成一条初始路径,如图 4-16(a)所示。

(2)将初始路径中的节点进行筛选,删除掉不符合要求的节点,将符合要求的节点进行提取,作为特征节点进行保留,如图 4-16(b)所示。

(3)根据特征节点的信息,确定响应的引导区域,并在引导区域内进行路径的优化,如图 4-16(c)所示。

(4)环境变化时,更新引导信息,在局部区域节点之间进行二次路径规划,如图 4-16(d)所示。

文化算法框架下改进稀疏 D* 算法已被应用在采煤机器人模型验证机中。实验表明,算法能够辅助实现移动机器人的自主行进,当采煤机器人到达煤采样现场后,通过控制螺旋电机、联轴器带动螺旋结构旋转,实现样本的垂直输送,并通过升降电机控制升降台上下移动,实现采样结构的下移及归位。样本被输送到出料口后,从出料口流出。

5 移动机器人障碍物检测与避障算法实施

环境感知系统是智能机器人系统的重要组成部分，当机器人在移动中准确获得自身位置后，需对外界环境进行感知，获得周围障碍物信息，保障机器人安全运行。因此，如何高效准确地完成障碍物检测与测量是现代智能移动机器人自主控制的研究的热点问题之一。障碍物检测主要依赖机器人所搭载的各种传感器对周围环境进行探测，如声呐、相机和激光雷达等。但针对单一传感器无法获得完整环境信息的问题，如椅子等中空物体，单一的激光雷达传感器难以进行检测与测量；相机虽然可以获得丰富的环境轮廓信息，但其丢失了障碍物尺度信息。为了保证智能机器人环境感知系统的准确性和稳定性，本章提出一种融合相机信息和激光雷达信息的障碍物检测和测量算法，采用多传感器信息融合的方式对障碍物目标进行检测和测量。

5.1 障碍物检测与测量

5.1.1 算法设计

Sun 等①将室内常见障碍物分为三类：第一类障碍物外形规整，即外形方正的物体，如柜子、门等；第二类的外形为曲面或者斜面，如足球、盆栽等；第三类的外形非规则，如电风扇、升降椅等。由于室内障碍物以第一类居多，因此本章所提出的算法主要用于检测第一类障碍物，如室内形状规则的椅子、储物柜和门等。

相机与激光雷达融合的障碍物检测算法由五部分组成：激光雷达相机联合

① Sun R，Ma S，Li B，et al. Simultaneous localization and sampled environment mapping[C]//Proceedings of the 48h IEEE Conference on Decision and Control (CDC) held jointly with 2009 28th Chinese Control Conference. IEEE，2009:6484－6489.

标定、环境障碍物检测、障碍物目标区域分割、障碍物轮廓提取、障碍物尺寸测量。

机器人在完成相机与激光雷达的联合标定后，对于相机获取的环境信息，利用深度学习框架对环境是否存在障碍物进行检测。当检测到障碍物以后，结合深度学习提供的障碍物位置信息，利用 GrabCut 分割算法对障碍物进行提取，但 GrabCut 算法对椅子进行分割时，对地面分割效果较差，本章继续利用基于颜色的自适应阈值分割方法对其进行进一步分割。对于分割后的图像利用 Canny 算法进行边缘检测，获得障碍物线条信息。再对位于障碍物上的激光雷达点进行特征分类，根据有无角点来判断机器人与障碍物朝向情况。然后根据朝向情况与边缘检测信息对障碍物外轮廓进行提取。正确获得目标轮廓后，对于柜子等规则实心物体，可以直接利用位于障碍物上的激光雷达点对其进行尺寸测量；对于椅子等空心物体，则需要对其进行透视投影后间接进行测量。

相机与激光雷达通过联合标定可以求得两传感器数据融合的转换关系。

5.1.2 机器人障碍物探测与检测识别

5.1.2.1 机器人的障碍物探测系统

机器人的智能化要求机器人在行进过程中，当遇到障碍物时，能够实时地检测到障碍物，并且能实时地避开障碍物。移动机器人要探测周围环境需要通过外部传感器来获取周围环境的信息，通过分析这些获取的信息能够感知外部环境，建立相应的模型，从而为障碍物的检测与避障做好知识储备。要设计算法实现机器人的自主避障功能，就要解决以下问题：障碍物是什么、障碍物与机器人的相对位置关系、如何避开障碍物，即 What、Where 和 How 的问题。目前已经有很多传感器技术为解决这些问题提供了可能。

传感器是机器人的眼睛耳朵，机器人对外界信息的获取均是通过其传感器来实现的。只有具有外界环境的信息，机器人才能利用这些信息完成环境中障碍物的检测、避障路径的规划等工作。机器人的传感器相当于人类的感知系统，处于连接机器人与外界环境的接口位置，是机器人与外界进行交换的感知系统。

实现机器人的障碍物检测功能，传感器的选择很重要。单一传感器所取的信息往往是片面的、不完整的，利用多传感器融合技术来综合多种传感器所获取的信息有其必要性。目前，机器人领域往往应用了包括摄像头、红外、超声、电子罗盘等在内的多种传感器，其目的是获取更精确、完整的外部信息。由于视觉传感器能够获得比较完整的环境信息,因此视觉与其他类型传感器的融合技术在机器人导航避障研究领域受到了广泛的关注。

类似视觉给人类提供了大于80%的所获取信息,为人类的生活提供了必要的保障,机器人的视觉系统也为机器人避障提供了大量的可用信息。视觉传感器可以使机器人能够根据视觉传感器收集的信息来实现对环境中的物体的识别,对机器人实现其相应功能及智能化很重要的意义。因此,在移动机器人避障中,视觉传感器被广泛使用,视觉传感器给移动机器人避障决策的制订提供了丰富的环境信息。

超声波一般是指频率在 20 kHz 以上的声波,具有直线传播的特性。超声波的频率高、指向性强、能量消耗缓慢,在介质中传播的距离比较远。利用超声波往往能够比较简单、方便、快捷地实时获取距离信息。但超声传感器也具有短距离检测有盲区的缺点。

综合考虑各类传感器的特点,本章采用超声和视觉两种传感器组成障碍物探测系统,利用多传感器信息融合技术来实现两种传感器信息的融合,使移动机器人避障系统可以具有较好的实时性、鲁棒性和较高的精确度。

1. 视觉传感器

视觉技术在近代科技中发展迅速,自 20 世纪 50 年代后期起源以来,该技术有很快的发展。视觉传感器是机器人最重要的组成部分,视觉传感器的作用是从环境中获取所需的图像信息,以构造出观察对象明确且有意义的描述。图像获取是机器视觉处理的三个基本步骤之一,三个步骤包括图像获取、图像处理和图像理解。因此视觉传感器是机器视觉必不可少的硬件条件之一。

视觉传感器采集图像的原理是通过采集光线照在物体上的反射图像,对采集的视觉信号进行处理变成辐射图像,最后经过采样和模数转换后变为像素矩阵存入存储器中形成数字图像。计算机内的数字图像处理系统再对该图像进行图像预处理与解析,输出想要的结果。

2. 超声传感器

超声传感器作为一种很重要的检测传感器,在机器人的研究应用中发挥着很重要的作用,从应用方法来看,超声传感器主要用于测距,具体测距实现方法为:通过测量超声源头与目标点之间的超声波往返传播时间,再利用已知的声速来求目标点与超声源头之间的距离。

超声是一种人听不到的机械波,可以作为声波定向传播,机器人所携带的超声传感器主要用于对周围环境的测距，超声测距采用采集超声波渡越时间，再利用速度距离公式求得距离：

$$D = c \times \frac{t}{2} \tag{5-1}$$

式中，D 为离障碍物的距离；c 为声速；t 为从超声发射器发射到超声波返回到接收器的渡越时间，即传播时间。

在现实世界中，声波的传播速度 c 不是一成不变的，与温度 T 有一定关系。在环境温度变化显著的情况下，必须考虑温度对声速的影响，二者的关系可以表示为：

$$c \approx 331.45\sqrt{\frac{T + 273.16}{273.16}} \approx 331.4 + 0.6T\,(\mathrm{m/s}) \tag{5-2}$$

考虑到由于实验用到的机器人运行环境为一般情况，因此可取声速为 340 m/s。

由于超声传感器在不同时刻发射的或不同传感器发射的超声波会互相造成干扰，因此在障碍物与机器人距离很近时所测量的数据可能是不精确的，而且有可能是错误的。

实验所用机器人以 Voyager-ⅡA 机器人为例，其装有 24 组超声传感器，在实际避障过程中，由于只需考虑机器人前进方向上的路况信息，因此仅使用前方 5 组超声传感器作为前方路况检测使用，左右两侧的两组超声传感器也同时打开，在机器人解死锁算法中会用到。

3. 红外传感器

以型号为 E18-BO 的红外传感器为例，其光开关输出是开关量，只能够利用其判断是否有障碍物，对于障碍物的详细距离信息无法获得。在 Voyager-ⅡA 移动机器人系统中，红外传感器仅是作为超声传感器对近距离有盲区现象的一种弥补措施，以能够感知超生无法测量的近距离内是否有障碍物。最远探测距离是 50～60 cm。

5.1.2.2 目标检测与识别

目标检测是目前计算机视觉的前沿应用之一，随着计算机运算能力的大幅提升，深度学习技术也开始爆发，越来越多的障碍物开始使用深度学习框架进行检测。

目前，深度学习网络框架数目繁多。常见框架的有 POLO、SSD 和 Fast R-

CNN 等，其检测步骤如图 5-1 所示。综合检测识别准确率和速率考虑，SSD 网络模型的检测识别性能相对最好。SSD 网络模型同时兼顾了检测识别准确率和速率，具有检测精度高、识别速率快的优点。经过综合考虑，本节选择 SSD 网络来进行障碍物检测。

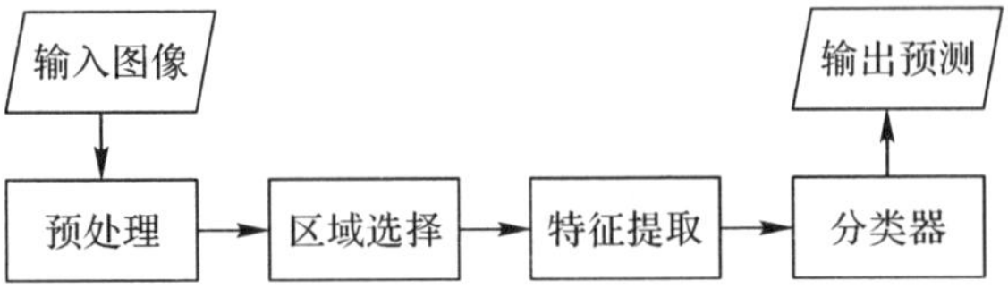

图 5-1 **深度网络检测步骤**

SSD 网络结构如 5-2 图所示。该网络主要分为前端和后端，前端基础特征提取网络基于 VGG-16 网络，但去除了 VGG-16 网络最后的全连接层(Fully Connected Layers，FC)FC8，同时将 VGG-16 网络的 FC6 和 FC7 全连接层转化为卷积层；后端为网络独有的特征提取层。

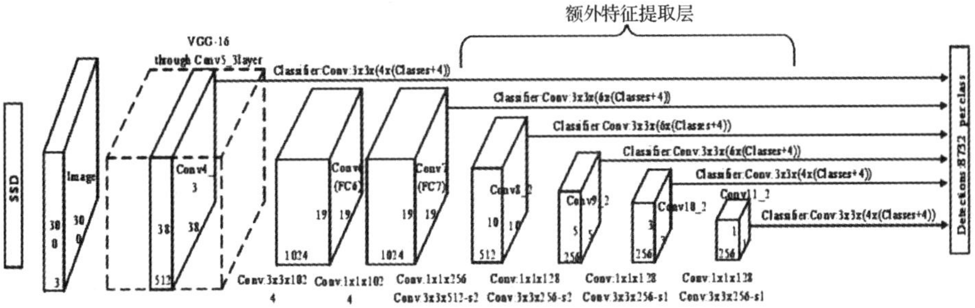

图 5-2 **SSD 网络结构**

数据集制作的好坏直接决定了最终训练生成的网络模型的检测识别效果。在室内环境下，检测识别的物体主要包括桌椅、柜子、门等室内常见物体。为进一步丰富数据集，提高模型的泛化能力，不仅要在训练前对数据集进行颜色改变、模糊变化数据增强操作，同时利用 ImageNet 数据集进行预训练得到的网络权重，对 SSD 网络模型进行初始化，最后在 GPU 模式下对室内物体检测数据集进行训练。

5.1.3 目标区域分割

相机获取的信息包括一些冗余信息，利用深度学习网络 SSD 初步检测到物体在图片中的位置后，该位置包括部分目标区域和背景区域。因此，在提取障碍物前，需要先对目标图像进行区域分割，排除环境背景对定位障碍物轮廓的干扰。

5.1.3.1 Grab Cut 算法分割图像

Grab Cut 算法是常用的分割算法。运用该算法能得到较精确的去除环境背景，获得障碍物目标提取结果。当定义分割矩形区域后，该方法能对图像进行有效分割。

原始 Grab Cut 算法首先需要进行人工操作，即需要人工手动指定包围分割对象的矩形边界框，然后再使用高斯混合模型来估计目标与背景的颜色分布差异，以此达到目标区域分割的效果。因此，在本算法中，障碍物经过 SSD 网络进行目标检测定位后，将该目标检测框作为先验信息，代替人工框选目标边界的操作，再利用 Grab Cut 算法精确提取障碍物区域，即利用 SSD 网络输出的定位框来代替人工选择矩形区域，实现分割算法的初始化。

算法可以有效去除环境背景，保留提取目标障碍物的区域。在消除环境背景后，可以有效减少其对障碍物目标轮廓提取的干扰。同时利用深度学习自动选择目标区域，可以减少人工操作，利用算法自动化提取目标障碍物目标区域。

5.1.3.2 基于颜色的自适应阈值分割算法

Grab Cut 算法对实心物体分割效果较好，但对空心物体进行分割时，会保留较多地面区域。因此需对 Grab Cut 算法分割后的图像进一步进行分割处理，实现对地面的有效去除。在有明显地面波峰与障碍物波峰时，可以利用两者波峰差异对其进行分割。但由于光照等因素影响，地面和障碍物的颜色范围可能会出现变化，在这种情况下，人为给定一个固定阈值很难将不同地面进行有效去除，因此需采取自适应的方式对分割阈值进行动态确定。本节利用图像颜色分布均值与方差的方法对阈值进行确定。具体步骤如下：

(1)对利用 Grab Cut 算法分割后的图片进行截取，仅保留图片下四分之一的区域。因为地面区域主要集中在此区域，同时此区域的障碍物所占比例不多，因此可以利用此区域对地面区域的颜色分布进行有效提取。

(2)计算截取图像中 RGB 分量的均值与方差，如式(5-3)所示。

$$\begin{cases} \mu_{\mathrm{RGB}} = \sum_{m=0}^{M-1}\sum_{n=0}^{N-1} \dfrac{f_{\mathrm{RGB}}(i+m, j+n)}{MN} \\ \sigma_{\mathrm{RGB}} = \sqrt{\sum_{m=0}^{M-1}\sum_{n=0}^{N-1} \dfrac{\left[f_{\mathrm{RGB}}(i+m, j+n) - \mu_{\mathrm{RGB}}\right]^2}{MN}} \end{cases} \tag{5-3}$$

式中，M、N 为截取图片的高度与宽度，$f_{\mathrm{RGB}}(i,j)$ 为图像在点 (i,j) 处的

RGB 颜色分量，μ_{RGB} 为图片 RGB 分量的均值，σ_{RGB} 为图片 RGB 分量的方差。

（3）根据计算得到的均值与方差确定自适应阈值 T_h，如式(5-4)所示。

$$T_h = \mu_{RGB} - 2\sigma_{RGB} \tag{5-4}$$

运用以上方法对 Grab Cut 算法分割后的分割图进行分割阈值计算，将图像中 RGB 值大于阈值的像素变为白色，则可以运用该阈值分割的图像对地面进行有效的去除，同时对空心障碍物保留效果较好。而且该阈值可实现自动确定，无需人为确定就可达到预期分割效果。

5.1.4　障碍物轮廓提取

5.1.4.1　障碍物线条提取

确定障碍物在图片中位置，并去除背景干扰后，精确提取物体的外轮廓线条是本算法非常重要的一环。常见的边缘线条检测算子有 Laplacian 算子、Sobel 算子和 Canny 算子等。Canny 算子具有良好的边缘线条检测性能，且检测精度较高。

通常，Canny 算子获得的图像轮廓的边缘线条清晰，细节保留较为完整。而 Laplacian 算子和 Sobel 算子检测的边缘线条图像则较为模糊，同时还有障碍物边缘线条信息丢失问题，不利于后续进行轮廓的提取。因此，边缘线条检测算子采用 Canny 算子。Canny 边缘线条检测流程如下：

（1）图像高斯平滑处理。对图片平滑去噪处理减少噪声。目前较为常见的图像平滑去噪处理为高斯平滑。

（2）计算图像梯度与方向。对经过平滑去噪后的图片利用 Sobel 卷积实现对图像的梯度值计算。Sobel 的水平卷积与竖直卷积如式(5-5)。

$$\text{Sobel}_x = \begin{bmatrix} -1 & 0 & 1 \\ -2 & 0 & 2 \\ -1 & 0 & 1 \end{bmatrix}, \text{Sobel}_y = \begin{bmatrix} 1 & 2 & 1 \\ 0 & 0 & 0 \\ -1 & -2 & -1 \end{bmatrix} \tag{5-5}$$

因此图像在 x 和 y 方向上的梯度 $\boldsymbol{G}_x$ 和 $\boldsymbol{G}_y$ 为：

$$\begin{cases} \boldsymbol{G}_x = \boldsymbol{f}(x, y) \times \text{Solbel}_x \\ \boldsymbol{G}_y = \boldsymbol{f}(x, y) \times \text{Solbel}_y \end{cases} \tag{5-6}$$

式中，$\boldsymbol{f}(x, y)$ 为图片 (x, y) 处的 8 领域像素矩阵。

进一步可以得到图片的梯度幅值与方向为：

$$\begin{cases}|\boldsymbol{G}|=|\boldsymbol{G}_x|+|\boldsymbol{G}_y| \\ \theta=\arctan\left(\dfrac{|\boldsymbol{G}_y|}{\boldsymbol{G}_x|}\right)\end{cases} \tag{5-7}$$

(3)梯度幅值非极大值抑制。通过该操作，图像中在梯度方向上具有最大梯度幅值的像素点将作为图像边缘点保存，其他像素点将被删除即抑制，实现对边缘的细化。

(4)双阈值检测。对边缘进行高低双阈值 T_h、T_t 检测来排除因其他因素产生的边缘像素。如果像素梯度大于 T_h，则将其标记为强边缘；如果像素梯度介于 T_h、T_l 之间，则将其标记为弱边缘；如果像素梯度小于 T_l，则将其删除。

$$|\boldsymbol{G}|=\begin{cases}\text{强边缘}, |\boldsymbol{G}| \geqslant T_h \\ \text{弱边缘}, T_h > |\boldsymbol{G}| > T_l \\ \text{删除}, |\boldsymbol{G}| \leqslant T_l\end{cases} \tag{5-8}$$

(5)抑制孤立弱边缘。检查弱边缘 8 领域标记结果，若存在被标记为强边缘像素点，则将其改为强边缘。最后由所有强边缘像素点构成的线条即为所需的物体轮廓信息。

5.1.4.2 激光雷达特征点提取

对于障碍物，可能存在正面面对或者侧面面对机器人的情况，在提取障碍物轮廓之前，需要利用激光雷达数据信息进一步进行判断，判断障碍物面对机器人的情况，然后再选择障碍物上合适的一面进行轮廓提取。在此利用激光雷达信息对障碍物朝向信息进行获取，具体方法如下：

本算法将激光雷达点按照位于空间的位置分为角点和平面点。角点位于障碍物两平面的交线上，平面点位于障碍物的某一个平面上。对不同的特征点可以按照曲率来分类。激光雷达的每个扫描点都位于同一平面，从扫描结果中取出任意连续三点可以确定一个圆，如图 5-3 示。

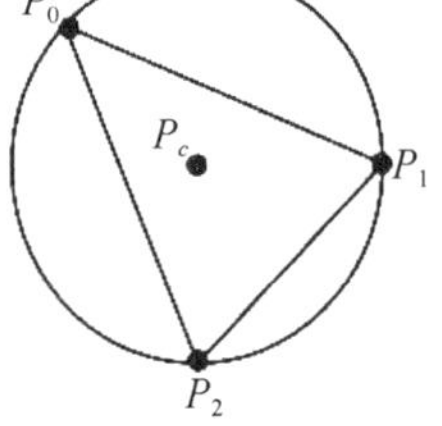

图 5-3 三点确定一个圆示意图

假设已知三点坐标为 $P_0(x_0, y_0)$，$P_1(x_1, y_1)$，$P_2(x_2, y_2)$，三点确定的圆

心坐标为 $P_c(x_c,y_c)$，半径为 r，利用圆的平面方程则可以建立以下约束关系：

$$\begin{cases}(x_0-x_c)^2+(y_0-y_c)^2=r^2\\(x_1-x_c)^2+(y_1-y_c)^2=r^2\\(x_2-x_c)^2+(y_2-y_c)^2=r^2\end{cases}\tag{5-9}$$

可求得圆心坐标为：

$$x_c=\frac{a-b+c}{d},y_c=\frac{e-f+g}{-d}\tag{5-10}$$

其中，

$$\begin{cases}a=(x_0+x_1)(x_1-x_0)(x_0+x_1)\\b=(x_0+x_1)(x_2-x_1)(y_1-y_0)\\c=(y_0-y_2)(y_1-y_0)(y_2-y_1)\\d=2[(x_1-x_0)(y_2-y_1)-(x_2-x_1)(y_1-y_0)]\\e=(y_0+y_1)(y_1-y_0)(x_2-x_1)\\f=(y_2+y_1)(y_2-y_1)(x_1+x_0)\\g=(x_0-x_2)(x_2-x_0)(x_2-x_1)\end{cases}\tag{5-11}$$

因此点 P_1 的曲率为：

$$\rho=\frac{1}{r}=\frac{1}{\sqrt{(x_c-x_1)^2+(y_c-y_1)^2}}\tag{5-12}$$

当某一激光雷达点的曲率大于阈值时，则标记该激光点为角点；反之，则标记该激光点为平面点。由于障碍物上每个激光点距离较近，且激光雷达数据点存在抖动等原因，因此实际计算激光点曲率前对激光雷达数据进行多次中值滤波处理来减小数据波动，在计算曲率时 P_0、P_1 和 P_2 三个点之间按照间隔 4 个激光雷达点进行取点。

5.1.4.3 障碍物轮廓确定及矫正

当算法检测到激光雷达点存在角点特征后，则在角点附近搜索障碍物轮廓直线，确定两平面分界线。确定分界线后根据两平面内的激光点数，选择点数较多的平面进行障碍物轮廓提取。

但障碍物侧面面对移动机器人时，由于相机的单点投影变换影响，会使障碍物的几何形状发生改变，即障碍物轮廓会从平行四边形变成梯形。因此，本节使用赵明[①]提供的矫正方法结合 Open CV 库的 warp Perspective 函数对轮廓进行矫正。

① 赵明.基于图像的物体尺寸测量算法研究[J].软件导刊，2016，15(11)：48—52.

5.1.5 障碍物尺寸测量

障碍物尺寸测量分为两种情况。对于柜子等实心障碍物，激光雷达点位于障碍物上，则可以直接利用位于实心障碍物上的激光雷达点对尺寸进行测量；而对于椅子等空心障碍物，仅有少部分激光点击中椅腿，绝大部分激光点击中后方墙壁，针对椅子正面面对机器人与墙壁的情况，本节提出一种利用透视投影原理对椅子等空心障碍物的尺寸测量方法。

5.1.5.1 实心障碍物测量

对于柜子等障碍物，激光点会击中障碍物表面，在水平方向，两激光点的距离与障碍物宽度在图像中保持相同的尺寸比例。在竖直方向，每个激光点的高度与障碍物高度在图像中保持的比例关系一致。若障碍物轮廓已经成功提取，则可以根据图像中的轮廓来计算障碍物长宽所占的像素点数，进而得到实际尺寸。具体原理如下：

如图 5-4 示，Δw 为实际宽度为 W 的障碍物在像中所占据的像素坐标差值；Δh 为实际高度为 H 的障碍物在像中所占据的像素坐标差值；Δs 为两激光点 P_1、P_2 占据的像素坐标差值；Δy 为激光点距离地面的像素点数，因为目标物体置于地面，即为激光雷达点距离地面的像素范围。

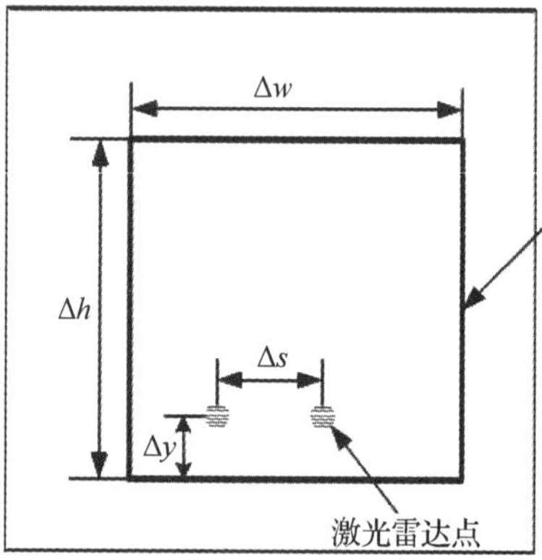

图 5-4　障碍物占据像素范围示意图

假设两激光点在激光雷达坐标系下的坐标为 $P_1(x_1,y_1)$、$P_2(x_2,y_2)$，则两激光点距离为：

$$S=\sqrt{(x_1-x_2)^2+(y_1-y_2)^2} \tag{5-13}$$

同时利用图像中距离与实际距离保持相同的比例关系可得，在水平方向：

$$\frac{\Delta w}{W}=\frac{\Delta s}{S} \tag{5-14}$$

在竖直方向：

$$\frac{\Delta h}{H}=\frac{\Delta y}{y} \tag{5-15}$$

式中，y 为移动机器人实验平台上激光雷达离地面高度，可以通过测量激光雷达安装高度确定该值。

则障碍物的实际宽度为：

$$W=\frac{\Delta w}{\Delta s}S=\frac{\Delta w}{\Delta s}\sqrt{(x_1-x_2)^2+(y_1-y_2)^2} \tag{5-16}$$

则障碍物的实际高度为：

$$H=\frac{\Delta h}{\Delta y}y \tag{5-17}$$

一个障碍物上会存在较多激光点，则可以计算多个激光点的距离 S 的平均值。障碍物上的激光点越多，测量精度越高。快速准确地获得 Δw、Δh、Δs、Δy 和 S 的大小是成功实现测量准确的关键。

5.1.5.2　空心障碍物测量

对于空心障碍物如椅子之类的物体，其高度可以采用式(5-15)进行计算。而对椅子类的空心障碍物宽度，因无法保证激光点会同时击中椅子左右两椅腿，因此无法直接计算椅子宽度。

在这种情况下可利用透视变换原理，在障碍物正面面对机器人与后方墙壁的情况下，利用障碍物自有的平行关系，将图像中障碍物宽度的测量面投影到墙面上。如图 5-5 所示，图中 A_1、A_2、A_3、A_4 分别为椅腿与水平地面交点，三维空间中 A_1A_3 长度为椅子宽度。利用透视变换原理，三维空间中平行相等的 A_1A_2 边与 A_3A_4 边在图片中不平行。因此，作边 A_1A_2 与边 A_3A_4 延长线，其与墙面交点分别为 O_1、O_2。三维空间中 A_1A_3 与 O_1O_2 平行且相等，测量出 O_1O_2 长度即可求出椅子宽度。由于在点 O_1 和点 O_2 之间会存在较多激光点，因此可以利用式(5-16)计算出椅子宽度。

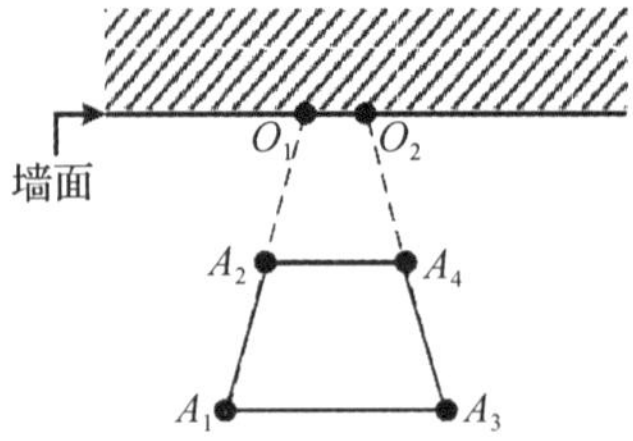

图 5-5　投影测量示意图

5.2　障碍物检测与避障算法实施

5.2.1　基于图像信息熵的障碍物检测定位

人类通过视觉系统获取的信息约占从外界获取信息总量的 75%，将模式识别和图像处理的知识应用到机器人领域的机器视觉是利用视觉传感器来获取外界信息，并且模拟人脑处理信息的过程从图像信息中提取感兴趣的知识。机器视觉与人的处理视觉信息的方法不同，它是用几何、学习技术和统计学的方法来处理视觉传感器获取的外界信息来模拟人类视觉系统的功能。本节将信息论中的信息熵知识应用于图像处理领域，通过统计视觉范围内的信息熵值解析图像来检测障碍物，并用距离图像知识对检测结果进行由二维图像到三维空间的转换确定出障碍物在世界坐标系中的位置。机器人上摄像头的成像模型如图 5-6 所示。

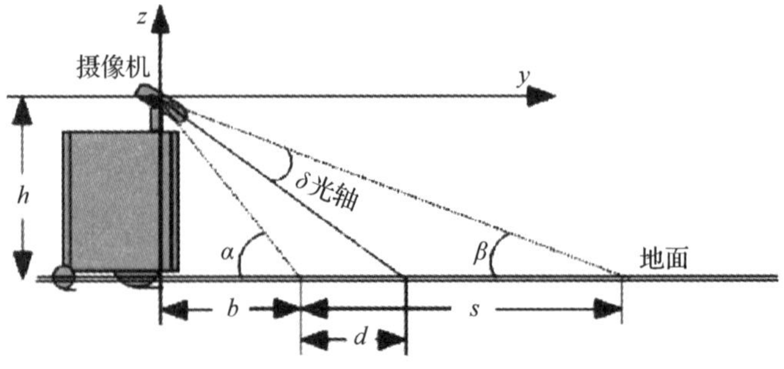

图 5-6　摄像机成像平面截图

障碍物检测的目的是为机器人避障路径规划提供足够的障碍物信息。因此障碍物的检测不一定要恢复出机器人运行环境的三维结构，试想一下人只靠一只眼睛也可以完成对障碍的判断和避障过程。

5.2.1.1　图像预处理

图像的预处理工作包括图像灰度化、图像去噪和图像的有效区域选取，其中图像灰度化是完成图像由彩图到灰度图的转换。系统中通过摄像头采集，directshow 完成视频到 bmp 图像格式的转换，bmp 图像中存储的是图像的 RGB 空间中的 R、G、B 三个颜色分量的值，利用式(5-18)可以实现灰度化。

$$gray = 0.3Red + 0.59Green + 0.11Blue \tag{5-18}$$

图像去噪处理的目的是提高图像质量，后面的图像处理过程能取得更好的效果。中值滤波就是利用有奇数点的滑动窗口对图像进行遍历，在遍历过程中将窗口中间的像素点的值用窗口内各点的中间值代替。例如，有一个序列为{1，2，3，5，7，9，10}，若选取窗口大小为 7，则次窗口的各点中值为 5。经过去噪处理后的图像可以有效减小噪声点对实验结果的影响。

机器人导航过程中对障碍物的检测是对距离机器人较近的阻挡机器人前进的物体的检测，对于机器人视觉中较远的部分可以不予以考虑。在算法的执行过程中，对单位信息熵和障碍物的定位计算过程可以忽略。图像的有效区域选取的作用是将离机器人较远的边缘两侧的无用的图像信息剔除操作。根据机器人的摄像头的视野范围和实验过程中对障碍物的最远距离的定义，机器人的视野范围内的有效区域选取准则如下：

(1)所选取的有效区域外出现的障碍物在机器人当前运动状态下不会阻碍机器人的运动。

(2)机器人运动方向上对机器人有用的视觉信息不会被划分在有效区域之外。

5.2.1.2　基于图像信息熵的障碍物检测与粗定位

信息论之父 Shannon 在 1948 年提出了信息熵的概念。他指出：任何的信息表达方法都存在冗余，冗余度的大小与信息中每个基本组成元素的出现概率或者说不确定性有关。Shannon 把除去冗余信息后的平均信息量称为“信息熵”，其表达式如下：

$$H(X) = E\left[\log \frac{1}{p(a_i)}\right] = -\sum_{i=1}^{n} p_i(a_i)\log p_i(a_i) \tag{5-19}$$

式中，a_i 为样本总体 X 中的事件，n 表示事件总数。通过式(5-19)可以看出，每个样本事件出现的次数越平均，样本总体 X 中不同事件数越多，则信息量越大。

如果有 n 组样本：$X_1, X_2, \cdots, X_n$，对应的样本数分别为 $k_1, k_2, \cdots, k_n$，信息熵分别为 $H_1, H_2, \cdots, H_n$，如果样本数 k_i 不同，则无法对 n 组样本进行比较。为了避免由于样本维数不同带来的不便，这里引进了单位信息熵的概念。单位信息熵是相对信息熵和样本空间个数而言的，同样能表达空间信息量的多少，而且能够应用于样本数量不同的样本空间内。

单位信息熵是样本总体中单位样本所含信息的平均值，具体体现为总体信息熵与空间样本数量的比值，即：

$$C(X) = \frac{H(X)}{n} = -\frac{1}{n}\sum_{i=0}^{n} p_i(a_i)\log p_i(a_i) \tag{5-20}$$

式中，$C(X)$表示样本空间 X 的单位信息熵。

图像的各种颜色分量均可以作为信息量的基本度量尺度，灰度表示也是一种表达信息的方法，每个灰度级就是组成的基本元素，可以利用某个区域中每个灰度级的出现概率来表征该区域的信息量。在室内简单环境中，当机器人的视野内没有障碍物时图像信息熵的值会比较稳定，有障碍物出现时，会破坏环境的单一性，造成有障碍物的区域内信息熵出现较大幅度的变化，所以可以利用信息熵的知识来解析图像。

图像的单位信息熵表达式(5-18)应用到某一帧灰度图像中可表示为：

$$H = -\sum_{i=0}^{255} \frac{1}{k} p_i \log p_i \tag{5-21}$$

式中，p_i 是灰度级为 i 的像素点出现的概率，k 为所有灰度级中 p_i 不为零的灰度级的个数。

在实际试验中水平方向的图像解析过程为：选取一行像素点作为统计 p_i 的数据来源，即统计该行像素点的灰度级分布，求得对应每一个灰度级 i 所含像素点的个数，p_i 为该灰度级所含像素点的个数与该行像素点的总个数的比值；然后对于所有 p_i 不为 0 的灰度级求单位信息熵。

利用图像信息熵进行图像解析和障碍物检测的具体过程可描述如下：

(1)从图像下方开始对每行像素求其单位信息熵值 H。

(2)对每一行的单位信息熵值与前面已遍历过的行的信息熵值进行比较，标记该行有突变。

(3)从第一次出现突变的行开始统计有突变的行数值，若超过一定数量，则视为有障碍物出现在视野中，记录起始行的位置。

(4)比较起始行的位置，若小于一定阈值，则为离机器人较近。机器人通过信息熵进行障碍物检测的结果为距机器人前方较近处有障碍物。

(5)若通过以上处理得到的结果为机器人的前方较近处有障碍物，则对图像的像素列执行相似的操作：分别从图像的左右两侧求列的单位信息熵值，并且记录该值有突变的起始位置，暂时作为障碍物的左右边缘。

5.2.1.3 障碍物在图像中的精确定位

5.2.1.2 节利用图像信息熵知识对图像中的障碍物进行了检测与粗定位，得到的知识障碍物的粗略信息。若想获取完整的障碍物信息，则需要进一步处理。本节采用统计图像的边缘信息的方法来实现障碍物在图像中的精确定位。

图像的边缘信息是图像中亮度较大的部分的特征体现，是图像的局部特征不连续造成的，图像的边缘信息在现实世界中体现为一个区域的开始与前一个区域的终结。由于摄像机成像原理可知亮度变化较明显的地方往往是障碍物与背景、障碍物与障碍物之间边缘，因此图像的边缘信息往往是图像的纹理特征提取和图像分割的基础。因为在本试验中环境比较单一，所以可以采用较简单的 Roberts 边缘检测算子进行检测即能满足获取边缘点信息的要求，而且还可以有效减小算法的时间复杂度，增强系统的实时性。在图像像素阵列中 Roberts 算子如下：

$$\begin{bmatrix} 1 & 0 \\ 0 & -1 \end{bmatrix} \quad \begin{bmatrix} 0 & 1 \\ -1 & 0 \end{bmatrix}$$

Roberts 算子在图像中表示为：

$$g(x,y) \approx \sqrt{[f(x,y)-f(x+1,y+1)]^2+[f(x,y+1)-f(x+1,y)]^2} \tag{5-22}$$

Roberts 算子是在一个 2×2 的邻域计算的对角导数。在实际应用中，可以用简化的计算形势来代替式(5-22)，即用 Roberts 的绝对值来替代。

$$g(x,y) \approx R(x,y) = |f(x,y)-f(x+1,y+1)| + |f(x,y+1)-f(x+1,y)| \tag{5-23}$$

通过对整幅图像进行边缘检测可以得到图像中边缘点的分布情况；对障碍物的前边缘的起始像素行上下一定区域范围内的边缘点进行统计，可以得到障碍物的详细边缘信息。记录这些边缘点为障碍物在图像中的前边缘。对障碍物的左右边缘的处理类似。

5.2.1.4 基于距离图像的障碍物定位

距离图像(或者称为深度图像)存储的是与每一个像素相关的射线和摄像机观测到的场景的第一次焦点的深度信息。根据插值的思想，利用摄像头成像的几何原理，采用梅涅劳斯定理，建立三维距离函数，计算监控区域中任意位置到摄像头的距离，建立关于监控区域中任意点到摄像头距离的距离图像，根据该距离图像可以方便地得到监控区域中地面上的任意运动目标到摄像头的距离。摄像头成像平面与地面点的对应关系如图 5-7 所示。

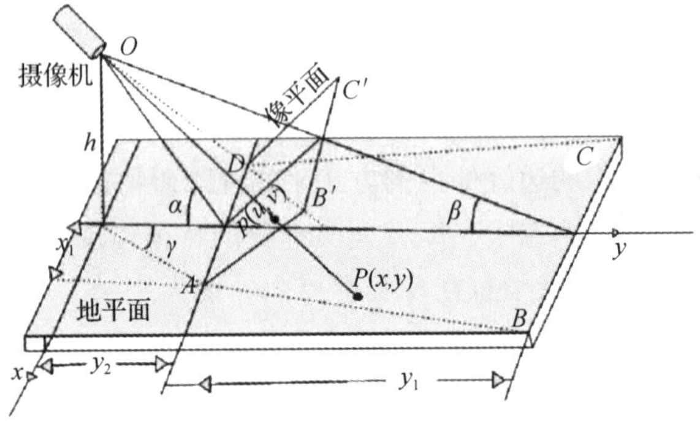

图 5-7　成像平面与地面点的对应关系

在图 5-7 中，摄像机被固定，向下倾斜角度一定。$ABC'D'$为像平面，$ABCD$为摄像头的实际视野，点 P 是地面上的目标点，点 p 是目标点在图像中对应的像素点位置，h 是摄像机到地面的垂直距离，y_2 是摄像机垂直投影与视野近边缘的距离，y_1+y_2 是摄像机垂直投影与视野远边缘的距离，x_1 是摄像机垂直投影与水平视角最远端的距离，α、β 分别是摄像机视角射线与地面 y 轴的最大夹角和最小夹角，γ 是摄像机水平视角射线与 y 轴的夹角。α、β、γ 可由式(5-24)～式(5-26)推导得到：

$$\alpha=\arctan\left(\frac{h}{y_1}\right) \tag{5-24}$$

$$\beta=\arctan\left(\frac{h}{y_1+y_2}\right) \tag{5-25}$$

$$\gamma=\arctan\left(\frac{x_1}{y_1}\right) \tag{5-26}$$

式中，h、y_1、y_2 和 x_1 是可以通过测量得到的数据。在得到 α、β、γ 之后就可以由三角函数关系求得 x 和 y，推导如下：

$$y=h\tan\left[(90^\circ-\alpha)+\frac{S_y-u}{S_y}(\alpha-\beta)\right] \tag{5-27}$$

$$x=y\tan\left[\frac{S_x-v}{S_x}\gamma\right] \tag{5-28}$$

$$L=\sqrt{x^2+y^2} \tag{5-29}$$

式中，L 是世界坐标系中摄像机垂直投影点与点 P 的距离，S_x、S_y 是像平

面内 x、y 方向上的像素点总个数，u、v 分别是点 p 在成像平面中的横纵坐标。

在已知目标在像平面 $ABC'D'$ 内的位置的前提下，可以通过式(5-19)～式(5-21)求出该目标点在 $ABCD$ 内的位置，即目标点在世界坐标系中的坐标。

通过图像信息熵和图像中的边缘信息解析图像得到障碍物的特征边缘点，通过本节知识能够建立这些特征点在像平面与世界坐标系之间的对应关系，从而得到障碍物在实际环境中与机器人的相对位置关系。

5.2.2 基于多传感器融合的障碍物检测定位

5.2.2.1 超声传感器数据的获取与融合处理

虽然超声波传感器信号处理比较简单、处理速度比较快，但它也有一定的局限性。具体表现为探测角度大，方向性比较差，只能用于获取目标障碍物的距离信息，不能获得比较精确的障碍物边界信息。

目标定位利用机器人前方的五个超声传感器对前方场景进行扫描，包括机器人正前方，机器人左前方 15°、30°与右前方 15°、30°。由于超声传感器的测量不精确，因此需要对超声传感器所获数据进行一些处理，以便于尽量准确地判断是否有障碍物以及获取障碍物信息，在此使用队列式存储超声传感器多次获取的信息，如图 5-8 所示。

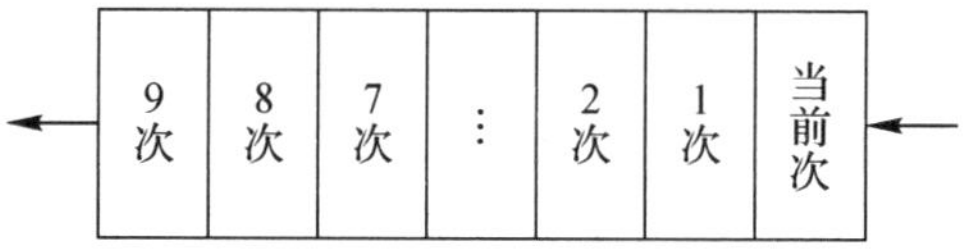

图 5-8 超声数据存储队列示意图

对存储于队列中的原始超声数据做数据层信息融合，所用公式为：

$$F=\frac{(x_0+x_1+\cdots+x_9)-\max(x_0,x_1,\cdots,x_9)-\min(x_0,x_1,\cdots,x_9)}{8} \tag{5-30}$$

式中，F 为处理结果，即作为超声传感的决策数据输出；x_i 为在存储队列中的第 i 位置的超声数据。

该方法能去除偶尔一次的超声传感器失灵或者其他原因造成的数值与真实数据偏差较大的情况。而且通过数据层信息融合能有效提高超声检测的准确程度。

由于此处考虑的均是机器人前进方向上的障碍物信息，因此用了机器人前方的 1 号、2 号、22 号、23 号和 24 号五个超声传感器(如图 5-9 所示),24 号传感器在机器人的正前方,1 号和 2 号传感器在机器人的左前方 15°与左前方 30°,22 号和 23 好传感器在机器人的右前方 30°与右前方 15°。分别以三个超声传感器所获数据为一组,用式(5-22)做数据层信息融合,所得结果作为超声决策数据。

5.2.2.2 决策层数据融合

利用图像处理所得障碍物信息与超声决策数据进行信息融合。一方面利用超声信息对图像解析所得障碍物信息进行验证,另一方面利用图像解析弥补超声传感器检测的不足。融合数据的结果是获得机器人前方五个角度上的障碍物距离值和障碍物靠近机器人端的边缘信息。这些将作为机器人避障路径规划的依据。

根据五组超声数据中的相应的测距信息,来确定对五个角度的信息中的哪一组作为纠正障碍物离机器人的距离的依据。具体确定的原则为:

若障碍物只有一个超声传感器检测到,则此组作为距离融合数据,如图 5-9 所示。

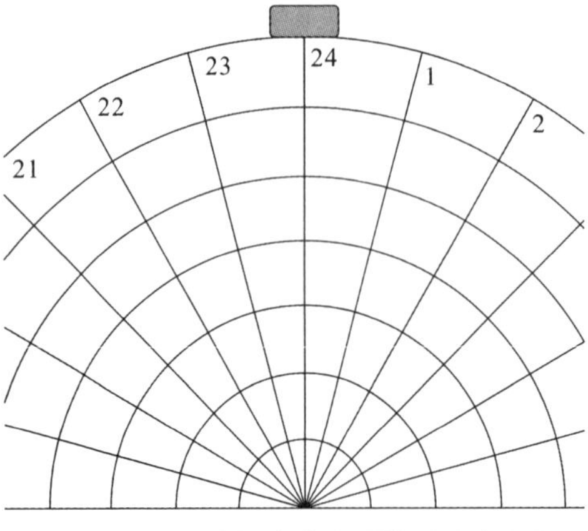

图 5-9 一个超声传感器检测到障碍物

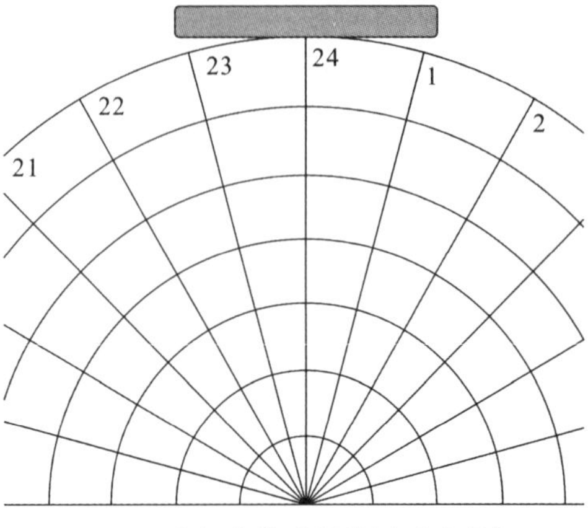

图 5-10 三个超声传感器检测到障碍物

若障碍物跨两个相邻超声传感器组,则选择靠近机器人正前方传感器的传感器数据作为距离融合数据。

若障碍物跨三个相邻的超声传感器组,则选择中间的传感器数据作为距离融合数据,如图 5-10 所示。

若跨四个相邻的超声传感器组,则选择中间的超声传感器数据作为距离融合数据。

若障碍物跨五个超声传感器组,则选择中间的超声传感器数据作为纠正依据。

若障碍物有多个，且24号传感器前没有障碍物，则通过距离图像知识计算两障碍物之间的距离是否允许机器人通过。若允许，则机器人继续行进；若不允许，则将24号传感器前也标记为有障碍物，距离为左右传感器的平均值。

根据障碍物在机器人前方几条射线的交点情况，选取用哪一条射线上的距离信息进行信息融合，用融合结果来进一步修订障碍物信息，所用的信息融合的方法为简单的加权平均法，具体公式为：

$$S=\gamma_1 F+\gamma_2 L \tag{5-31}$$

式中，S 为所得的融合后的距离参数。将 S 与在图像处理中得到的结果进行比较，取两者之差对图像的另外两个边缘点与机器人的距离信息进行纠正，得到的结果作为信息融合检测障碍物的决策信息。

5.2.2.3　障碍物斥力点的选取

若要计算机器人在人工势场中的受力分析，必须要明确的有目标的引力中心点和障碍物的斥力中心点，人工势场中对势场的分析均是建立在将障碍物与目标点都看作质点的基础上的，但实际实验环境中机器人与障碍物是有体积大小的，障碍物体积会影响避障路径规划的实验效果。因此在障碍物的斥力点的选取上，根据障碍物的形态会有不同的斥力点选择。记障碍物靠近机器人一面的左边缘点、右边缘点和中心边缘点分别为 X_{OL}、X_{OR} 与 X_{OM}，若障碍物与22、23、24、1、2五条超声射线有交点，则记交点分别为 A、B、C、D、E。斥力中心点的选择与五路超声传感器检测到障碍物的传感器个数的对应关系见表5-1。

表5-1　斥力中心点的选择与传感器响应个数的关系

检测到障碍物的传感器个数	1	2	3	4	5
有效斥力中心点	X_{OM}	X_{OL}、X_{OR}	X_{OL}、X_{OM}、X_{OR}	X_{OL}、X_{OM}、X_{OR}	X_{OL}、X_{OM}、X_{OR}

5.2.2.4　多传感器融合的其他应用

本书在整个障碍物的行进过程中均有视觉传感器与超声传感器的相互结合的应用。例如，在前进过程中，机器人会开启两侧的超声传感器来获取两边的障碍物信息，但是由于本书没有考虑到机器人在正常前行的过程中两侧障碍物对其路径规划的影响，因此在一般避障行为的路径规划过程中不考虑左右传感器获取的数据。但在解死锁的路径规划中要考虑到机器人左右两侧的环境信息，会用到左右两侧的传感器所获得的数据。

5.3 移动机器人未知环境避障决策方法研究

在实际未知环境中存在不确定性、未知性和复杂多样性等因素，对移动机器人适应能力要求较高，要求越来越智能化。强化学习是一种试错学习，应用在未知环境路径规划避障中可提升移动机器人自学习能力与适应能力。

5.3.1 强化学习主要内容

5.3.1.1 强化学习基本原理

强化学习是一种与环境中未知信息相互试错的学习方法。与监督学习过程不同的是，强化学习没有已有的学习数据，而是主动从学习探索中获得数据。强化学习的基本学习过程如图 5-11 所示，当一智能体在环境中不断搜索与学习时，会从环境中得到评价。评价是智能体收到的立即奖赏值，它表示执行此操作对最终结果的影响。评价值越大表示效果越好，评价值越小表示产生较差的影响。当智能体探索中遇到同样环境情况时，会根据之前所得到的评价，加深在此环境情况下所要执行动作的概率。经过不断地学习，得到一组在环境中评价值最大的连贯动作，完成对环境中未知信息探索过程。

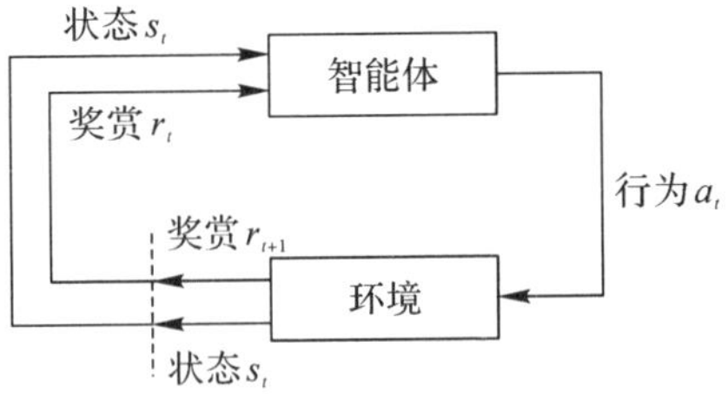

图 5-11 强化学习基本学习过程

5.3.1.2 马尔科夫决策过程

马尔科夫决策过程是智能体和环境中未知信息相互探索过程。其具体定义为当连续观测具有马尔科夫特征的随机动态系统，从系统中观测到时刻状态，选择相应合适的动作去执行，下一状态由当前决策产生，系统的当前状态只与前一个状态相关。该过程是一个离散随机控制过程。马尔科夫决策过程构成要素为状态集合、动作集合、转移概率和回报函数，可表示为$M=(S,A,P_{sa},R)$。其过程如图 5-12 所示，智能体初期阶段状态为S_0，执行动作a_0，并更新当前状态和动作获得对应的回报值r_0。然后由P_{sa}概率到一下状态S_1，继续重复直至达到目标状态。

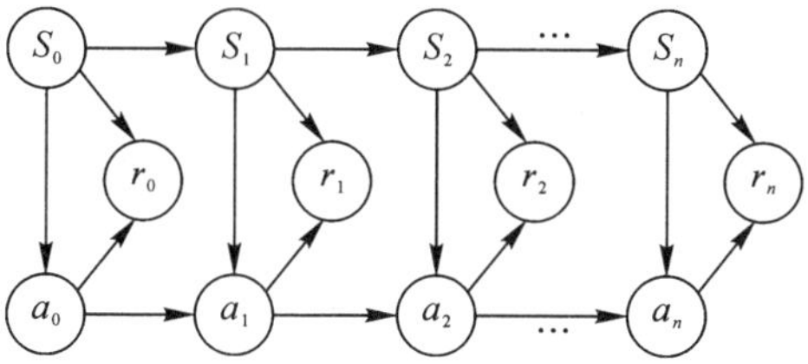

图 5-12　马尔科夫决策过程

5.3.1.3　强化学习基本要素

强化学习的基本要素可分为奖惩函数、值函数、动作策略和环境模型。

1. 奖惩函数

智能体根据奖惩函数执行行为策略，奖惩函数可评价所执行行为是积极的还是消极的，其数值为正代表奖励，数值为负代表惩罚，合理的设置奖赏函数能够提升学习效率。奖惩函数形势主要有连续型和离散型。

连续型奖惩函数的公式如式(5-32)所示：

$$R_t=f(s_t,i_t) \tag{5-32}$$

式中，s_t为在t时刻外部环境的状态，i_t为在t时刻智能体内部状态。

离散型奖惩函数的公式如式(5-33)所示：

$$R_t=\begin{cases}1,\text{在好的情况下}\\-1,\text{在不好的情况下}\\0,\text{其他的情况下}\end{cases} \tag{5-33}$$

连续型奖惩函数和离散型奖惩函数的对比见表 5-2。

表 5-2　奖惩函数对比

奖惩函数	优点	缺点
连续型奖惩函数	考虑因素比较全面，能得到完整结果	设计难度更大，需要更多的环境先验知识
离散型奖惩函数	所需环境先验信息少，结构简单	结果的可靠性不高

根据表 5-2 可得出，在未知环境下离散型惩戒函数的应用更为广泛。

2. 值函数

值函数是对智能体执行动作的实时评价，因此也被称为评价函数。其目的是提高智能体选择高评价值动作的概率，通过不断探索来循环值函数，从而获得高回报值。值函数有以下三种形势：

(1)有限非折扣累积奖惩值函数，如式(5-34)所示：

$$V^{\pi}(S_t)=\sum_{t=0}^{h} r_t \tag{5-34}$$

式中，r_t 为在 t 时刻获得的立即奖惩值。

(2)无限折扣奖惩值函数，如式(5-35)所示：

$$V^{\pi}(S_t)=\sum_{i=0}^{\infty} \gamma^i r_{i+1}, 0 \leqslant \gamma \leqslant 1 \tag{5-35}$$

式中，γ 为折扣因子。

(3)平均奖惩值函数，如式(5-36)所示：

$$V^{\pi}(S_t)=\lim_{n \to \infty}\left(\frac{1}{n}\sum_{t=0}^{n} r_t\right) \tag{5-36}$$

3. 动作选择策略

动作选择策略是智能体与环境模型交互时所要执行的动作，是将状态映射到动作集合的分布，用 $\pi: S \to A$ 表示。其目的是结合值函数制订相应策略来选择最优动作。常用的动作选择策略介绍如下：

(1)ξ-greedy 动作选择策略。

ξ-greedy 动作选择策略是以 ξ 概率来确定在智能体与环境探索中的所要执行动作，以 $1-\xi$ 概率确定奖赏值最高的动作。该方法只需记住当前动作的平均奖赏值和策略被选择的次数，便能继续更新。

(2)Softmax 动作选择策略。

Softmax 动作选择策略是根据当前动作被选择概率的平均奖赏值进行选择，其值越大，动作选择概率也会增加。

4. 环境模型

环境模型是对环境中各种信息的表示，智能体可以充分利用环境模型中信息选择最优动作。

5.3.1.4 强化学习的基本算法

强化学习的基本算法主要包括无模型和有模型两大类，具体算法如图 5-13 所示，其中有模型强化学习方法有策略迭代法、值迭代法等，无模型强化学习方法有 Q-learning 算法、直接策略法、时间差分法等。

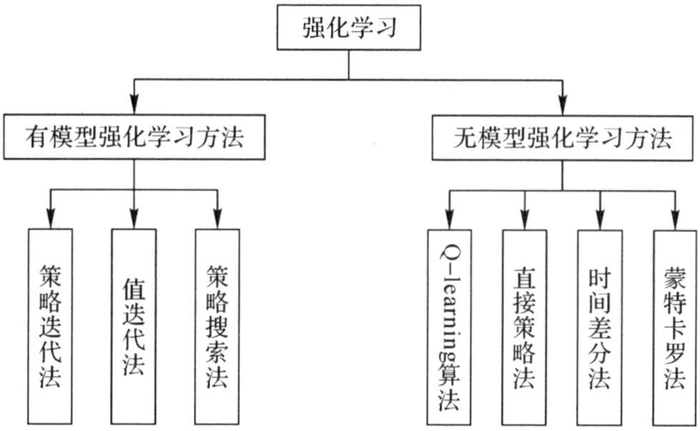

图 5-13 强化学习常用方法

当智能体的动作空间较大或动作连续的时，无模型强化学习方法就不能有效地求解，则首选有模型强化学习方法，但该方法容易陷入局部最优，产生震荡。移动机器人在实际运动中是离散的，而策略空间搜索方法无法应用于此情况，因此选用无模型方法。

Q-learning 算法属于无模型强化学习方法，该方法由于前一个状态的收敛依赖于后一个状态，因此无需模型可以迭代学习得到最优结果。Q-learning 算法广泛应用于未知环境路径规划中，故接下来的章节主要针对 Q-learning 算法进行研究。

5.3.2 Q-learning 算法

5.3.2.1 Q-learning 算法基本原理

Q-learning 算法是与模型无关的算法，通过每一步所得回报值来进行下一步的动作。Q 是指在某一时刻状态下采取动作所获得回报值。该算法是通过 Q 值表达环境状态与执行动作的关系，智能体可以在不了解未知环境信息时仅通过当前状态对下一步做出判断。Q-learning 算法公式如式(5-37)所示：

$$Q(s,a)=r+\gamma\max_{a'}Q(s',a') \tag{5-37}$$

Q-learning 算法会先构造一个 Q 值表，并将表中的所有值初始化为零，移动机器人根据当前 Q 值表选取下一个动作 a。执行动作 a 后，根据当前状态和奖赏来更新 Q 值，连续更新迭代之后，得到最终所有 Q 值，根据 Q 值表选择最佳路径。Q-learning 算法的具体过程如图 5-14 所示。Q-learning 更新公式如式(5-38)所示：

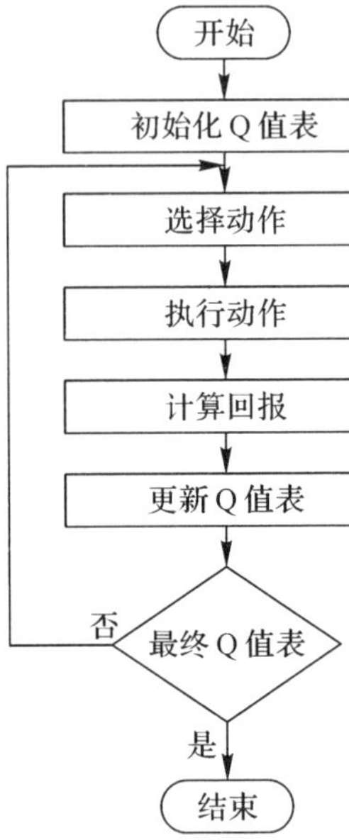

图 5-14　Q-learning **算法具体流程**

$$Q(s,a)=(1-\alpha)Q(s,a)+\alpha\left[r+\gamma\max_{a'}Q(s',a')\right] \tag{5-38}$$

式中，α 为学习率，γ 为折扣因子。

学习率 α 影响未来学习到的新值取代原有值的比率。如果 $\alpha=0$，则表示智能体无法学习新知识；如果 $a=1$，则表示未存储所学习的知识，并替换所有新知识。折扣因子代表了智能体影响未来行为预期收益的权重。$\gamma=0$ 表示智能体只重视立即动作的返回值；当 $\gamma=1$ 时，智能体将所有未来动作的返回值与立即动作的返回值进行比较，返回值同样重要。

5.3.2.2　Q-learning 算法存在的问题

在复杂实际未知环境，传统 Q-learning 算法中回报函数值在遇到障碍物或到达到目标点时才会继续更新状态动作值。传统 Q-learning 算法缺少未知环境的早期认知信息，在早期的学习阶段无法快速更新回报函数值，学习速度慢，收敛效率低。尤其在大范围未知环境，会产生无法迭代回报函数值，导致移动机器人未能寻到最短路径问题，并且伴随出现冗余路径。

5.3.3 改进 Q-learning 算法

5.3.3.1 改进 Q-learning 算法基本原理

在传统 Q-leaning 算法基础上，改进 Q-learning 算法的基本原理是用人工势场法中引力势场值作为未知环境中早期认知信息，更新传统 Q-leaning 算法早期 Q 值，使得移动机器人在学习早期具有方向性，从而提高收敛速度，缩短学习时间，最终提高未知环境中的路径规划效率。

引力场由人工势场法中虚拟力场得来，人工势场法的基本原理在前面介绍过，势场函数定义为引力场和排斥场之和，如式(5-39)所示。

$$U(X)=U_{\text{att}}(X)+U_{\text{rep}}(X) \tag{5-39}$$

引力势场值计算公式如式(5-40)所示。

$$U_{\text{att}}(X)=\frac{1}{2}K_{\text{att}}(X-X_g)^2 \tag{5-40}$$

在更新传统 Q-leaning 算法早期 Q 值时，在未知环境中生成一个虚拟力场，应满足目标点引力势能最大，障碍物斥力势能为零。由于在未知环境中障碍物的位置未知，因此不将斥力场函数构成奖惩函数，只考虑引力场函数。未知环境中最大累积奖惩值为环境中每一点的引力势能值的倒数，可得最大累积奖惩值公式如式(5-41)所示。

$$U_q(X)=\left|\frac{1}{U_{\text{att}}(X)}\right| \tag{5-41}$$

式中，$U_{\text{att}}(X)$为状态 X 的引力势能值；$U_q(X)$为状态 X 的最大累积奖惩值。

因此，基于人工势场法初始化 Q 值公式如式(5-42)所示。

$$Q(s_i,a)=r+\gamma U_q(s_j) \tag{5-42}$$

式中，s_j 为移动机器人当前状态 s_i 更新后的新状态，r 为立即奖惩值，$Q(s_i,a)$为初始 Q 值函数。

离散型惩戒函数由于在未知环境下的探索有较好的应用，在改进的 Q-learning 算法中奖赏函数使用非线性分段函数。其中，当移动机器人达到目标位置，$r=1$；当移动机器人到达其他位置，$r=0$；当移动机器人到达障碍位置，$r=-1$。奖惩函数如式(5-43)所示。

$$r=\begin{cases}1,\text{达到目标位置}\\0,\text{到达其他位置}\\-1,\text{到达障碍位置}\end{cases}\tag{5-43}$$

在改进 Q-learning 算法中动作选择策略采用 ξ-greedy 动作选择策略，该策略可以使得移动机器人不陷入局部最优解以及与障碍物碰撞问题。ξ-greedy 策略公式如式(5-44)所示。

$$prob(a_t)=\begin{cases}1-\xi,a=\underset{a_t\in A}{\operatorname{argmax}}Q(s_t,a_t)\\ \xi,\text{其他}\end{cases}\tag{5-44}$$

5.3.3.2 改进 Q-learning 算法步骤

改进 Q-learning 算法主要过程为确定目标点后，利用人工势场法中引力势能值作为未知环境中早期认知信息，更新早期 Q 值表，使得移动机器人在初期搜索阶段有环境的先验知识，能快速朝目标点运动，提高寻优效率。改进 Q-learning 算法具体流程图如图 5-15 所示，具体步骤如下。

步骤 1：确定未知环境的初始点和目标点位置。

步骤 2：利用引力势能值来来更新早期 Q 值；由式 $U_q(X)=\left|\dfrac{1}{U_{\text{att}}(X)}\right|$ 计算出在未知环境中最大累积奖惩值；再根据式 $Q(s_i,a)=r+\gamma U_q(s_j)$ 更新状态动作值函数表，完成对早期 Q 值的更新。

步骤 3：初始化 s 状态。

步骤 4：首先判断是否达到训练次数。若是，则结束；否则进行继续前进，选择动作。

步骤 5：利用贪婪策略选择动作 a。

步骤 6：执行动作 a。

步骤 7：获得即时奖励 r，进入状态 s'。

步骤 8：更新 Q 值。根据所获得的立即奖赏值 r，由式 $Q(s,a)=(1-\alpha)Q(s,a)+\alpha\left[r+\gamma\max\limits_{a'}Q(s',a')\right]$ 更新 $Q(s,a)$ 值。

步骤 9：判断 s' 是否达到目标点的状态，若是，则结束；否则转到步骤 4。依次循环直到结束。

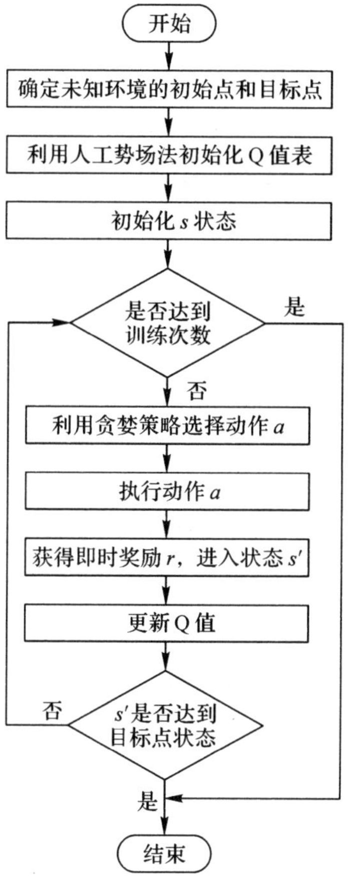

图 5-15　**改进** Q-learning **算法流程**

6 移动机器人室内定位与导航系统的实现

前几章对机器人导航系统中的建图、定位及规划算法进行了阐述，接下来将结合基于 ROS(Robot Operate System)机器人导航系统算法进行实验分析，包括机器人的场景地图构建实验、自主定位实验及机器人路径规划实验。

6.1 移动机器人导航系统软硬件设计与实验

6.1.1 移动机器人软件系统与设计

6.1.1.1 系统软件平台

ROS 作为一种应用于机器人领域的开源次级操作系统，其可以提供底层驱动程序管理、硬件抽象描述、程序间消息传递等类似于操作系统提供的功能。在机器人研发领域，ROS 不仅提高了代码的复用率，还满足了代码模块化的需求。ROS 采用分布式处理框架结构，可独立设计每个可执行文件，且在执行时可实现松散耦合。ROS 具有语言中立性的框架结构，支持 C＋＋、Python、Java 和 LISP 等多种不同语言开发。ROS 还集成了丰富的工具包，可完成自动生成文档、组织源代码结构和配置参数等任务。

目前，ROS 在机器人研发领域已得到了广泛应用。ROS 根据结构可划分为计算图级、文件系统级和开源社区级三个等级。因为本导航系统实现不涉及开源社区级，所以只对前两个层级进行简单介绍。

1. 计算图级

计算图级作为 ROS 系统中最重要的一级，可在程序运行过程中将所有进程及处理的数据以一种点对点的网络形势展示出来。计算图级主要包含以下几部分：

节点(Node)：在 ROS 当中，用节点来表示可执行文件，每个节点负责一个任务，各个节点之间相互协作，组成机器人控制系统。

节点管理器(Master)：节点管理器的作用主要是命名并注册 ROS 系统中的节点，同时还提供节点间的相互查询功能，使得节点之间可进行相互通信。

消息(Message)：节点间通过消息传递的方式进行通信。特定的数据类型及结构构成一个消息，可以说一个消息就是一个严格的数据结构。任意数组及嵌套结构在消息中都可使用。

主题(Topic)：作为消息传递的媒介，在接收到某一节点发布的消息后，对消息中所含数据进行识别，当其他节点需要时可通过订阅主题的方式接收发布的消息。主题的发布者与订阅者相互之间并不了解，多个节点可同时发布或订阅同一主题的消息。节点发布消息和订阅主题的工作模式如图 6-1 所示。

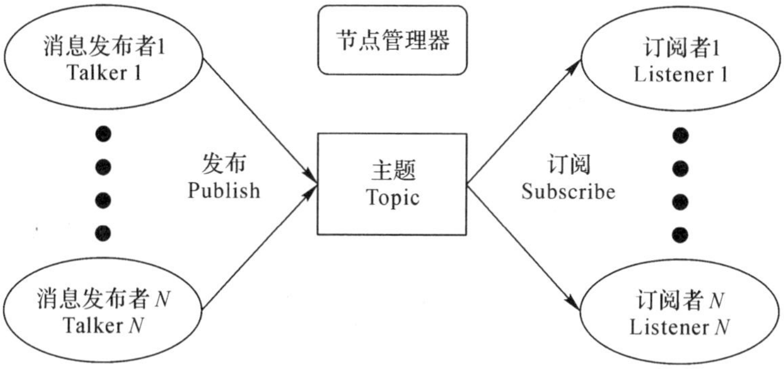

图 6-1　主题的工作模式

服务(Service)：服务是节点之间的另一种通信模式。相对于“发布—订阅”这种单向通信模式，服务可实现交互通信。服务在 ROS 系统中通常是成对呈现的消息结构，即请求和回应。发送服务请求的节点定义为客户端，接收服务请求且为客户端提供服务的节点定义为服务器端，客户端和服务器端通过“请求—回应”的交互方式完成通信。

消息记录包(Bag)：消息记录包是一种重要的数据存储机制，可对 ROS 数据消息进行保存与回放，为开发人员提供方便，提高调试效率。

2. 文件系统级

文件系统级主要是指可查看存储在硬盘上的库文件、服务、消息、节点等源代码的组织形势。表 6-1 简要说明了文件系统级中各部分的主要功能。

表 6-1　文件系统级功能

文件系统级	功能
功能包(Package)	包含了进程(节点)和配置文件等实现 ROS 功能的相关文件,是 ROS 中软件组织的主要形势
Manifest	描述功能包的文件
功能包集(Stack)	多个功能包的集合,是 ROS 中软件发布的基本形势
Stack. manifest	描述功能包集的文件
消息类型	描述 ROS 发送的消息中用到的数据结构
服务类型	描述服务中请求与响应的数据结构

6.1.1.2　软件系统框架设计

自动导航装置(AGV)软件部分包含四个层次:最底层是机器人操作系统 ROS,提供基础软件开发接口,包括通信接口、驱动接口、程序管理接口等,极大地降低了上层模块开发的复杂程度。第二层是硬件驱动层,包含了激光雷达、IMU、编码器等各类传感器的驱动,负责将传感器测量数据进行收集、打包并发送到上层进一步处理,同时电机驱动接收算法层下发的控制指令,将数字控制指令转化为模拟量控制电机的执行。第三层是算法层,机器人表现出类似人的智能功能都是在这一层实现的,包括了机器人的感知、决策和控制;具体功能有感知建图、自主定位、路径规划及运动控制等。第四层是应用层,主要包括机器人的参数配置管理,通过人机交互 APP 进行机器人的任务派送、实时状态监控等功能。

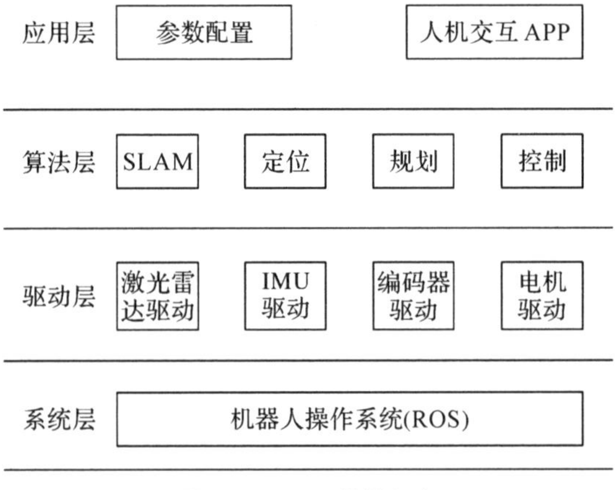

图 6-2　AVG 软件框架

6.1.1.3 移动机器人硬件系统设计

1. 外部传感器

本书设计的室内服务机器人自主导航系统主要采用 RGB－D 相机和激光测距仪作为获取外部环境信息的传感器。其中，RGB－D 相机使用的是微软公司生产的 Kinect 传感器，由于其在室内环境具有较好性能、可以捕捉到丰富的环境信息，因此在视觉 SLAM 领域得到了广泛应用。

激光测距仪使用的是日本 HOKUYO 公司生产的 2 维激光雷达 URG－04LX。该传感器具有功耗低、体积小等优点，利于机器人长时间工作且便于安装。

2. 内部传感器

在此设计的服务机器人自主导航系统主要采用型号为 MPU6050 的惯性测量模块作为其内部传感器，此模块包含了一个三轴加速度计与一个三轴陀螺仪，主要用于获取服务机器人的加速度和角速度信息，从而计算得到机器人的位姿信息。

3. 直流减速电机

服务机器人的驱动电机主要选用型号为 28PA51G 的直流减速电机，此电机自带一个高精度的霍尔编码器，体型小且安装简便可靠，适用于各种移动平台。其主要性能参数见表 6-2。

表 6-2 直流减速电机性能参数表

技术规格	性能参数
供电要求	DC 12V
空载转速	8000 rpm
输出转速	146 rpm
减速比	51∶1
额定转矩	1.0 N·m
编码器脉冲数	13 PPR

4. 迷你台式电脑

本系统的上位机选用型号为 NUC7I7BNHL 的 Intel 迷你台式电脑，其作为算法处理中心，CPU 为 Intel Core i7 7567U（主频为 3.5 GHz），内存为 32 GB，同时配备有基于 Linux 的 Ubuntu 16.04 操作系统。迷你台式电脑利用 USB 转串口的方式与相关传感器、底层控制模块等相互连接，通过有关的导航算法处理接收到的传感器观测信息，经过加工处理后，利用相关 ROS 导航包向底层控制模块发送控制指令，从而实现导航功能。

5. 底层控制模块

在此设计的服务机器人自主导航系统的底层控制模块采用型号为 STM32F407VGT6 的单片机作为主控芯片，通过 Keil 软件编写驱动代码，使其能够接收上层处理中心发出的控制信息，驱动电机并控制服务机器人运动；与此同时，将惯性测量单元与光电编码器获取的位姿信息发送至上层处理中心，对服务机器人进行定位。

6. 控制摇杆

在此采用罗技 Extreme 3D Pro 型控制摇杆对服务机器人进行运动控制，进而完成环境地图构建。

6.1.2 移动机器人自主导航系统实验

6.1.2.1 场景地图构建实验

实验目的是验证基于 RBPF 的改进算法的地图构建效果。同时，该实验增加了定点导航功能，从而避免传统建图需要手持遥控手柄控制机器人的麻烦。该实验的设计及实现流程为：

(1)配置参数，主要的参数有坐标系设置、激光雷达参数、轮式里程计参数、粒子滤波参数、建图参数等。其中坐标系需要给定机器人底盘坐标系、轮式里程计坐标系和地图坐标系。激光雷达参数包含设计激光的扫描范围、最大的可用距离和每次间隔处理激光数等。轮式里程计参数包括平移误差、旋转误差、累计平移量处理一个激光数据及累计旋转量处理一次激光数据。粒子滤波参数包括粒子的数量、扫描匹配最大阈值、评估似然估计增益、允许重采样阈值。建图参数包括地图大小、地图分辨率、更新地图时间间隔等。

(2)启动建图节点。顾名思义，建图节点负责完成场景模型的地图构建。首先，执行该功能模块会从上一步设置的参数列表中读取相应的参数到程序中。其次，订阅轮式里程计和激光雷达话题，同时采样消息同步机制限制只有当里程计数据和激光雷达数据同时获取时进行下一步处理。最后，循环进行粒子的初始化、粒子权重计算，判断是否需要重采样，如果满足条件，则进行重采样操作。获得机器人位姿信息和激光数据后进入建图线程，该线程负责将激光数据按照机器人的位姿信息插入地图中，同时将完成的地图发布出去，直至场景地图构建完成。建图关键实现代码如图 6-3 所示。

```
void processScan(const RangeReading&reading)
{
  //获取机器人初始位姿
  OrientedPoint relPose=reading.getPose();
  OrientedPoint move=relPose-m_odoPose;
  double dth=m_odoPose.theta-m_pose.theta;
  double lin_move=move * move;
  ……
  //扫描匹配
  score=m_matcher.optimize(newPose,cov,m_map,m_pose,plainReading);
  ……
  //向地图中插入激光数据
  m_matcher.registerScan(m_map,m_pose,plainReading);
```

图 6-3　建图关键实现代码

(3)启动定位节点和路径规划节点。该定位节点与建图节点通过粒子滤波算法获得的机器人位姿信息不同，这里获得的定位信息是为路径规划算法提供位置信息。启动定位节点和路径规划节点的目的是方便地图的构建，因为传统建图都没有导航功能，所以需要建图工作者手动控制机器人在需要构建地图的场景中行走一圈。该过程不仅麻烦，而且会因为操控者遥控熟练程度不同使得最终构建的地图质量有所不同。如果采用定点导航功能辅助建图，则只需要在 Rviz 显示界面提供目标点，机器人就可以根据以构建的环境信息和当前的机器人位姿信息规划出到目标点的路径，同时，在运行中能够通过局部规划避开障碍物，使机器人能够安全到达指定目标位置。

(4)通过地图服务 Map Server 中地图保存功能，将已构建的地图保存到指定目录。保存的内容有两个：地图和配置信息。地图和配置信息包含的内容有地图的名称、分辨率、原点、空闲阈值和占据阈值等。

6.1.2.2 自主定位实验

定位程序包含传感器驱动模块、UKF 融合和 MCL 融合模块。传感器驱动模块输入的数据是编码器、IMU 和激光雷达的原始测量数据，需要经过特定协议解析，再整合成 RDS 统一数据格式，最后通过话题发布出去。其数据类型如下：

编码器代码：

```
std_msgs/Header    header
  Uint32    seq
  time    stamp
  string    frame_id
geometry_msgs/Pose    pose
  goemetry_msgs/Point    position
    float64    x
    float64    y
    float64    z
  geometry_msgs/Quaternion    orientation
    float64    x
    float64    y
    float64    z
    float64    w
```

激光雷达代码：

```
std_msga/Header    header
  Uint32    seq
  time    stamp
  string    frame_id
float32    angle_min
float32    angle_max
float32    angle_increment
float32    time_increment
float32    scan_time
float32    range_min
```

```
float32  rang_max
float32[]  ranges
float32[]  intensities
```

IMU 代码：

```
std_msgs/Header  header
  uint32  seq
  time  stamp
  string  frame_id
geometry_msgs/Quaternion  orientation
  float64  x
  float64  y
  float64  z
  float64  w
float64[9]  orientation_covariance
geometry_msgs/Vector3  angular_velocity
  float64  x
  float64  y
  float64  z
float64[9]  angular_velocity_covariance
geometry_msgs/Vector3  linear_acceleration
  float64  x
  float64  y
  float64  z
float64[9]  linear_acceleration_covariance
```

基于 UKF 算法初步融合编码器和 IMU 数据，获得融合后的 ukf_pose。之后使用 MCL 融合上一步获得的位姿及激光雷达观测的数据，得到最终的融合定位信息。其整个定位流程如图 6-4 所示。

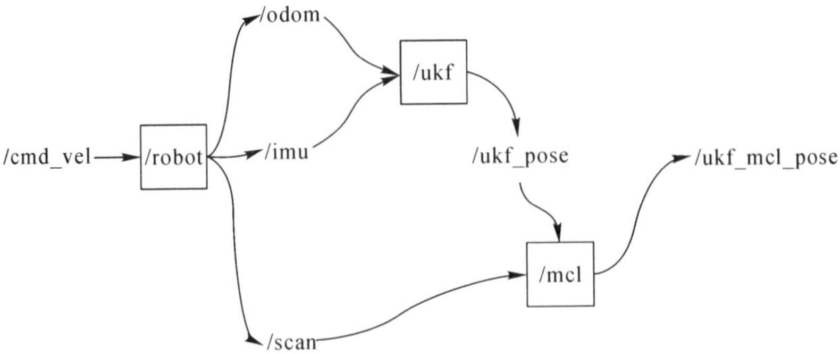

图 6-4　定位流程示意图

实验首先采用 UKF 融合轮式里程计和 IMU 数据，获得 ukf_pose。UKF 实现主要通过预测、更新两个步骤：

(1)机器人当前时刻的位置信息是已知的，通过运动模型计算机器人下一时刻的预测位置。UKF 运动预测过程的关键代码实现如图 6-5 所示。

```
void predict(std::function<StateType(const StateType&)> g,
    const GaussianDistribution<FloatType, N>& epsilon)
{
  //检测协方差矩阵合法性
  CheckSymmetric(epsilon.GetCovariance());
  ......
  std::vector<StateType> Y;
  Y.emplace_back(g(mu));
  const FloatType kSqrtNPlusLambda = std::sqrt(N + kLambda);
  for (int i = 0; i < N; ++i)
  {
    Y.emplace_back(g(add_delta_(mu, kSqrtNPlusLambda * sqrt_sigma.col(i))));
    Y.emplace_back(g(add_delta_(mu, -kSqrtNPlusLambda * sqrt_sigma.col(i))));
  }
  ......
  StateCovarianceType new_sigma = k_cov_weight_0 *
    OuterProduct<FloatType, N>(compute_delta_(new_mu, Y[0]));
  for (int i = 0; i < N; ++i)
  {
    new_sigma += k_cov_weight_i *
        OuterProduct<FloatType, N>( compute_delta_(new_mu, Y[2 * i + 1]));
    new_sigma += k_cov_weight_i *
        OuterProduct<FloatType, N>( compute_delta_(new_mu, Y[2 * i + 2]));
  }
  belief_ = GaussianDistribution<FloatType, N>(new_mu, new_sigma) + epsilon;
}
```

图 6-5　UKF 运动预测关键代码实现

(2)在预测位置附近通过固定采样的方式进行位置预测，同时读取 IMU 数据作为观测信息对每个位置进行验证。最终取符合观测信息的位置作为当前时刻的 ukf_pose。UKF 观测更新过程的关键代码实现如图 6-6 所示。

```
void update(std::function<Eigen::Matrix<FloatType, K, 1>(const StateType&)> h,
    const GaussianDistribution<FloatType, K>& delta)
{
  //检测协方差矩阵合法性
  CheckSymmetric(epsilon.GetCovariance());
  //获取机器人当前状态的均值和其对应协方差的矩阵
  const StateType& mu = belief_.GetMean();
  const StateCovarianceType sqrt_sigma = MatrixSqrt(belief_.GetCovariance());
  ......
  for (int i = 0; i < N; ++i)
  {
    W.emplace_back(kSqrtNPlusLambda * sqrt_sigma.col(i));
    Z.emplace_back(h(add_delta_(mu, W.back())));
    W.emplace_back(-kSqrtNPlusLambda * sqrt_sigma.col(i));
    Z.emplace_back(h(add_delta_(mu, W.back())));
    z_hat += k_mean_weight_i * Z[2 * i + 1];
    z_hat += k_mean_weight_i * Z[2 * i + 2];
  }
  ......
  for (int i = 0; i < N; ++i)
  {
    S += k_cov_weight_i * OuterProduct<FloatType, K>(Z[2 * i + 1] - z_hat);
    S += k_cov_weight_i * OuterProduct<FloatType, K>(Z[2 * i + 2] - z_hat);
  }
  ......
  for (int i = 0; i < N; ++i)
  {
    sigma_bar_xz += static_cast<double>(kCovWeightI) * W[2 * i + 1] *
        (Z[2 * i + 1] - z_hat).transpose();
    sigma_bar_xz += static_cast<double>(kCovWeightI) * W[2 * i + 2] *
        (Z[2 * i + 2] - z_hat).transpose();
  }
  belief_ = GaussianDistribution<FloatType, N>(add_delta_(mu,
      kalman_gain * - z_hat), new_sigma);
}
```

图 6-6 UKF **观测更新关键代码实现**

其次，实验通过 UKF 获得机器人一次融合位置信息 ukf_pose，通过 MCL 进行二次融合定位。MCL 定位用到了一次定位信息和当前时刻的激光数据，MCL 激光数据处理部分的关键代码实现如图 6-7 所示。通过 ROS 消息订阅方式获取激光雷达发布的数据，并通过回调函数调用激光的处理函数。订阅获取的原始激光数据是相对于激光坐标系下的，而 MCL 定位需要的是全局坐标系(map 坐标系)下的激光数据，因此需要将激光数据从局部坐标系变换到全局坐标系中。此外，在该函数中还进行了 MCL 算法的粒子初始化、粒子评分及重采样的调用。

```
void laserReceived(const sensor_msgs::LaserScanConstPtr laser_scan)
{
  ......
  //ROS 中定义四元素转换成 Eigen 中定义四元素类型
  Eigen::Quaterniond orientation = Eigen::Quaterniond(odom_pose_.rotation().w(),
    odom_pose_.rotation().x(), odom_pose_.rotation().y(), odom_pose_.rotation().z());
  //获取机器人但前的航向角
  const Eigen::Vector3d axis_angle =
    transform::RotationQuaternionToAngleAxisVector(orientation);
  pose.v[2] = axis_angle.z();
  ......
  //更新里程计信息
  odom_->UpdateAction(pf_, odata);
  //设置激光雷达到机器人底盘的坐标变换
  laser_->SetLaserPose(laser_pose_v);
  //更新雷达信息
  laser_->UpdateSensor(pf_, ldata);
  pf_update_resample(pf_);
  for(int i=0; i<pf_->sets[pf_->current_set].cluster_count; ++i)
  {
    pf_get_cluster_stats(pf_, i, weight, pose_mean, pose_cov);
    hyps[i].weight = weight;
    hyps[i].pf_pose_mean = pose_mean;
    hyps[i].pf_pose_cov = pose_cov;
    ......
  }
}
```

图 6-7　MCL 激光数据处理部分的关键代码实现

最后，粒子评分采用的策略是将当前变换后的激光数据与地图比较。激光数据与地图的符合程度越高，其粒子的分值越高；反之，则越低。MCL 粒子权重计算关键代码实现如图 6-8 所示。

```
double likelihoodFieldModel(LaserData *data, pf_sample_set_t* set)
{
  ......
  double total_weight = 0.0
  //计算粒子群权重
  for (j = 0; j < set->sample_count; j++)
  {
    sample = set->samples + j;
    pose = sample->pose;
    //考虑相对于机器人的激光姿势
    pose = pf_vector_coord_add(self->laser_pose, pose);
    double z_hit_denom = 2 * self->sigma_hit * self->sigma_hit;
    double z_rand_mult = 1.0/data->range_max;
    for (i = 0; i < data->range_count; i += step)
    {
      .......
      double pz = 0.0
      z = self->map->max_occ_dist;
      pz += self->z_hit * exp(-(z * z) / z_hit_denom);
      pz += self->z_rand * z_rand_mult;
      p += pz*pz*pz;
    }
    sample->weight *= p;
    total_weight += sample->weight;
  }
  return(total_weight);
}
```

图 6-8　MCL 计算粒子权重关键代码实现

此外，坐标变换(Transform Frames，TF)是在机器人算法开发中必须要考虑的，它维护了多个参考系之间的坐标变换关系。在定位开发中，初始获得的传感器数据都是在各自设备坐标系下的数据，如激光雷达发布的/scan话题数据是在laser坐标系，轮式里程计发布的/odour话题是在odour坐标系。由于不同坐标系下的数据直接输入融合算法，是没有实际含义的，因此需要在一个统一的坐标系下进行数据融合才可能得到理想的结果。TF则为处理不同坐标系下的数据进行统一表达提供了可能。图6-9所示是定位过程中的TF树结构。

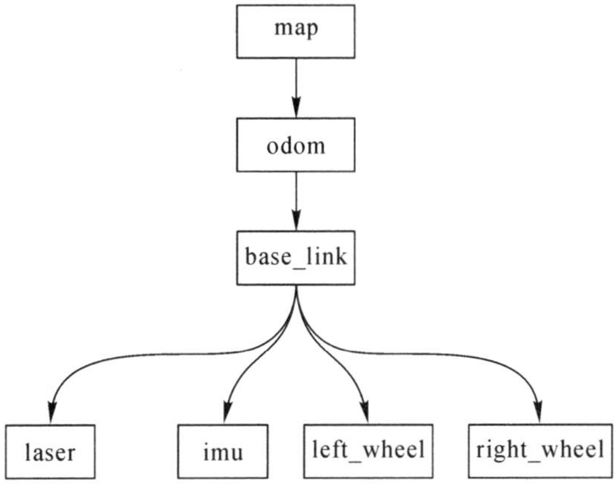

图6-9 定位中的TF树结构

6.1.2.3 路径规划实验

1. 代价地图及导航系统的实现

机器人路径规划是导航系统的最后一个环节，包括路径的全局规划和路径的局部规划两个部分，局部规划最终计算出用于驱动电机的速度信息。本实验的全局规划采用A*搜索算法，局部规划采用了DWA算法。此外，为更有效率地实现规划算法，实验分别对应开发了全局代价地图和局部代价地图。

2. 全局代价地图的实现过程

(1)读取原始栅格地图。原始的栅格地图是一张概率地图，其每个栅格都用一个0到1的数值表示，数值越接近1表示该栅格表示的地方是障碍物的可能性越大。

(2)将设置的occ_th、free_th与每个栅格中的数据比较，大于occ_th的栅格设置为254(表示障碍物)，小于free_th的栅格设置为0(表示空闲区域)，将原本栅格值为 0 的栅格设置成 255(表示未知区域)。

(3)对上一步初步处理完的栅格地图进行膨胀处理,膨胀半径设置为与机器人底座内接圆半径相等。其目的是让原本是圆形底盘的机器人在做路径规划时抽象成一个质点,这样可有效地避免机器人底盘与环境进行碰撞检测的麻烦;而对于其他形状底盘的机器人,如长方形底盘,这样处理之后,原本需要实时进行一个长方形与环境的碰撞检测,现在只需要进行一条直线与环境的碰撞检测,极大地降低了算法的计算量及实现难度。

全局代价地图构建完成之后,在全局代价地图的基础上构建局部代价地图,局部代价地图需要实时更新机器人周围的信息。其构建的步骤为:

①从定位节点获取其发布的定位信息,并根据事先设定的局部地图大小从全局地图中截取一块地图。

②获取实时的激光数据。激光数据中包含障碍物的信息,我们计算其在局部地图范围内的障碍物体的位置,并将其插入局部地图中,同时清除机器人与障碍物体连成直线上的其他物体。

按①②处理之后,局部代价地图包含了机器人周围的动态障碍物信息,有助于局部规划器规划出来的轨迹绕开障碍物体。其与全局代价地图的区别是:全局代价地图只需要计算更新一次,而局部代价地图需要根据机器人的位置信息实时更新。

在完成代价地图构建的基础上,我们利用前面章节介绍的全局规划算法 A* 算法和局部规划算法 DWA 算法完成全局路径规划和局部路径规划。A* 算法中构建路径代价的关键代码如图 6-10 所示,DWA 算法中构建轨迹评分使用的代价栅格地图的关键代码如图 6-11 所示。

```
calculatePotentials(unsigned char* costs, double start_x, double start_y,
        double end_x, double end_y, int cycles, float* potential) {
    queue_.clear();
    int start_i = toIndex(start_x, start_y);
    std::fill(potential, potential + ns_, POT_HIGH);
    potential[start_i] = 0;
    int goal_i = toIndex(end_x, end_y);
    int cycle = 0;
    while (queue_.size() > 0 && cycle < cycles)
    {
        Index top = queue_[0];
        std::pop_heap(queue_.begin(), queue_.end(), greater1());
        queue_.pop_back();
        int i = top.i;
        if(i == goal_i)
            return true;
        //使用传播算法计算从起点到目标点的代价值
        add(costs, potential, potential[i], i + 1, end_x, end_y);
        add(costs, potential, potential[i], i - 1, end_x, end_y);
        add(costs, potential, potential[i], i + nx_, end_x, end_y);
        add(costs, potential, potential[i], i - nx_, end_x, end_y);
        cycle++;
    }
    return false;
```

图 6-10　A* 算法中构建路径代价的关键代码

```
void setTargetCells(const std::shared_ptr<Costmap> costmap,
    const std::vector<geometry_msgs::PoseStamped>& global_plan) {
  ......
  std::vector<geometry_msgs::PoseStamped> adjusted_global_plan;
  adjustPlanResolution(global_plan, adjusted_global_plan, costmap.getResolution());
  for (i = 0; i < adjusted_global_plan.size(); ++i)
  {
    double g_x = adjusted_global_plan[i].pose.position.x;
    double g_y = adjusted_global_plan[i].pose.position.y;
    unsigned int map_x, map_y;
    MapCell& current = getCell(map_x, map_y);
    current.target_dist = 0.0;
    current.target_mark = true;
    path_dist_queue.push(&current);
    started_path = true;
  computeTargetDistance(path_dist_queue, costmap);
```

图 6-11　DWA 算法中构建轨迹评分使用的代价栅格地图的关键代码

6.1.2.4　机器人室内自主导航系统实现

本小节将基于前文研究内容，设计并实现基于多传感器信息融合的服务机器人室内自主导航系统。通过自主搭建的服务机器人硬件平台，同时结合 ROS 软件平台完成服务机器人自主导航。最后，在室内不同环境下进行导航实验，对基于多传感器信息融合的服务机器人室内自主导航系统的可行性及稳定性进行验证。

1. 导航系统硬件平台搭建与调试

搭建服务机器人硬件平台主要由四层组成：底层装有碰撞传感器、红外传感器、底层控制主板以及驱动电机等；第二层安装有激光传感器；第三层装有电源以及电控装置等；顶层安装有迷你台式电脑和 Kinect 传感器。

首先将服务机器人底层、激光雷达、Kinect 传感器、操纵杆与迷你台式电脑的 USB 口相连接。在迷你台式电脑的 ROS 中输入相应的端口权限，使得服务机器人硬件平台的各模块之间保持正常通信，同时驱动硬件模块正常运行。

2. 导航功能包的配置与封装

将视觉 SLAM 算法模块及多传感器信息融合模块封装成 fd_slam_map. launch 文件，将路径规划算法模块封装成 fd_slam_loc. launch 文件，最后将导航模块封装成 fd_slam_navigation. launch 文件。

(1)fd_slam_map. launch 文件。作为服务机器人的地图构建模块，fd_slam_map. launch 文件主要内容如图 6-12 所示。

```
<launch>
<!-- v-SLAM -->
 <group ns="rtabmap">
   <node name="rtabmap"  pkg="rtabmap_ros"  type="” rtabmap”  output="screen"
args="--delete_db_on_start">
        <param name="frame_id"  type="string"  value="base_link"/>
        <param name="subscribe_depth"  type="bool"  value="true"/>
        <param name="subscribe_scan"  type="bool"  value="true"/>
 <!-- The occupancy grid map will be constructed from camera scans.  -->
        <param name="Grid/FromDepth"  type="string"  value="true"/>
 <!-- To get occupancy grid map from cloud projection，set "Grid/FromDepth" to
true. -->
```

图 6-12　fd_slam_map. launch 文件主要内容

(2)fd_slam_loc. launch 文件。在通过 fd_slam_map. launch 文件完成服务机器人室内地图构建之后，fd_slam_loc. launch 文件可利用闭环检测对服务机器人在环境地图中所处位置进行精准定位并实现地图模块的加载。其文件主要内容如图 6-13 所示。

```
</group>
 <group ns="Loopback">
       <param name="Rtabmap/DetectionRate" type="string" value="3"/>
 <!-- Don't need to do relocation very often! Though better results if the same rate as
when mapping. -->
       <param name="Mem/STMSize" type="string" value="1"/>
 <!-- 1 location in short-term memory -->
       <param name="Mem/IncrementalMemory" type="string" value="false"/>
 <!-- false = Location mode -->
       <param name="RGBD/ScanMatchingSize" type="string" value="1"/>
 <!-- Do odometry correction with consecutive laser scans -->
       <param name="RGBD/LocalLoopDetectionSpace" type="string"
value="false"/>
 <!-- Local loop closure detection(using estimated position) with locations in WM -->
       <param name="RGBD/LocalLoopDetectionTime" type="string"
value="true"/>
<!-- Local loop closure detection with locations in STM -->
```

图 6-13　fd_slam_loc. launch **文件主要内容**

(3)fd_slam_navigation. launch 文件。fd_slam_navigation. launch 文件主要负责对已构建的地图进行加载，同时对服务机器人进行定位，最后根据规划好的路径控制机器人实现自主导航。其文件主要内容如图 6-14 所示。

```
<launch>
  <node pkg="move_base" type="move_base" respawn="false" name="move_base"
output="screen">
      <rosparam file="$(find service_robot)/param/costmap_common_ params.yaml"
command="load" ns="global_costmap"/>
      <rosparam file="$(find service_robot)/param/costmap_common_params.yaml"
command="load" ns="local_costmap"/>
      <rosparam file="$(find service_robot)/param/local_common_params.yaml"
command="load" />
      <rosparam file="$(find service_robot)/param/global_common_params.yaml"
command="load" />
      <rosparam file="$(find service_robot)/param/base_local_planner_params.yaml"
command="load" />
      <rosparam file="$(find service_robot)/param/move_base_params.yaml"
command="load" />
        <remap from="cmd_vel" to="/nav_cmd_vel_raw"/><!-- output -->
        <remap from="odom" to="/odom"/>
</node>
</launch>
```

图 6-14　fd_slam_navigation. launch **文件主要内容**

4. 基于多传感器信息融合的环境地图构建

在完成导航功能包的配置与封装之后，通过 ROS 系统运行封装好的 fd_slam_map. launch 文件，使用操纵杆对服务机器人进行控制并对周围环境进行扫图，通过 ROS 中的可视化工具 Rviz 可实时显示地图构建的状态。当完成环境地图构建后，键入保存地图指令，以便生成离线地图保证后续自主导航功能的实现。构建的环境地图包括三维环境地图和融合二维栅格地图。上述步骤的执行指令如下：

$ roscore

$ roslaunch service_robot fd_slam_map. launch

$ rosrun map_seiver map_saver_f environment_map

通过控制服务机器人在走廊环境下移动，系统可以实时地构建出三维环境地图和融合的二维栅格地图，保存之后，可以得到特征丰富且效果较好的环境地图。

5. 基于融合二维栅格环境地图的导航功能实现

服务机器人的建图精度与定位精度直接影响导航的准确度。在此采用闭环检测的方法对服务机器人进行精准定位，即在服务机器人移动过程中，将 RGB－D 深度相机获取的场景信息与已构建的先验环境地图进行匹配，在未检测到闭环时，可视化界面中的 Match 窗口始终为红色，直到服务机器人移动到与之前地图构建的位置一致时，窗口显示为绿色，即表示检测到闭环。运行 fd_slam_loc. launch 文件实现定位功能，输入指令如下：

$ roslaunch service_robot fd slam_loc. launch

在完成服务机器人室内环境地图构建以及精准定位后，对路径规划模块进行调用，使其在已构建好的环境地图中实现路径规划与自主导航功能。输入指令如下：

$ ros launch service_robot fd_slam_navigation. launch

在先验地图中选取任意目标点，fd_slam_navigation. launch 文件就能够调用本书封装的路径规划算法，从而实现自主导航。

6.2 移动机器人运动速度控制与优化

针对传统移动机器人速度控制方法中速度控制精度与稳健性较低的问题，本节对基于运动速度优化估计的移动机器人速度控制方法进行研究。首先利用轮式里程计速度测量偏差信息与轮式里程计速度测量信息进行移动机器人运动速度优化估计，然后根据移动机器人运动速度优化估计信息与 PID 速度控制策略进行移动机器人速度控制研究。

6.2.1 移动机器人运动速度优化估计

运动速度估计作为移动机器人完成速度控制操作的基础，实际精度将直接影响速度控制相关性能。传统移动机器人速度控制方法根据单一轮式里程计传感信息进行移动机器人速度估计，移动机器人速度估计精度受车轮与地面打滑现象影响会产生较大波动，直接影响移动机器人速度控制精度与稳健性。为提高移动机器人速度估计精度，本小节根据移动机器人多传感信息融合计算得到的轮式里程计速度测量偏差信息，对轮式里程计速度测量信息进行优化处理，实现移动机器人运动速度优化估计。

轮式里程计速度测量信息是指通过轮式里程计采集到的移动机器人各车轮实时旋转速度，传统移动机器人速度控制方法直接将其作为移动机器人各车轮实时速度反馈信息，应用于移动机器人速度控制过程。然而，移动机器人运动过程中车轮与路面间打滑程度存在波动，使得轮式里程计速度测量信息存在较大测量偏差，虽可采用速度标定的方式降低车轮打滑现象对轮式里程计速度测量精度的影响，但极大地限制了移动机器人在不同环境下的应用性能。本书在进行移动机器人多传感信息融合过程中，将各视觉关键帧对应时刻下的轮式里程计速度测量偏差作为移动机器人运动状态优化变量，利用轮式里程计速度测量偏差实时估计信息对轮式里程计速度测量信息进行优化处理，可在一定程度上提高轮式里程计对移动机器人运动速度的估计精度与稳健性。

在移动机器人控制系统中，经多传感信息融合得到的轮式里程计速度测量偏差信息可通过串口实时传输至 STM32 控制器。轮式里程计速度测量偏差信息包含移动机器人中心坐标系下的纵向速度测量偏差 b_{v_x} 及横向速度测量偏差 b_{v_y} 。STM32 控制器通过外设接口可实时获取轮式里程计测量到的各车轮速度信息，并可根据移动机器人结构参数计算移动机器人中心坐标系下纵向速度测量值 $\hat{v}_{O_x}$ 及横向速度测量值 $\hat{v}_{O_y}$ ，进而可根据轮式里程计速度测量偏差信息及轮式里程计速度测量信息对移动机器人实时速度进行优化估计。根据轮式里程计速度测量模型，可在忽略轮式里程计速度测量噪声的情况下，对移动机器人实时速度真实值进行计算。在移动机器人中心坐标系下，轮式里程计测量到的移动机器人纵向速度真实值 v_{Ox} 与横向速度真实值 v_{Oy} 为：

$$\begin{cases} v_{O_x} = \hat{v}_{O_x} - b_{v_x} \\ v_{O_y} = \hat{v}_{O_y} - b_{v_y} \end{cases} \tag{6-1}$$

根据式(6-1)中轮式里程计测量到的移动机器人纵向速度真实值 v_{Ox} 与横向速度真实值 v_{Oy} ，可进而对轮式里程计测量到的移动机器人左右侧车轮运动速度真实值进行计算。根据四轮差速移动机器人运动学模型，轮式里程计测量到的移动机器人左右两侧车轮运动速度真实值 v_{O_l} 与 v_{O_r} 为：

$$\begin{cases} v_{O_{l}} = v_{O_x} - \dfrac{d}{2}\tan\dfrac{v_{O_y}}{v_{O_x}} \\ v_{O_{r}} = v_{O_x} - \dfrac{d}{2}\tan\dfrac{v_{O_y}}{v_{O_x}} \end{cases} \tag{6-2}$$

通过轮式里程计速度测量信息的实时处理，可利用多传感信息融合过程中得到的轮式里程计速度测量偏差信息降低移动机器人各车轮打滑现象对移动机器人速度估计的影响，为移动机器人速度控制过程提供较为精准的移动机器人速度反馈信息。

6.2.2 移动机器人 PID 速度控制策略

PID 控制策略是移动机器人控制系统中广泛应用的一种自动控制理论，通过利用控制变量状态反馈调节的方法保证控制过程具有较高的实时性与稳健性。针对本书四轮差速移动机器人硬件平台，在移动机器人控制系统中采用 PID 控制策略实现移动机器人驱动电机转速控制，进而实现精准、稳健的移动机器人差速控制。

移动机器人 PID 速度控制是以移动机器人各驱动电机转速作为控制对象的负反馈控制过程，可通过车轮运动速度实时反馈的方式使移动机器人能够按照给定运动速度控制指令进行稳定运动。根据给定的移动机器人纵向速度与角速度控制指令，可分别计算出移动机器人左右两侧车轮目标速度 v_{tl} 与 v_{tr}；根据移动机器人运动速度优化估计过程可得到移动机器人左右两侧车轮运动速度真实值 v_{Ol} 与 v_{Or}。在获取移动机器人左右两侧车轮目标速度与实时运动速度真实值信息的基础上，可计算得到移动机器人速度控制序列 n 下的左侧驱动轮速度控制偏差 $e_l(n)$与右侧驱动轮速度控制偏差 $e_r(n)$为：

$$\begin{cases} e_l(n) = v_{t_l} - v_{O_l} \\ e_r(n) = v_{t_r} - v_{O_r} \end{cases} \tag{6-3}$$

根据移动机器人速度控制序列 n 下的车轮速度控制偏差，可采用增量式 PID 控制策略对车轮速度进行反馈控制，使移动机器人能按照速度控制命令进行实时运动。移动机器人驱动电机增量式 PID 控制策略为：

$$\begin{cases} P_n = P_{n-1} + K_P\Delta e(n) + K_I e(n) + K_D \Delta 2e(n) \\ \Delta e(n) = e(n) - e(n-1) \\ \Delta 2e(n) = e(n) - 2e(n-1) + e(n-2) \end{cases} \tag{6-4}$$

式中，P_n 与 P_{n-1} 分别为移动机器人当前速度控制序列 n 与上一速度控制序列 $n-1$ 下的驱动电机平均电压激励，K_P、K_I 与 K_D 分别为增量式 PID 控制中的比例增益、积分增益与微分增益，$e(n)$、$e(n-1)$ 与 $e(n-2)$ 分别为移动机器人速度控制序列 n、$n-1$ 与 $n-2$ 下驱动电机速度控制偏差。

增量式 PID 控制策略通过比例增益单元、积分增益单元与微分增益单元实现驱动电机平均电压激励控制，通过调整车轮目标速度与实际速度间的控制关系使移动机器人车轮速度能够达到移动机器人速度控制要求。移动机器人驱动电机 PID 速度控制原理如图 6-15 所示。

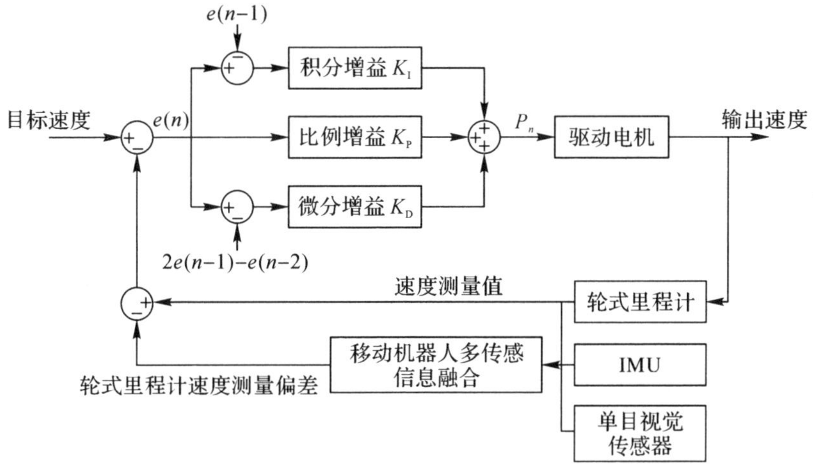

图 6-15　移动机器人驱动电机 PID 速度控制原理

6.2.3　基于运动速度优化估计的移动机器人速度控制系统

为了对移动机器人实时运动进行精准、稳健的速度控制，在所设计的移动机器人控制系统中，将移动机器人运动速度优化估计方法与移动机器人 PID 速度控制策略相结合，构建基于运动速度优化估计的移动机器人速度控制系统，如图 6-16 所示。

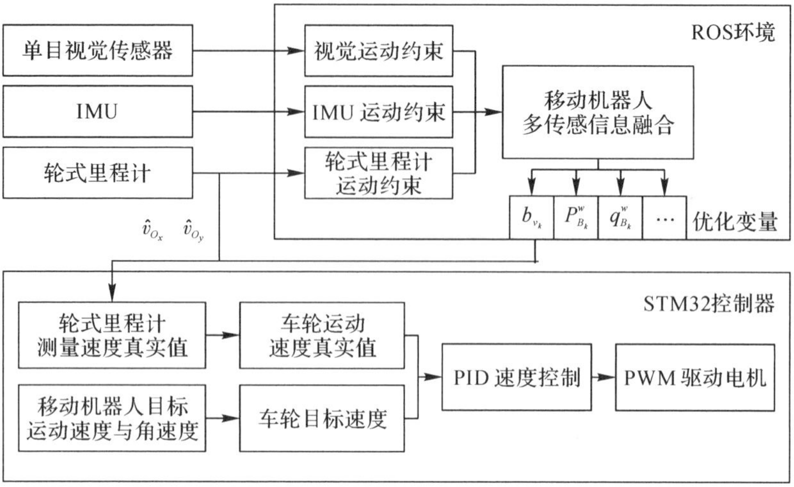

图 6-16　基于运动速度优化估计的移动机器人速度控制系统

在基于运动速度优化估计的移动机器人速度控制系统中，将 STM32 控制器作为移动机器人速度控制功能实现主体，在 STM32 控制器获取轮式里程计速度测量信息与轮式里程计速度测量偏差信息的基础上，对移动机器人运动速度优化估计及驱动电机 PID 速度控制等相关功能进行设计，在原有移动机器人控制系统的基础上实现了基于运动速度优化估计的移动机器人速度控制。

STM32 控制器在移动机器人速度控制过程中，首先由控制器外设接口获取各轮式里程计脉冲信息，通过内部计数器将脉冲信息转换为各车轮转速测量信息，并根据移动机器人结构参数得到移动机器人中心坐标系下的轮式里程计速度测量信息；其次通过串口通信的方式获取多传感信息融合计算的轮式里程计速度测量偏差，进而结合轮式里程计速度测量信息计算得到车轮运动速度真实值；最终可根据各车轮运动速度真实值与目标速度信息，通过 PID 速度控制策略完成电机驱动，实现移动机器人实时速度控制。

参考文献

[1]陈旭.基于多传感器信息融合的地图构建和移动机器人导航研究[D].重庆：重庆邮电大学，2019.

[2]干创业.基于多传感器融合的组合导航系统设计[D].郑州：郑州大学，2019.

[3]高利霞.基于多传感器融合的全方位四轮移动机器人的路径规划[D].北京：北京邮电大学，2017.

[4]管延飞.基于多传感器信息融合的车道保持与避障系统研制[D].哈尔滨：黑龙江大学，2021.

[5]何佑星.多传感器融合的家庭服务机器人导航系统的设计与实现[D].兰州：兰州理工大学，2021.

[6]李磊.多传感器融合的智能车自主导航系统设计[D].成都：西南交通大学，2019.

[7]刘洋.基于多传感器信息融合的机器人避障系统的研究与实现[D].武汉：武汉理工大学，2019.

[8]吕继亮.基于多传感器信息融合的无人小车避障算法研究[D].广州：华南理工大学，2020.

[9]麦珍珍.基于联邦滤波的多传感器组合导航算法研究[D].济南：山东大学，2020.

[10]梅玲玉.基于多传感器信息融合的组合导航系统的设计与实现[D].成都：西南交通大学，2018.

[11]年鉴.多传感器融合的移动机器人室内地图构建与导航研究[D].北京：北京邮电大学，2021.

[12]牛志超.基于多传感器融合的水下机器人定位与路径规划研究[D].秦皇岛：燕山大学，2017.

[13]沈刚.基于多传感器信息融合的智能泊车路径规划与跟踪方法研究[D].淄博：山东理工大学，2020.

[14]石长兴.基于多传感器信息融合的室内移动机器人导航技术研究与实现

[D]. 重庆:重庆邮电大学,2019.
[15]苏衍保. 基于多传感器信息融合的迎宾机器人避障问题研究[D]. 青岛:山东科技大学,2017.
[16]王加芳. GPS/Visual/INS 多传感器融合导航算法的研究[D]. 杭州:浙江大学,2017.
[17]王鹏飞. 基于 ROS 的多传感器信息融合自主导航控制系统设计与实现[D]. 南京:南京邮电大学,2019.
[18]王芝蕊. 基于多传感器信息融合的移动机器人避障及路径规划研究[D]. 哈尔滨:哈尔滨工程大学,2015.
[19]汪明磊. 智能车辆自主导航中避障路径规划与跟踪控制研究[D]. 合肥:合肥工业大学,2013.
[20]吴迪. 基于多传感器融合的智能小车 SLAM 导航研究[D]. 天津:天津职业技术师范大学,2020.
[21]杨嘉珩. 多传感器融合的无人机位姿跟踪与路径规划[D]. 杭州:浙江大学,2019.
[22]杨小菊. 基于多传感器信息融合的移动机器人避障研究[D]. 沈阳:沈阳理工大学,2017.
[23]张桥. 多传感器信息融合技术在智能车辆避障中的应用[D]. 重庆:重庆交通大学,2015.
[24]张文. 基于多传感器融合的室内机器人自主导航方法研究[D]. 合肥:中国科学技术大学,2017.
[25]张少将. 基于多传感器信息融合的智能车定位导航系统研究[D]. 哈尔滨:哈尔滨工业大学,2020.
[26]周胜国. 基于多传感器信息融合的 AGV 导航系统研究[D]. 济南:齐鲁工业大学,2021.
[27]周思雨. 动态环境下多传感器行星车自适应路径规划方法研究[D]. 哈尔滨:哈尔滨工业大学,2019.
[28]朱锋. GNSS/SINS/视觉多传感器融合的精密定位定姿方法与关键技术[D]. 武汉:武汉大学,2019.
[29]朱文浩. 基于多传感器融合的移动机器人系统设计与建图导航研究[D]. 哈尔滨:哈尔滨工业大学,2018.